lonely planet

世界美食清单
ULTIMATE EATLIST

世界美味500种，排名……就别太在意啦！

中国地图出版社

Introduction / 介绍

你好不容易挤到吧台，瞅准空当抢步上前，和服务员说了一句“Un pincho de anchoas con pimientos, por favor. Y una copa de chacolí. Gracias!”（请给我来一份辣椒凤尾鱼点心，再来一杯巴斯克白葡萄酒，谢谢！）随后从他手中接过小盘子和酒杯，品尝人生中第一口牙签点心。这里是西班牙的圣塞巴斯蒂安，世界“逛吃胜地”之一。老城区夹在拉孔查湾（Bahía de le Concha）与乌鲁米亚河（Urumea River）中间，窄巷纵横，处处都有供应巴斯克牙签点心的酒吧，家家都有自己的特色。在C/Pescadería的Bar Txepetxa，你可以买一份凤尾鱼点心，去外面边吃边逛。在附近的Nestor，有一款只用橄榄油和盐调味的牛心番茄沙拉值得一试，另一款土豆饼因为人气太高，你只能留下姓名苦苦等待，才有望吃上一小份。沿着小巷再往前走，还有一家Bar Zeruko，那里的食物更是天马行空，一份鳕鱼竟会放在一个迷你烤架上端到你的面前。整座城市似乎就是为了取悦你的每一种感官，你轮番泡吧，接连会友，体验层出不穷的巴斯克风味，仿佛踏上了一场奇妙的美食探险之旅。

Lonely Planet出版的这本《世界美食清单》，就是这种美食探险的汇编，也是世间最令人难忘的口福集合。要知道，食与地，两者密不可分，当地菜肴演变至今，总要依托当地食材和当地气候。偶尔，某位厨艺天才的经典之作可能会被世界各地的餐厅复制演绎，但离开了主场，难免失其妙法——比如尼斯沙拉，虽然各种版本盛行于世，但只有去法国的里维埃拉，迎着阳光，吹着海风，吃着地中海里的金枪鱼和吸收日月精华的普罗旺斯番茄，你才能获得真正关于食在当地的感悟。伴随着人口迁移和全球化趋势，你很容易在洛杉矶吃到泡菜，在墨尔本吃到麻婆豆腐，但只有去韩国吃泡菜，去四川吃麻婆豆腐，才能吃出深藏在食物背后的文化。食在当地，品味的不只是某种食物，更是当地独特的居民、语言、气味与声音，这些东西加在一起，才是食物令人难忘的关键。

那么这些体验是根据什么筛选出来的呢？我们首先向Lonely Planet的工作人员——也就是我们的作者、博主和工作人员——求教，让这些铁杆美食迷、环球旅行家推荐他们心目中最可口的发现。此外，我们还咨询了何塞·安德雷斯、安德鲁·齐默恩等20位对世界饮食感兴趣的大厨和美食作家，请他们选出自己最珍视的5种美食体验，名曰“老饕评五佳”（书中彩色方框内的文字）。最后，我们专业的美食编辑，在由电视名厨亚当·里奥和美食博主蕾拉·卡奇姆等人组成的专家组的协助下，根据入选食物的味道、就餐氛围以及文化意义对其进行总结和评价，这本《世界美食清单》才算大功告成。

不管是圣塞巴斯蒂安的牙签点心、香港的早茶，还是日本的寿司，似乎那些需要多人才能共享的美食总是更受人欢迎。我们也觉得很有意思，这显然说明大家都更喜欢和其他人一起吃东西，能和当地人多一些互动，强化一种“现场感”。当然了，这类美食大多五花八门，更容易给我们请教的那些美食旅行家带来惊喜和满足——这些人胆子够大，总是敢点自己完全陌生的新奇食物。

食在当地，受益者并非只有你自己。用应季、本土原料制作的食物，“可持续性”通常更强，当地社群也会因此增加收入。如果你对此还有疑虑，不妨在点餐前询问餐厅工作人员，了解进货渠道和食材来源（比如本书里反复出现的海鲜），满意的话，再用美元、日元、欧元或者任何货币对店家表示支持。

既然叫《世界美食清单》，这本书的“胃”当然要大到囊括天下。伦敦、纽约、墨尔本这种“美食熔炉”不可或缺，利马、新加坡、尤卡坦这种热门餐饮地亦有收录，其中更不乏非常小众另类的体验，比如在澳洲内陆来一场野外觅食，在法罗群岛尝试当地特色。清单虽然庞杂，各种体验却有一个共同点，那就是都能让你借助某种美味，与某个地方、某个地方的人以及某个地方的生活来一场激动人心的邂逅。书中每项美食的最后，还附有一个“食得其所！”（Eat It!），里面推荐了享用这种美食的最佳地点。关于目的地的详情可以参考我们的相关指南以及网站lonelyplanet.com。

我们说完了，你还等什么？赶紧揣上护照，带上几件让自己即使变胖也不容易被人发现的宽松衣裤，拿上这本《世界美食清单》一一拔草去吧！

Eatlist / 清单

01-99

1 圣塞巴斯蒂安的牙签点心
2 吉隆坡的咖喱叻沙
3 东京的寿司
4 得克萨斯州的熏烤牛胸肉
5 曼谷的青木瓜沙拉
6 哥本哈根的开放三明治
7 凯库拉的小龙虾
8 首尔的韩式拌饭
9 那不勒斯的玛格丽特比萨
10 广州和香港的点心
11 利马的酸汁腌鱼生
12 里斯本的蛋挞
13 澳大利亚的牡蛎
14 法国的奶酪
15 牙买加的街头抹酱烤鸡
16 马拉喀什的羊肉塔吉锅
17 新加坡的辣椒螃蟹
18 布鲁塞尔的贻贝薯条
19 北京的烤鸭
20 越南孝河上的米粉
21 希腊的肉串卷饼
22 马德里的吉事果
23 巴塞罗那波盖利亚市场的西班牙小吃
24 意大利的意式冰激凌
25 以色列的胡姆斯
26 塞舌尔的烤鱼
27 法国中部的塔丁苹果挞
28 撒丁岛的烤乳猪
29 纽约的牛肉汉堡
30 斯德哥尔摩的肉丸
31 英国的炸鱼和薯条
32 中国台湾的台南夜市
33 巴黎的鞑靼牛排
34 波伦亚的肉酱
35 意大利的卡普里岛沙拉
36 美国的布法罗风味鸡翅
37 柬埔寨的猪肉饭
38 德黑兰的点心
39 苏格兰的熏三文鱼
40 首尔的烤五花肉
41 泰国的马沙文咖喱
42 斐济的鲜椰子
43 无锡和上海的小笼包
44 伊斯坦布尔的包馅贻贝
45 新奥尔良的贝奈特饼
46 印度南部的咖喱土豆卷饼
47 都柏林的爱尔兰炖肉
48 京都的怀石料理
49 圣托里尼的炸番茄丸子
50 莫桑比克的辣椒烤鸡
51 叙利亚的面饼蔬菜沙拉
52 波特兰的甜甜圈
53 萨尔瓦多的普普萨
54 新西兰的银鱼炸饼
55 缅甸的老虎虾
56 印度的咖喱角
57 北海道的海胆
58 意大利的蛤蜊意面
59 英国的周日烤肉
60 吉隆坡的烤鱼
61 加州的Chez Panisse餐厅
62 塞维利亚的西班牙小吃
63 法国的勃艮第炖牛肉
64 新加坡的海南鸡饭
65 胡志明市的煎饼
66 芬兰的肉桂卷
67 特拉维夫的沙克舒卡
68 意大利的烤墨鱼
69 墨西哥的怪味玉米棒
70 美国的热巧克力圣代
71 老挝的米粉
72 曼谷的绿咖喱鸡肉
73 旧金山的酸面包
74 特立尼达和多巴哥的炸饼夹豆泥
75 塞内加尔的黑眼豆炸饼
76 巴黎的国王饼
77 印度的豆泥
78 金边的南瓜挞
79 越南的水果蘸辣椒盐
80 英格兰的蟹肉三明治
81 比利时的华夫饼
82 哥本哈根的托福哈伦市场
83 缅甸的鱼汤米线
84 阿根廷的阿萨多
85 美国的苹果派
86 北京的饺子
87 巴黎的可丽饼
88 特拉维夫的Miznon餐厅
89 新奥尔良的穷汉三明治
90 皮埃蒙特的白松露
91 澳大利亚的野外觅食体验
92 西班牙的番茄面包汤
93 拉普兰的炖驯鹿肉
94 中国台湾的牛肉面
95 贝鲁特的哈罗米奶酪
96 新墨西哥州的青辣椒酱
97 法国利穆赞的克拉芙蒂
98 瓦伦西亚的铁板烩饭
99 科摩罗群岛的香草酱烤龙虾

100—199

200—299

300—399

400—500

01—99

© Lonely Planet / Mark Read

左图：圣塞巴斯蒂安的Gandarias酒吧；中图：圣塞巴斯蒂安的壮阔海滩；右图：放在柜台上的传统牙签点心。

© Shutterstock / Alexander Demyanenko

酒吧珍馐

↓

布法罗风味鸡翅又咸又辣，是源自纽约州布法罗市的一道美味。

57页

↓

乌拉圭的奇味多是三明治界的“大块头”，诞生于一场美丽的误会。

174页

↓

在东京的“小便横丁”找家酒吧，用鸡肉串下酒。

228页

© Lonely Planet / Justin Foulkes

前往圣塞巴斯蒂安，酒吧酒馆连着泡，牙签点心敞开吃

01

西班牙// 世界上哪一种地方的饮食最值得实地探索？我们认为就是圣塞巴斯蒂安（San Sebastián）的牙签点心（pintxo），当然你可能有更好的答案，但这是我们的选择。牙签点心是西班牙巴斯克地区的特色，类似西班牙小吃，每个点心上面一般都插着一根牙签，每一个分量都不大。考虑到你很可能会在圣塞巴斯蒂安泡吧期间或是狂欢之际邂逅这种独特的美味，所以吃的时候少不了酒水的辅佐。这种点心最初只是一种小小的三明治，经过多年的演变，如今变化万千，传统版就是在面包片上堆上高高的馅料，先锋版则可能运用分子料理技艺，使口中之味颠覆目中所见。我们很难列出所有好吃的馅料，但很多时候简单的馅料反倒能带给你最大的震撼，比如挂糊白芦笋、金枪鱼加凤尾鱼、蒜炒蘑菇等。几乎每一种当地食材都会登台亮相，这一点自然无须多言。想尽情体验牙签点心以及圣塞巴斯蒂安，应该先拿出一个上午，在城市周遭懒懒散散地逛逛，下午睡个小觉，等差不多到了晚上9点再出门泡吧，边吃边喝边交朋友，然后出来走几分钟就能找到下一家，再进去尝尝另一套牙签点心，交交新朋友，他们爱吃哪几款，你就专捡哪几款吃。

☛ **食得其所！** Ganbara餐厅竟能得到“料理国王”胡安·马利·阿尔扎克（Juan Mari Arzak）的推荐，谁还有二话要说？他家的挂糊白芦笋面包片绝对不能错过。

上有高楼大厦，下有咖喱叻沙

左图：咖喱叻沙；右上图：吉隆坡的天际线；右下图：市中心满坑满谷的街头餐馆。

© Getty Images / SeanPavonePhoto

© Shutterstock / Migel

02

马来西亚// 咖喱叻沙（curry laksa）香浓似脂，味道不逊于地球上任何一种美食，但只有去马来西亚吃，尤其是去马来西亚的吉隆坡吃，才是咖喱叻沙最正确的打开方式。吉隆坡的摩天大楼下藏着许多奇妙的小型熟食中心，在茨厂街旁边的马德拉斯巷（Madras Lane）里面，众多卖咖喱叻沙的摊位彼此较劲，只为吸引路人捧场。你看哪家排队的人最多就去哪家，等老板做好之后，再端着面，找把塑料椅子坐下品尝，吃他一个大汗淋漓，神魂颠倒（一定注意，买哪家的面，就坐哪家的椅子，坐错了可麻烦了）。第二天故地重游，去隔壁摊位试试。咖喱叻沙中的原料，每个都让人馋涎欲滴。所用咖喱酱可能包含新鲜的姜黄、南姜、辣椒、石栗粒和虾酱，味道纷繁劲爆，混入椰奶之后会形成独特的橙红色汤汁。面条可用细细的米粉，也可用粗粗的鸡蛋面，还要加入鸡柳、虾、乌蛤、豆泡和豆芽，最后撒一把鲜辣椒和薄荷叶，再挤一点柠檬汁，才算大功告成。地道的体验，马来之外再无他所。

食得其所！ 吉隆坡茨厂街附近马德拉斯巷里面的那些美食摊。

© Getty Images / Alex Ortega / EyeEm

龍
試一試，您一定好鍾意！
LOONG
HOTEL
KLINIK

去东京吃寿司，在传统氛围中欣赏大师的技艺

03

厨师当家

↓

“埃及比萨”垫子饼在制作时需要不断摔打折叠，你在开罗就能欣赏到师傅们的技艺。

☛ 115页

↓

兰州的拉面师傅个个都是天生的表演艺术家。

☛ 200页

↓

帕帕糖果店的魅力既来自糖果，也来自万花筒一般的制作间。

☛ 244页

日本// 说到去东京吃寿司（すし、寿司、鮨；sushi），我们本打算推荐数寄屋桥次郎（すきやばし次郎；Sukiyabashi Jiro）或者斋藤寿司（鮨 さいとう；Sushi Saito），但这两家餐厅排位时间长得让人受不了，体验肯定会因此打些折扣。当然了，两家餐厅做寿司的手艺毋庸置疑，要是你所在酒店的礼宾员肯挥一挥魔杖，显一显神通，帮你预约成功，这机会千万不要错过。其实，东京一流的寿司店并不少，没有仙人相助，又不想苦等，同样可以吃到超凡入圣的寿司。位于东京丸之内的まんてん鮨（Manten Sushi）与じゅうぞう（Juuzou）就是其中两家。大多数顶级寿司师都讲究“お任せ”（Omakase），也就是让客人完全信任自己，从点，到做，再到上桌，完全由寿司师傅一人负责。你在吃的时候也不能太过随意，而是要注意一些礼节。首先，一份寿司上桌后，不能用筷子夹，而要用手拿着吃，而且不能蘸酱油，也不能要求对方多加一些芥末——寿司师傅已经把味道调到完美了，你的添油加醋是在侮辱人家。其次，在等待下一份寿司的时候，你可以用筷子夹取泡姜，用手巾（お絞り；oshibori）擦手，同时也可以把握良机，趁着无人打搅好好与寿司师傅聊聊天。注意，寿司除了上面的鱼肉，下面的饭团同样值得细品，那里面凝结了寿司师傅年复一年的完善钻研，在他们看来和其他食材同样重要。传统、技巧、敬意、服务，四者合而为一，才成就了日本最具代表性的饮食体验。

☛ **食得其所！** まんてん鮨（丸の内店，**東京都千代田区丸の内2-6-1**）以及Juuzou Sushi（**東京都杉並区阿佐ヶ谷北2-4-2**）。

左图：日本寿司蕴含极致的厨艺，魅力令人难以拒绝；下图：东京一家餐厅里的寿司师傅正在制作寿司。

把握良机，趁着无人打搅好好与寿司师傅聊聊天，增进自己对于这种古老料理技艺的理解。

得州熏烤牛胸肉：排队四小时，味道真真值！

04

美国// 得克萨斯本地人都是烤肉达人，他们肯排队4个多小时去买的东西，肯定不一般。奥斯汀的Franklin Barbecue餐厅就有这种本事。他家卖的烤肉品种齐全，手撕猪肉、肋排、香肠等都有，但最吸引人的还是熏烤牛胸肉。调料方面很简单，牛胸肉上只抹了些盐和黑胡椒，熏烤用的是橡木，讲究"小火慢烤"，直至牛肉软烂，表皮结上一层薄薄的盐衣，吃起来熏香多汁，在"烤肉名校"得克萨斯州仍然是"尖子生"。不光是得克萨斯州本地人，外地人中也有许多他家的粉丝，比如名厨安东尼·波登（Anthony Bourdain；他的原话是"这是我吃过的最好吃的牛胸肉"），比如巴拉克·奥巴马（他当时插队了，但把后面所有人的单都买了），比如说唱歌手坎耶·维斯特（Kanye West；他当时想插队，结果被怼了）。在他家排队的时间，够你开车去洛克哈特（Lockhart；经得克萨斯州政府认定的"得州烤肉之都"）打一个来回，但在这里排队不是苦差，你可以喝点啤酒，和友善的得克萨斯州人聊聊天，关键是牛胸肉的味道太给力了，等等就等等吧！

☛ **食得其所！** Franklin Barbecue餐厅（900 E 11th Austin, Texas）每周营业6天，上午11:00开门，据说有人5:00就会过去排队，所以一定要早点来！

极品沙拉

↓

在雅典吃过"真东西"，你才知道希腊沙拉到底有多好。

☛ 165页

↓

洛杉矶的考伯沙拉是厨师考伯美食实验的成果。

☛ 175页

↓

尼斯沙拉的做法很多，吃法只有一个：去法国里维埃拉。

☛ 182页

曼谷青木瓜沙拉：小吃也有大味道

05

泰国// 很少有哪种沙拉能被炒得这么红，捧得这么高，但泰国的"som tum"，即青木瓜沙拉，的确不寻常。首先，味道就不寻常。酸中有咸，咸中有甜，甜中又有霸道的辣，能够瞬间燃爆你的味蕾。其次，口感也不寻常，里面能品出花生的硬脆，青木瓜条和胡萝卜条的清爽，小虾与小番茄的香甜多汁。卖青木瓜沙拉的路边摊在泰国各地都有，但在首都曼谷更是占领了每一个街头，足见当地人对它的偏爱。在街上买一盘青木瓜沙拉，顶着混乱嘈杂的交通与炎热憋闷的天气当场享用，这可以说是曼谷旅行的一场"入会仪式"，但如果你还是想找个相对安静的地方来表达自己对美食的虔敬，暹罗广场Siam Center里的餐厅Som Tam Nua就是个不错的选择。如果更习惯西式沙拉的口味，你会喜欢他家微调过的青木瓜沙拉。是隆（Silom）地区的somtum der也非常好，辣度可以酌情增减——不过还是要提醒你量力而行，最辣的青木瓜沙拉真的能辣死人。

☛ **食得其所！** 除了曼谷的那些路边摊，也可以选择Som Tam Nua（Siam Center, Siam Square）或者Somtum Der（Saladaeng Rd, Silom, Khet Bang Rak）。

左上图：Franklin's餐厅内部；右上图：餐厅老板阿伦·弗兰克林；右下图：曼谷的一个市场摊位；左下图：辣辣的泰国青木瓜沙拉。

© Wyatt McSpadden / Courtesy of Franklin's

© Lonely Planet / Matt Munro

丹麦开放三明治，面包片上做道场

06

面面俱到

↓

旧金山的Boudin旗舰面包房，竟然专门为自家的酸面包打造了一个博物馆！

88页

↓

斑点面包是威尔士的人气茶点，尽管被某些人归为蛋糕，实际上属于一种果味面包。

250页

↓

爱尔兰的斑点包类似威尔士斑点面包，在爱尔兰民间传说里就能找到它的身影。

312页

丹麦// 要在史上所有切片面包之中评出一个冠军，丹麦开放三明治（smørrebrød；字面意思为“黄油面包”）绝对当之无愧。表面上看，这东西不过是在一片黑麦面包上加些黄油，再堆上各种美味的馅料，但实际上这里面大有讲究，否则又怎能如此出众呢？首先，放馅料时要先轻后重，先小后大。其次，如果不是只吃一片（丹麦人几乎从来不会只吃一片，你要是胆敢坏规矩，小心犯众怒），应该先吃鲱鱼馅的面包片，然后是其他鱼肉馅，接着是肉馅，最后用奶酪馅的面包片收尾。这种严格的次序是为了让你的味蕾能够逐渐适应不同的味道组合，做到口口鲜明。如果你此前从没吃过，不妨试试下面这几种随处可见的经典组合。面包片加腌鳕鱼、洋葱和小茴香；加蛋黄酱、煮鸡蛋、虾、小茴香和柠檬；加烤牛肉、泡菜、洋葱和辣根；加蓝纹奶酪、苹果和培根。当然了，馅料组合几乎无穷无尽，这些不过是冰山一角。哥本哈根的Restaurant Schonnemann从1877年便开始制作这种三明治，如今名声赫赫，品相之精美不输日本寿司。你去这家，先来一片小茴香奶油腌鲱鱼、刺山柑、洋葱和一个煎蛋，再来一片熏三文鱼、熏比目鱼和蟹肉蛋黄酱沙拉，跟着一片炸猪排、苹果、百里香和洋葱，最后一片卡蒙贝尔奶酪和黑加仑果酱。这一番吃下来，才叫丹麦开放三明治的终极体验，说是世界第一三明治花式套餐也不为过。那么该喝什么呢？这家的酒水，种类不算多，烈酒、阿夸维特酒（aquavit）和荷兰金酒（genever）加到一起也就140多种，够你选了吧？

食得其所！ Restaurant Schonnemann（Hauser Plads 16, Copenhagen）。

左图：丹麦开放三明治；
下图：尽管面包片上的馅料花样繁多，摆放却要遵守严格的规矩。

哥本哈根

Restaurant Schonnemann制作的开放三明治，品相之精美不输日本寿司。

© PhotoImage / Alamy Stock Photo

07

在新西兰海岸的“小龙虾镇”吃小龙虾

新西兰// 新西兰南岛的东海岸上有一座小城叫凯库拉（Kaikoura），那里距离基督城以北大约有两小时车程，环境优美如画，近海海域常能看到抹香鲸、海豚和海豹，以丰富的海洋资源闻名。城镇名称来自毛利语，“凯”（kai）表示“食物”，而“库拉”（koura）指的就是“小龙虾”，这样的地方靠小龙虾赚钱，可谓名正言顺。当地海岸线附近有许多海鲜美食车烹制新鲜海鲜，其中一辆招牌美食车叫“Nin' s Bin”，可以说是历史最悠久，味道最好的。Nin' s Bin距离城镇中心车程20分钟，由一辆房车改造而成，白蓝相间，比较朴素，外面随意摆放着一些木制野餐桌，食客既有当地人也有消息灵通的旅行者，坐在那里一边品尝新鲜的小龙虾和贻贝，一边欣赏太平洋的美景。他家烹饪小龙虾，只用黄油、大蒜和一点点西芹，着力突显虾肉的鲜甜。你吃的时候挤一点柠檬汁，来一瓶冰啤酒，心中默默期盼抹香鲸现身，肯定能度过一个完美的下午。

☛ **食得其所！** 南岛凯库拉镇的Nin' s Bin。

08

石锅拌饭：韩国料理中的万人迷

韩国// 牛肉与香菇、菠菜、西葫芦等烫熟的蔬菜堆到热腾腾的白米饭上，用韩式辣椒酱和味道美妙的豆瓣酱提味，上面再放一个生鸡蛋或者煎蛋，这样做出来的韩式拌饭（bibimbap），味道确实很不错。。拌饭在韩国主要分两类，盛在普通饭碗里的叫全州拌饭，盛在滚烫的石锅里的叫石锅拌饭，因为可凉可热，所以适合任何季节享用。不管是哪种拌饭，各种食材都会以扇形在米饭表面整齐地码放好，看起来像是精致的艺术品，所以上桌后一定别急着吃，而是要先欣赏一下，并且琢磨琢磨里面的门道。韩式拌饭暗合五行，红色的辣椒补心，绿色的蔬菜补肝，黄色的蛋黄补脾，黑色的蘑菇和酱料补肾，白色的米饭补肺。等看够了，研究明白了，再统统搅拌均匀，给自己的五脏六腑好好地补一补。

食得其所！首尔街头到处都有做拌饭的餐馆，就看你与哪家有缘了。

© Gary Blake / Alamy Stock Photo

© Shutterstock / norikko

© Lonely Planet / Susan Wright

左图：师傅正在往烤炉里放比萨；中图：那不勒斯，玛格丽特比萨的故乡；右图：由番茄、马苏里拉奶酪和罗勒制成的玛格丽特比萨。

© Lonely Planet / Susan Wright

意式经典

↓

地道的波伦亚肉酱，肯定要搭配缎带面，凡是波伦亚人都明白这个道理。

☛ 55页

↓

卡布纳拉意大利面当初源自罗马，如今风行罗马。

☛ 118页

↓

米兰烩饭的美味，与时尚之都无关，而是来自附近波河河谷中的稻田。

☛ 207页

© Getty Images / Michele Falzone

玛格丽特比萨：让王后动心的美味

09

意大利// 因为发明比萨这件事，世界要欠意大利一份人情。比萨的做法千千万万，味道令世人心心念念，其中有一款比萨，似乎比其他所有比萨都更胜一筹，那就是来自那不勒斯的玛格丽特比萨（margherita pizza）。许多爱吃玛格丽特比萨的人，仿佛找到了人生信仰，对于自己喜爱的比萨店，拥护程度可谓如信仰宗教一般虔诚狂热。这种风靡全球的美食，据说诞生于19世纪。当时，意大利国王翁贝托（King Umberto）与王后玛格丽特（Queen Margherita）御驾亲临那不勒斯，当地一位负责准备晚餐的烘焙师为两人制作了三款比萨，其中一款有番茄、马苏里拉奶酪和罗勒叶，颜色仿佛意大利国旗，味道令王后眼前一亮，后人为了纪念，便将其称作玛格丽特比萨。那么你应该去哪儿吃呢？那不勒斯的Di Matteo是当地历史最悠久的餐厅之一，也是制作玛格丽特比萨的绝顶高手。餐厅的比萨烤炉非常大，贴着蔚蓝的瓷砖，里面烤出来的比萨又轻盈又软韧，主顾既有慕名前来的外地人，也有懂行识货的本地人。要是嫌他家排队的人太多，不妨在街上随便逛逛，寻找自己的比萨圣殿。

食得其所！ 推荐Di Matteo（Via dei Tribunali 94, Naples）。

饮茶吃点心，粤港最地道

10

中国// 广式茶点可能在全世界都能吃到，但在广州和香港，你将体验到最正宗的风味与氛围。点心最初只是供行路之人配茶垫补的小吃，如今已发展成为世界最佳早午餐。“一盅两件”是广州人喝早茶的缩影，先选茶，再从一辆辆载着圆形竹笼的点心车上选择你中意的餐点。广式点心有上千种，分为干湿和咸甜几大类，地道广式茶楼必点的有皮薄透明的虾饺，肉爽而厚实的“干蒸”，甘香回味的凤爪，还有萝卜糕、牛杂、叉烧包、蛋挞……而在香港“饮茶”可以说是丰俭由人。连锁品牌“点点心”在城中多处设有分店，点心主打港式传统，烧麦、虾饺、叉烧包都做得非常出色，店内气氛喧闹，主顾多是学生族、旅行者和爱吃点心又不想花太多钱的人。在价格的另一极，你可以选择都爹利会馆（Duddell’s）和福临门这种米其林星级餐厅。都爹利的装潢典雅至极，对传统点心进行了现代的解读，猪肉虾饺竟可以搭配扇贝和鱼子酱，炸猪肉虾云吞也可以配鹅肝。福临门在氛围上更像传统的粤港茶餐厅，主顾多是香港的社会精英，但点心时不时也会带给你小小的意外惊喜，比如蟹黄烧麦或酱汁蒸鱿鱼。不管是在便宜却火爆的馆子，还是高档而清静的餐厅，抑或是传统的广式茶楼，你只管按心情点单吧，基本都不会踩雷。

☛ 食得其所！ 在香港可以去点点心（佐敦文汇街26-28号）、都爹利会馆（中环都爹利街1号，上海唐公馆3层）以及福临门（湾仔庄士敦道35-45号），广州荔湾区西关则汇聚着莲香楼、陶陶居、广州酒家等老字号茶楼。

在香港庙街夜市上（右图）；尽情享用美味的点心（下图）。

© Shutterstock / Stripped Pixel

© 500px / Hobbyman

廟街
Temple Street
DVD

酸汁腌鱼生：秘鲁的美食“重器”

11

秘鲁// 2017年，秘鲁有两家餐厅跻身年度世界十佳。对于去过秘鲁，吃过秘鲁菜，尤其是吃过招牌美食酸汁腌鱼生（ceviche）的人来说，这是意料之中的事情。这里为没吃过这道菜的人先简单介绍一下。这道菜就是用酸汁腌出来的生海鲜，主料一般是生鱼片，酸汁通常是青柠汁或者柠檬汁（也可以两者兼用）。酸橘汁不但能给鱼肉提味，还能分解肉中的氨基酸，把生肉变成“熟肉”。除了酸橘汁，调料也包括辣椒、洋葱、盐和香菜。在秘鲁喧嚣的首都利马，你不用走多远就能碰到一家做酸汁腌鱼生的餐馆（当地叫cevicheria），但因为利马实在太大，总不能沿着太平洋海岸线一公里一公里地找下去，所以我们在这里先给你推荐两家。第一家叫Al Toke Pez，店面很迷你，粉丝却很忠诚，因为他家的酸汁腌鱼生传承经典，做法简单，突显一个“鲜”字，而且价格便宜。如果不介意多花钱，La Mar餐厅可以说是首选。餐厅装潢高雅，传统风味的酸汁腌鱼生十分可口，如果追求新奇，可以试试“carretilla”，墨鱼、大鱿鱼、海螺、帽贝和蛤蜊全都有。

☛ 食得其所！ 推荐利马的Al Toke Pez（Av Angamos Este 886, Surquillo）和La Mar Cebicheria（Av Mariscal La Mar 770, Miraflores）。

大城市，小点心

↓

身在德黑兰，应该赶早去挑选刚刚出炉的伊朗风味甜品。

☛ 58 页

↓

想在维也纳吃华美的萨赫蛋糕，最好选择独守秘方的萨赫酒店。

☛ 110 页

↓

如果你觉得马卡龙并不稀奇，那说明你肯定没去过巴黎，那里的马卡龙不单胜在数量，更胜在质量。

☛ 113 页

访里斯本甜品店，享至尊葡式蛋挞

12

葡萄牙// “Bom dia.（你好。）”“Bom dia, tem pastéis de nata fresquinhos?（你好，有蛋挞吗？）”“Claro, vão ser quantos?（当然有，您来多少？）”“Um por favor. Pensado melhor... levo dois. Obrigado!（一个就好。等等，最好还是来两个吧，谢谢！）”这样的对话，每天都会在葡萄牙的街头上演。不管是当地人还是游客，到甜品店（pastelaria）买蛋挞的时候开始都只想买一个，结果肯定不止买一个。用蛋挞搭配一杯咖啡给自己的观光助力，真是再合适不过了。许多国家都有类似的点心，但葡式蛋挞却能以简单的原料创造出完美的甜度，蛋挞皮好似小碗，外沿酥脆，一咬掉渣，里面柔软的蛋奶糊甜而不腻，而且整只身材不大，几口就能吞下。葡式蛋挞在葡萄牙语中叫“pastel de nata”，据说是在几百年前由修士发明的——当时叫“pastéis de belém”——好在葡萄牙人酷爱点心，每个街头似乎都有一家甜品店，想吃蛋挞，不用非跑到修道院里去。

☛ 食得其所！ 里斯本的Pastéis de Belém甜品店早在1837年便从旁边的圣杰罗姆修道院（Jerónimos Monastery）那里获得了制作蛋挞的秘方，经营至今，未曾改动。

上图：里斯本街头的黄色有轨电车；左下图：蛋挞在里斯本无所不在；右下图：El Mercado de Rafael Osterling餐厅内部。

© Courtesy of El Mercado / Pierre Monetta

Eric Ripert

埃里克·里波特

埃里克·里波特是法国大厨，也是电视明星，以创意海鲜菜肴著称，由他创立的纽约Le Bernardin是世界上最具声望的餐厅之一。他目前已经撰写了4本烹饪书，包括刚刚出版的《我的拿手菜》(*My Best*)。

01

在印度菩提伽耶喝石榴汁：印度菩提伽耶(Bodh Gaya)外面的村庄路边摊上卖的鲜石榴汁，肯定是你这辈子能喝到的极品。

02

在韩国吃酱油腌生蟹：酱油腌生蟹(gan-jiang-gejang)是韩国的传统菜，我每次去韩国肯定要吃，绝不可以错过！

03

摩纳哥的Louis XV餐厅：餐厅开在法国里维埃拉L'hotel de Paris酒店里，由艾伦·杜卡斯(Alain Ducasse)创立，为米其林三星餐厅，水平超凡脱俗，豪华程度无以复加，就餐体验不可思议。

04

在巴黎的Jamin吃土豆泥：我第一次在Jamin餐厅品尝乔尔·罗布康(Joel Robuchon)的这道名菜，还是许多年以前的事情。虽然Jamin餐厅现在已经关门了，但罗布康的餐厅遍布天下，哪家都有土豆泥。

05

东京六本木的龙吟(Ryugin)：从氛围的私密，到菜肴的精致，这家餐厅处处都能打动我。

塔斯马尼亚的牡蛎：才出海水，就能进嘴

13

澳大利亚// 不管你吃牡蛎是喜欢先嚼再咽，还是一口进肚，只要喜欢吃牡蛎，这辈子总该到“牡蛎圣地”塔斯马尼亚朝拜一次。从南边优美的布鲁尼岛（Bruny Island），到北边壮观的菲欣纳半岛（Freycinet Peninsula），塔斯马尼亚岛的整条东海岸处处盛产新鲜的牡蛎，处处都是吃牡蛎的梦幻目的地。岛南的塔斯马尼亚州首府霍巴特（Hobart）周边牡蛎田最密集，但我们建议你一路向北，前往菲欣纳半岛，用令人窒息的自然风光为这场海鲜盛宴增加一份浪漫。半岛大部分区域现已划为菲欣纳国家公园（Freycinet National Park），柔软的沙滩上兀立着一个个花岗岩体，宁静的海湾正对着塔斯曼海（Tasman Sea），河口湿地遍布，风貌纯真原始，那些养殖太平洋牡蛎的牡蛎田，更吸引了无数海鲜食客。在菲欣纳海洋农场（Freycinet Marine Farm），你可以买一打刚从海里捞出的牡蛎，然后到农场的野餐桌那里或是附近某个海滩享用，也可以参加农场组织的体验游，了解牡蛎养殖从孵化到分级的全过程。太平洋牡蛎个头超大，在日本的培育历史长达数百年，于20世纪中叶引进澳大利亚，因为肉质厚实，生长速度快，瞬间走红。牡蛎以海洋中的藻类和营养成分为食，维生素和矿物质含量很高，锌含量更是在所有天然食物中位居前列，所以对人体的免疫及消化系统很有益处。牡蛎一向被认为具有催情的功效。21世纪初，意大利科学家发现牡蛎中的某些氨基酸的确可能会增强性欲，这让坊间传言有了科学依据。所以你在塔斯马尼亚吃牡蛎的时候，不管是干吃、蘸塔巴斯哥辣酱吃，还是只挤一点柠檬汁吃，一定要吃出激情，吃出豪放！

☛ 食得其所！ 菲欣纳海洋农场（1784 Coles Bay Rd）能组织体验游，并现场销售海鲜，做出让人流口水的海鲜菜肴。

左图：菲欣纳国家公园中的酒杯湾（Wineglass Bay）。周边有许多牡蛎田，你在那里除了吃，还能学会如何安全地给牡蛎去壳。

© Shutterstock / Visual Collective

© Shutterstock / cody traxler

在塔斯马尼亚
美丽的菲欣纳半岛上，
到牡蛎田那里品尝最最新鲜的牡蛎。

壳中乾坤

↓

人不可貌相，日本北海道的海胆更是如此。

☛ 73页

↓

狗爪螺看起来像是脓疮，煮好之后竟会出现在葡萄牙南部的餐厅里。

☛ 121页

↓

斯里兰卡的Ministry of Crab做螃蟹绝对是一把好手。

☛ 231页

© Lonely Planet / Lottie Davies

左图：法国乡村奶酪作坊中的卡蒙贝尔奶酪；中图：多尔多涅的美食摊；右图：一位巴黎的奶酪师正在切奶酪。

© Lonely Planet / Andrew Montgomery

寓教于食

↓

咖喱肠还有什么学问吗？去柏林的咖喱肠博物馆逛一逛你就明白了。

☛ 149页

↓

去澳大利亚北部地区，让澳洲原住民教你怎么在荒野中找吃的。

☛ 102页

↓

去新西兰的Bay of Islands蜂蜜店，了解麦卢卡蜂蜜的种种功效。

☛ 285页

© Lonely Planet / Matt Munro

法国奶酪的最佳体验：三者择一，不如三者全收

14

法国// 法国有无数种奶酪，无数种奶酪的吃法，我们最喜欢其中的三种。第一种就是奶酪之王罗克福奶酪（roquefort）。吃这种奶酪，一定要去小城苏尔宗河畔罗克福(Roquefort-sur-Soulzon)。那里是罗克福奶酪的发源地，城中有一个康巴洛洞穴（Combalou Caves），长2公里，里面全是正在进行晾置陈化的奶酪，风貌数百年未变，参观起来恍如隔世。正是因为制作工艺具有悠久的传承历史和极强的地域性，罗克福奶酪才会拥有独特的酸香与奶香。追本溯源，食在当地，体验才够魔幻。第二个要推荐巴黎Le Grand Véfour餐厅里的奶酪推车（cheese trolley）。餐厅的壁画天花板、红丝绒沙发椅和镀金镜框无不体现着一种来自往昔的富丽堂皇，等你目不转睛地看够了，就该用奶酪推车开眼界了。车中的奶酪，种类从绵羊奶酪、山羊奶酪到牛奶奶酪无所不包，味道从浓烈到坚果香不一而足，身旁还有知识渊博的服务员悉心指点，保证你不会失望。第三个推荐，需要你自己发挥想象，比如骑着车去法国乡村中的奶酪作坊（fromagerie）那里，买好心仪的奶酪和一瓶香槟酒，在乡间找一个阴凉幽静的地方享用野餐，让天堂照进现实。

食得其所！ 康巴洛洞穴（Combalou Caves; Roquefort, Roquefort-Sur-Soulzon, Aveyron）和Le Grand Véfour餐厅（17 rue de Beaujolais, 75001 Paris）。

© Shane Luitjens / Alamy Stock Photo

© Shutterstock / Curioso

15

在金斯顿吃抹酱街头烤鸡，感受加勒比的火辣

牙买加// 牙买加人爱吃抹酱街头烤鸡（jerk chicken），因为里面的香料太会“挑逗”味蕾，让人欲罢不能，所以如今已经传到了全球无数个地方，既然是加勒比的特色，最好还是去本乡本土享用。当初一些非洲奴隶从当地西班牙殖民者的家中逃进了大山里，与山里的塔伊诺族（Taino）原住民共同生活，双方的传统烹饪技法配合当地食材不断演化，抹酱街头烤鸡应运而生。制作抹酱要用到许多许多种作料，但西班牙椒（pimento）和苏格兰帽椒最为关键，吃起来辣得人心跳加速。往鸡身上抹的时候，要多多地抹，全身揉搓，让辣酱渗入鸡皮，然后放上几个小时（至少两个小时）使其入味。烤制时要把整鸡切块，放到火上熏烤，火里必须要续西班牙椒树的嫩枝，那才是抹酱街头烤鸡真正的秘方。

食得其所！ 前往Pepperwood Jerk Center（2 Chelsea Ave, Kingston），坐在小木屋里，在茂盛绿植的簇拥下享用。

16

在马拉喀什吃羊肉塔吉锅，让这场感官盛宴功德圆满

摩洛哥// 马拉喀什处处美，处处妙，但城中的“麦地那”，也就是传统的阿拉伯人聚集区，最是美，最是妙。那里建筑显赭红，小巷铺石砖，苏克（souk；即市场）里飘着肉桂的香味，行人如织，往来似狂，摊主的吆喝声不绝于耳，活力令人陶醉。等你魂不守舍地逛足了瘾，逛出了胃口，正好可以趁机尝一尝摩洛哥最有名的美味——塔吉锅（tagine）。酒店La Maison Arabe 的餐厅装潢传统，上面有手绘天花板，配有华丽的枝形吊灯和雕花木窗，外面的院子里满是鲜花，设有喷泉，食客就餐时可以欣赏叮咚的水声和现场演奏的安达卢西亚阿拉伯风情音乐。等待塔吉锅上桌的时候，不妨点一杯薄荷茶，轻松自在地享受一番。其实，这道肉嫩料香的炖菜，苦等多久都是值得的。要是你吃过之后，不肯就此别过，那就报名参加餐厅举办的4小时烹饪课，把美味带回家。

食得其所！ 推荐Le Restaurant（Hotel La Maison Arabe, Derb Assehbi, Marrakech）。

© 500px / Sabino Parente

3389

辣椒螃蟹：
横行狮城的美食新经典

17

辣椒螃蟹（中图）；已经成了新加坡的招牌菜（左图）；在牛车水到处都能吃到（右图）。

新加坡// “烧嘴巴、舔手指”的辣椒螃蟹，已从20世纪50年代推车上贩卖的草根美味，发展成了今天狮城美食之旅的必要部分与主打元素。最开始，烹饪螃蟹用的是瓶装辣椒番茄酱，现在，各家餐厅更喜欢自己调制酱料，有的味道偏甜，辣味很淡，有的则让人满口喷火。新加坡各处的海鲜餐厅都会把辣椒螃蟹当成招牌菜，其中的老字号连锁店“无招牌海鲜”（No Signboard）就能给你带来很有意思的体验。无招牌海鲜最初真的就是一个没有招牌的小店，现在却把分店开遍了新加坡，其经历倒是与辣椒螃蟹很是相似。他家的螃蟹，辣度可以选择，但在我们看来，既然是辣椒螃蟹，辣味少了也就没什么意思了。菜上桌之后，要卷起袖子用手吃，要的就是这种油油乎乎、邋里邋遢、你一把我一把的感觉。等到鲜嫩的蟹肉都被你们从壳里仔细地剔出来吃掉了，剔不掉的也被你们嘬进了嘴里（这种吃相在这种地方不算丢人），记得用一两个小馒头，把剩下的酱汁也一并消灭。

☛ **食得其所！** 新加坡无招牌海鲜（芽笼路414号）。

LUCKY
CHINATOWN
L4D
DOTA
幸運牛車水
AVIVA
24

18

在布鲁塞尔吃贻贝薯条，完成又一个美食心愿

比利时// 一种风靡国际的美食，要是能去其发源地品尝，这总能带来一种难以言说的喜悦。贻贝薯条（moules frites）就是这样一种美食，在比利时吃才有那种难以言说的喜悦。贻贝作为海中珍馐，传统上要用葱段、大蒜、白葡萄酒和奶油进行烹调。作为搭配的薯条永远得是炸出来的，不能是烤出来的。而且要想让这顿饭真正出彩，必须要用著名的比利时啤酒佐餐。在比利时首都布鲁塞尔，做贻贝薯条的地方很多，但很少有地方能超过业界传奇Le Zinneke。他家的这道菜，贻贝几乎有70种口味可选，花样之多，令人目瞪口呆。其中就有用啤酒、菊苣和奶油烹制出的经典口味贻贝，也有用日本清酒和辣椒的大胆创新，其余小改小动更是不胜枚举。餐厅所用贻贝全部是当天现从荷兰西兰省（Zeeland）运来的，烹饪贯彻慢食理念，食材讲求有机和源自当地。

☛ **食得其所！** 去Le Zinneke（Place de la Patrie 26, 1030 Schaerbeek, Brussels），撸起袖子，在桌上吃出一个“贝壳山”！

19

北京烤鸭：先看表演，再吃美味

中国// 炉膛里的火烧得正旺，肥硕的鸭子一字排开，枣红色的鸭皮上滴下的油在火苗上吱吱作响。只见烤鸭师傅手拿挑杆，稳步向前，前手一扭，后手一拉，一只只带着果木香气的烤鸭就被迎出炉门。接着，师傅会把烤鸭推到你面前，开始片鸭子的表演。先去头，再片皮，然后码盘，108片连皮带肉、大小均匀的鸭肉迅速呈现在你的眼前。这时鸭架撤走，薄饼上桌，之后就该你自己上手卷了。把薄饼摊在手里，夹一点鸭肉蘸上咸鲜的甜面酱放上来，再加些泡菜、葱段和黄瓜条，卷好之后送到嘴里——别光顾着拍照，可得趁热吃。在北京你可以选择老字号全聚德，想尝试新派烤鸭可以考虑大董，名气较小但味道毫不逊色的九华山烤鸭比较受本地人的认可，我们推荐四季民福烤鸭店。这里既提供舒适现代的就餐环境，又保留了传统的烤鸭技法。要点就点整只，而且最好多花点钱选择精品烤鸭（更肥美，更多汁）。

☛ **食得其所！推荐四季民福烤鸭店（北京市东城区灯市口西街32号）。**

逛越南水上市场，在船上吃米粉

20

越南// 越南湄公河三角洲地区最大的城市芹苴(Can Tho)沿孝河(Hau River)两岸延伸开来，水道纵横，丛林环绕，浑浊的水畔立着一座座高脚屋。孝河是湄公河的主要支流之一，也是芹苴的大动脉，芹苴著名的水上市场便集中展现了当地的富饶以及当地人民的勤劳。其中的丐冷(Cái Răng)水上市场规模最大，买卖双方早早就会聚集起来，在船上交易蔬果，现场很是混乱，其间还有小船划来划去，销售甜甜的越南咖啡和热热的食物。从芹苴市中心搭船前往丐冷相当容易，只不过5:00就要出发，所以这些“水上小吃摊”绝对可以说是“及时雨”。船上可不是只有能提神的咖啡，各式各样的早餐都能找到，包括最受越南人喜爱的米粉(pho)。事实上，这里可以说是全越南吃米粉最理想的地方。越南大约有一半的农副产品都产自湄公河三角洲，所以各种食材一定都是最最新鲜的——更何况和北越相比，南越的米粉在菜码作料方面是出了名的慷慨，东西新鲜量还大。看着摊主从大锅里盛出一碗热腾腾的牛肉汤，再从一个个容器里分别取出米粉、豆芽、葱花、罗勒等菜码放到一起，同时还得在小船上努力地保持平衡，就像耍杂技一样，场面很是有趣。虽然做起来不容易，但味道却没有受到丝毫影响，肉汤、罗勒、海鲜酱、辣椒酱和鲜柠檬的香气和香味汇到一处，令人陶醉，世界最佳早餐的头衔受之无愧。吃过之后，再找个卖水果的船买个凤梨，你会感觉已然身在天堂了。

☛ 食得其所！逛丐冷水上市场，不要选择那种满是游客的大船，而要寻找一艘小型的舢板船，这样才能离卖货的船——尤其是卖小吃的船——更近。

下图：市场中小船上卖的米粉；右图：芹苴丐冷水上市场掠影。

HGI - 0790

21

肉串卷饼：雅典深夜的迷香

希腊// 走在雅典深夜的街头，经过餐厅敞开的大门，闻到里面飘来的烤肉香味，你难免会禁不起诱惑走进去，在当地人喧闹的聊天声中享受一份肉串卷饼（souvlaki；简称souv）。类似的夜宵并不稀奇，但希腊人的吃法要比大多数国家更新鲜、更健康。烤肉串可以用鸡肉、猪肉、羊肉甚至是牛肉，配菜是用番茄、红洋葱、黄瓜和鲜爽的酸奶酱（tzatziki）拌成的脆嫩沙拉，旁边放着一大张软软的饼，吃的时候要把所有东西都卷到里面。烤肉串当然是关键——如果卷饼里放的是转炉烤肉片下来的肉片，那就不叫肉串卷饼，而叫"烤肉卷饼"（gyro）。肉要切成小块，烤制时要用香草、盐和柠檬汁提味。素食者也不用担心，用哈罗米奶酪串卷饼当夜宵，味道同样美妙，也可以成就雅典的夜生活传奇。

☛ 食得其所！ 在时髦的科洛纳基地区（Kolonaki），可以去Kalamaki Kolonaki（Ploutarhou 32）。在加兹地区（Gazi），可以去Elvis，用卷饼下酒。

© Constantinos Iliopoulos / Alamy Stock Photo

Martin Morales

马丁·莫拉雷斯

马丁·莫拉雷斯在伦敦拥有多家餐厅，包括Soho区的Ceviche，Shoreditch区的Andina以及Soho区的Casita Andina。他目前已撰写了两本烹饪书，《酸汁腌鱼生——秘鲁的厨房》以及《Andina：秘鲁饮食之魂》。

01

在哥伦比亚波哥大吃"褴褛牛排"（rag steak）：牛排用盐和牛至腌好，裹在一张布里，直接扔到热炭里去烤，几分钟之后，揭开布就能吃，肉质鲜嫩多汁。

02

在土耳其费特希耶吃烤羊肉：我当时去的是鬼城卡亚寇依（Kayakoy）的一家当地餐厅，你可以选择自己想吃的部位，然后自己动手烤着吃，搭配沙拉和鲜面包。

03

在西班牙蓬特韦德拉（Pontevedra）吃墨鱼汁烩饭：孔巴罗（Combarro）水畔餐厅O Boccoi做的墨鱼汁烩饭简直不能更神奇，肉质新鲜无比，墨汁黑到极致，一定不要错过！

04

在葡萄牙阿连特茹吃葡式炖鱼：你应该在葡萄牙某个荒凉的海滩，找一家温馨随意的小木屋餐馆，然后坐在室外享用这道葡萄牙经典菜肴。

05

在秘鲁利马El Mercado de Rafael Osterling餐厅吃酸汁腌鱼生：这是我在秘鲁最喜欢的餐厅，酸汁腌鱼生的精妙在利马堪称典范，这道酸橘汁鳄梨腌金枪鱼是近期新推的亮点。

© Lonely Planet / Mark Read

© Lonely Planet / Matt Munro

22

在马德里吃吉事果，最好别带朋友去

西班牙// 冬天的马德里是浪漫的集合体，可毕竟寒风凛冽，总有双脚走累了、鼻头冻红了的时候。正好可以借机找个地方，尝尝吉事果（churros）。吉事果简单来说就是炸油条，传统做法要把面团从一根管子里挤出来，装到一个盆里，然后一起炸至酥脆，造型好似一根根手指，外面结着糖粒，吃的时候要蘸一碗浓浓的巧克力酱，是一种很让良心过意不去的"堕落美食"。虽说吉事果是马德里冬季严寒的完美解药，但和朋友一起吃的时候一定要注意：当吃到盘子里只剩下一根的时候，友谊的小船说翻就翻。

☛ **食得其所！** 马德里的Chocolatería San Ginés（Pasadizo de San Gines）自1894年便开始做吉事果，全年24小时营业，值得推荐。

MERCAT
St JOSEP
LA BOQUERIA

游览波盖利亚市场，吃遍巴塞罗那的精华

23

西班牙// 在巴塞罗那的酒吧里与当地人并肩站立，品一杯桑格利亚（sangria），从一盘盘西班牙小吃中挑来拣去，这本身就是人生最大的快乐之一，但如果把地点搬到巴塞罗那的波盖利亚市场（La Mercat de Sant Josep de la Boqueria；简称La Boqueria），这种西班牙小吃体验更会让你神魂颠倒。这座市场可以说是一个活生生、会呼吸的西班牙美食金字塔。里面卖西班牙小吃的地方一般在午餐时才会营业，所以不妨拿出几小时的时间，好好逛逛其他美食摊位，打开胃口。火腿摊位上挂着一条条大火腿，陈化程度各不相同；鲜果摊、奶酪摊、鸡蛋摊、面点摊令人目不暇接；海鲜也多得吓人。这里既是当地人经常光顾的市场，又是游客不可不来的景点，难免拥挤嘈杂，但看当地人怎么买东西，看游客怎么用蹩脚的西班牙语买火腿，感觉很有意思。等你逛到双脚不听话了，再在市场里找家西班牙小吃吧。Ramblero主打海鲜，牡蛎、扇贝、贻贝等都能吃到，其中的鳕鱼沙拉（esqueixada of cod；包含盐腌鳕鱼、番茄、洋葱、橄榄油、醋和盐）可谓绝杀。El Quim de la Boqueria是市场里最有名的餐馆，因为太过火爆，想找个空凳子也得排队，招牌菜是鱿鱼仔炒蛋（橄榄油用了很多），但波特酒野蘑菇也值得一试。最后别忘了去Bar Pinotxo，尝尝鹰嘴豆和血肠。波盖利亚市场热闹起来的时候的确让人难以招架，但好在周一至周六每天8:00就开门，所以只要趁早过来逛吃，就能尽情尽兴。

☛ 食得其所！推荐巴塞罗那波盖利亚市场里的Ramblero、El Quim de la Boqueria和Bar Pinotxo。

左图：巴塞罗那波盖利亚市场很有辨识度的大门；下图：El Quim是市场里极具人气的“补给站”。

火腿摊位上挂着一条条大火腿，鲜果摊、奶酪摊、鸡蛋摊、面点摊令人目不暇接，海鲜也多得吓人。

非凡市场

↓

台南夜市在嗅觉、听觉等感官上造成的冲击令人无法忘怀。

☛ 52页

↓

在哥本哈根逛托福哈伦市场，别忘了到市场里的啤酒馆去喝一杯精酿啤酒。

☛ 95页

↓

去首尔的鹭梁津水产市场，将各色水产一网打尽。

☛ 222页

意式冰激凌：是美食，更是艺术

24

意大利// 拿着一根冰激凌走在石砖老街上，头上是湛蓝的天空，身边是骑着Vespa的帅哥美女，这肯定让你感到生活精彩万分，活力十足，但意大利的意式冰激凌（gelato）之所以是世界上最好吃的冰激凌，靠的可不光是氛围。首先，意式冰激凌的脂肪含量很低，所以里面的各种味道会得到更有力的突显。而且，和许多其他的冰激凌不一样，意式冰激凌绝不会做好之后就放到冰柜里无限期地吃下去，而是必须每天现做，让新鲜、应季的当地食材得到精彩展现。里面要是有开心果，那一定是在埃特纳火山（Mt Etna）脚下种出来的；要是有草莓，一定是维杜拉河谷（Verdura Valley）里四五月才成熟的野生草莓。柠檬、阿玛雷拉黑樱桃（amarena cherries）、栗子和榛子，也必须是当地不得不尝的时令美味。不是每个意式冰激凌店（gelateria）都有高明的冰激凌师坐镇，但你只要注意这两个细节，肯定能找对地方：第一，开心果和香蕉等口味的冰激凌，颜色应该是暗淡的，不能有荧光感；第二，冰激凌师的眼神也应该是暗淡的——毕竟天刚亮就要起来忙活，精神头能好吗？

食得其所！ 小城诺托（Noto）的Caffè Sicilia冰激凌店（Corso Vittorio Emanuele 125，Noto）堪称传奇，现做的冰激凌会盛到布里欧修面包里供客人享用，爱吃冰激凌的人一辈子至少应该过来体验一次。

下图：开心果加榛果口味的意式冰激凌；右图：在那不勒斯湾的阳光下，享受柠檬意式冰激凌。

© Lonely Planet / Matt Munro

© Lonely Planet / Susan Wright

LISTINO PREZZI
PICCOLA (SMALL) € 1,50
GRANDE (LARGE) € 2,50
Il Gelato

25

胡姆斯：简单的鹰嘴豆泥，不简单的社交催化剂

以色列// 为了避免得罪人，首先声明一点：胡姆斯（hummus）这种美味，黎巴嫩、叙利亚、巴勒斯坦、埃及、土耳其和塞浦路斯也都有，而且都很好吃。但在这本书里，我们还是选择单单介绍以色列的胡姆斯。简单地说，胡姆斯就是用鹰嘴豆泥、芝麻酱、柠檬汁和大蒜调制成的蘸酱，但在酷爱这口的人看来，胡姆斯绝不止这么简单。在以色列，胡姆斯也是社交活动的催化剂，吃的时候必须带上哥们儿姐们儿。在原料的选择上，以色列人也独具创意，比如加了炸蘑菇和茄子的胡姆斯，用蚕豆泥、芝麻酱和一颗煮鸡蛋做成的胡姆斯，加了炒牛肉碎的胡姆斯（当地叫Hummus Basar）。另外，胡姆斯必须要搭配现烤的口袋饼和四分之一个白洋葱，没有这些，当地人肯定不答应。

☛ 食得其所！ 要是犯了选择困难症，那就听我们的，去Abu Hassan（也叫Ali Caravan；1 Dolphin St, Yafo, Tel Aviv），绝对靠谱。

© Bon Appetit / Alamy Stock Photo

© Lonely Planet / Mark Read

26

在塞舌尔吃烤鱼：天堂就是这个样子

塞舌尔// 塞舌尔共有115座岛屿，那些棕榈树海滩、花岗岩巨石、晶莹的海水和闪烁的珊瑚拥有不被时光左右的魅力。生活在人间天堂里的鱼，自然也是天堂级的。群岛上能找到无数海滩餐厅和摊贩，在那里吃烤鱼，能让你体味到克里奥尔饮食的精髓。不管是鲷鱼、蓝子鱼（rabbitfish）、狗鱼（jackfish）还是旗鱼（sailfish），都是当地渔民现捕的——蔚蓝的海水中就能看到那些摇曳的渔船——新鲜绝对没问题。配料只要一些辣椒、姜、大蒜和柠檬，火候绝对完美。吃过之后，再到隔壁摊位上买个鲜椰子，用椰汁清清口……这种感觉不是在做梦吧？掐自己一下就知道了。

☛ 食得其所！ 马埃岛（Mahe）上的布法隆海滩（Beau Vallon Beach），日落时会摆开一排烤鱼摊，非常热闹，你可以去那里伴着烤鱼的熏香和当地人打成一片。

27

塔丁苹果挞：意外事故成就的美味

法国// 关于塔丁苹果挞(tarte tatin)的由来，流传着这样一个故事。法国小镇拉莫特-伯夫龙有一家塔丁酒店，女老板斯蒂芬妮·塔丁一天发现正在熬制的苹果馅已经糊锅了，于是急中生智，在上面盖了一层起酥皮，直接塞进了烤箱里。本该是底在下、馅在上烘焙的苹果挞，被她烤了一个上下颠倒，但最终的成品，果馅焦香浓郁，面饼酥脆，大受欢迎，后来竟成了酒店的招牌，也成了法国的经典甜品，真是"无心插柳柳成荫"。这都是120年前的事情了。塔丁酒店今天仍在，风貌和他家的苹果挞一样，似乎并没有什么大的改变，餐厅里的实木家具、深粉色地毯以及窗帷，放在当年叫时尚现代，放到现在叫古香古色。在这样的环境中，享受一大块刚出炉的塔丁苹果挞，感觉再妙不过。

☛ 食得其所！ 塔丁酒店(Hotel Tatin; 5 Avenue de Vierzon, Lamotte-Beuvron)也提供住宿，住在他家探索森林茂密的大索洛涅地区(Grand Sologne)和卢瓦尔河谷(Loire Valley)非常方便。

© Lonely Planet / River Thompson

© Shutterstock / Alessio Orru

28

撒丁岛烤乳猪：慢工出美味

意大利// 想到意大利撒丁岛的美食，多数人首先都会想到海鲜，但事实上，撒丁岛内陆高山连绵，陆鲜同样让人流口水，烤乳猪(porcedu)尤其值得一提。整只乳猪需要在火上烤制好几个小时，柴火里要加姚金娘叶、百里香、牛至、薄荷、罗勒、月桂叶、马郁兰和苹果木，火要小，猪要不停翻转，直至猪皮咸酥，猪肉鲜嫩。上桌时先要在一大张盘子里铺上姚金娘叶，然后把烤乳猪全部放在上面供大家享用。这道菜既涵盖了当地最优秀的食材，又体现了撒丁岛人独立的性格以及对家乡自然风光的热爱，所以尽管制作耗时耗力，当地人却也乐在其中。

☛ 食得其所！ 可以去Agriturismo la Sorgente(Localita Annunziata, Castiadas, Sardinia)试试。

29

29

欢迎来纽约，欢迎来纽约吃汉堡

美国// 汉堡虽是当今快餐界的主力，出身却极具争议。德国人说汉堡是他们的发明，这有一定的道理，因为把碎牛肉、大蒜、洋葱、盐和胡椒拌到一起，烤成肉饼，这种做法的确源自德国汉堡。可惜德国人的创意止步于此，是美国人第一个想到把肉饼夹在面包里的，并将其发展成了一种国民美食。如今的美国汉堡，在面包的选择上不断升级，除了深受美国人喜爱的芝麻面包，你也会遇到布里欧修（brioche）和夏巴塔（ciabatta）面包。要是在美国发现有人在争论哪里的汉堡最好，轻易不要插话，小心人身安全。我们在这里表个态：纽约的最好。汉堡在“大苹果”纽约城是桩大买卖，新店新做法层出不穷。Bill's Bar & Burger 的招牌奶酪汉堡（cheese burger），味道不输任何一家，牛肉、奶酪、泡菜和生菜加到一起，足有170克重。如果想吃得最“夸张”，可以去布鲁克林Emily餐馆点一份emmy burger：里面是干式熟成牛肉、切达奶酪、焦糊的洋葱、酸黄瓜和韩式酱料，外面是两片蝴蝶酥。

食得其所！ Bill's Bar & Burger（Bill's Rockefeller Center, 16 W 51st St；下城分店位于85 West St)以及Emily（919 Fulton St, Brooklyn）。

30

只有瑞典的肉丸，才叫瑞典肉丸

瑞典// 从马尔默（Malmö）到北极圈，哪里的瑞典人都爱吃美味的肉丸（köttbullar），但如果单论体验的丰富性，“肉丸之都”应该是斯德哥尔摩。斯德哥尔摩老城（Gamla Stan）保存着中世纪的风貌，似金似赭的老建筑拥有一种古怪的对称美，石砖小巷弯弯绕绕，气质优雅。老城里有一家餐厅叫Tranan，他家的肉丸至今仍然恪守传统。馅料由猪肉和牛肉混调而成——有时候也会用驯鹿肉，尤其是瑞典北方地区——里面还要加面包屑和多香果粉；盛放要用一只浅口碗，碗中先放打得很细的土豆泥，再放炸好的肉丸，最后浇上一种奶油肉汤。配菜常常是腌黄瓜片和酸酸的越橘，用以抵消奶油的浓腻。肉丸本是当年工人们抵御北欧极寒的工作餐，今天却能展现出精妙的味道平衡。记住，没来过瑞典，千万别说自己吃过瑞典肉丸！

食得其所！斯德哥尔摩的餐厅Tranan（Karlbergsvägen 14），纸质菜单上并没有肉丸这道菜，但做的肉丸却很出名。

© Shutterstock / Millionstock

© Lonely Planet / Matt Munro

© Getty Images / Johner Images

PD.304
BONNIE LASS

在苏格兰的华美海岸，寻找最新鲜的炸鱼和薯条

31

英国// 在苏格兰东北部的斯通黑文（Stone-Haven），你可以强烈地感受到大海的浪漫。海湾绵延1公里，海滩上卵石遍地，港口里帆船随波起伏，礁石上尽是螃蟹与海星，空中有海鸥乘风飞翔，远方有北海铁青的天际线。为这里锦上添花的，是海滩中段那家叫The Bay Fish & Chips的餐馆。他家制作炸鱼和薯条（fish and chips）用的鱼全部遵守MSC（英国海洋管理委员会）的可持续捕鱼方式，当天送货的渔船船名都会写在餐厅的板子上。做薯条用的土豆全部由附近波特顿（Potterton）的一位商家供货。环境这么好，鱼炸得这么好，这么重视生态环保，而且排队的人时时不断，说他家是世界第一的炸鱼薯条店，应该没问题吧？呃，有个小问题：炸鱼和薯条这种最能代表英国的美食，根据大多数史料的记录，应该诞生于19世纪60年代的英格兰——有人说是伦敦的犹太移民约瑟夫·马林（Joseph Malin）在自家店铺里发明的，有人说是企业家约翰·里斯（John Lees）在兰卡斯特郡发明的——英格兰发明的食物，你偏说苏格兰的餐馆做得最好，有些人可能会不乐意。其实，好吃的炸鱼和薯条店在英国遍地都是，哪家最好并不重要。炸鱼要用普通鳕鱼（cod）还是黑线鳕（haddock），这也是一个问题。吃普通鳕鱼据说对生态环境的影响更小，但只要所用鱼肉经过MSC认证，这方面都不用担心。

食得其所！ 苏格兰斯通黑文的海滩步行道（Beach Promenade）。顺序一般是先吃炸鱼，再吃薯条，最后喝苏格兰特色汽水“铁酿”（Irn-Bru）。

英格兰制造

↓

关于奶油下午茶——即司康饼、果酱加浓缩奶油——的正确吃法，英格兰人莫衷一是。

109页

↓

诞生于伯明翰的巴尔蒂咖喱，如今已是英国各地印度风味餐厅的标配。

252页

↓

在伦敦找家酒馆，用当地艾尔啤酒搭配牛排腰子馅饼。

303页

左图：一艘渔船在斯通黑文港口中等待涨潮；下图：刚刚做好的炸鱼和薯条，可以包在报纸里，也可以盛在盘子上。

鱼肉又白又厚，
外面的面糊炸得很酥，
薯条蓬松烫嘴，吃的时候记得淋一点醋。

台南夜市，乐到天亮

32

中国// 台南是台湾街头小吃的代名词，是无可争议的美食之都，被亲切地誉为“小吃之城”，也是棺材板、担仔面的发源地。虽然小吃摊在这里几乎无处不在，但真正能让你五体投地的，还是台南传奇的夜市。汇进汹涌的人潮，闻着一阵接一阵奇妙的香气，面对明亮的灯火旗号、成排的摊位以及来自宝岛内外的珍馐，不管你是否已提前做好心理准备，一时也会经历“感官超载”。你在这里能找到新加坡叻沙、泰国甜品、印度煎饼这些国际风味，也能发现无数台湾本地特色，包括臭豆腐、辣鸭血、蚵仔煎、葱油饼、虱目鱼、水果串以及各种面点。台南的夜市又大又闹，人气疯狂，说是文化、味道与传统的大熔炉丝毫不为过。其中的花园夜市和大东夜市规模最大，里面除了小吃摊，还有许多卖小商品和玩具的摊位——小时候互相喷来喷去的水气球在这里就能买到——可以边吃边逛，边逛边吃。大东夜市还会举行独特的露天拍卖，又奇怪又好玩，不妨买好小吃前去欣赏。

☛ **食得其所！** 大东夜市（台南东区林森路一段276号）有许多玩具摊，适合带孩子游览，值得推荐。

巴黎的精华

↓

美味的可丽饼来自布列塔尼，如今在巴黎各处的路边摊上都能买到。

☛ 99页

↓

哪里的库克先生三明治堪称极品？我们推荐你去左岸那家优雅的小馆。

☛ 150页

↓

要吃焦糖布蕾，必去如梦似幻的蒙特马高地。

☛ 229页

在巴黎小馆吃鞑靼牛排，法兰西的经典不怕考验

33

法国// 巴黎法式小馆里的鞑靼牛排（steak tartare），和牛角面包、法棍、香烟、红酒一样，都是世间最最“法兰西”的东西。别以为这只是老生常谈，别急着揶揄嘲讽，要知道一道菜绝不会无缘无故成为“经典菜”，法国也绝不会无缘无故地拥有那么多经典菜。来到“爱之城”巴黎，你也难免流俗地爱上这道美味。巴黎第9区有家餐馆叫Le Bar Romain，菜单上有一整块全是“鞑靼菜”（即白汁生肉），比如金枪鱼和三文鱼，比如牛肉配香草、洋葱和三文鱼籽，再比如牛里脊肉配香醋、帕尔马奶酪、洋葱和刺山柑。虽然这些菜品听起来很诱人，但别忘了你来的初衷，只是为了那款经典的鞑靼牛肉——配菜只有洋葱丁、刺山柑和香草，上面只用西芹土豆或者新鲜的蔬菜沙拉做点缀。牛肉只是略加调味，肉质软嫩，洋葱的辣与刺山柑的酸强化了口感，实现了味道上的平衡。雕花木制天花板，文艺复兴时代的绘画，闪亮的枝形吊灯，以及一杯香槟酒，自然是这道鞑靼牛肉的标配。

☛ **食得其所！** 推荐灯光闪闪的巴黎经典法式小馆Le Bar Romain（6 Rue De Caumartin, Paris）。

上图：热闹的台南夜市；左下图：蒸玉米的香气扑鼻；右下图：鞑靼牛排。

32

32

33

© StockFood / The Picture Pantry

左图：波伦亚Ristorante Diana 餐厅制作的缎带面；中图：波伦亚古城美景；右图：波伦亚肉酱的真面目。

唇枪舌剑

↓

甜甜的奶丸子到底是谁的发明，印度的西孟加拉邦与奥里萨邦对此互不相让。

☛ 232页

↓

谁率先为安娜·帕芙洛娃制作了那款帕芙洛娃蛋糕，澳大利亚和新西兰两国争论不休。

☛ 280页

↓

猪肉在北卡罗莱纳州应该怎么烤，怎么吃，东西两派各执一词。

☛ 292页

© Lonely Planet / Susan Wright

波伦亚肉酱意面：请叫我“肉酱缎带面”

34

意大利// 全世界都把那种用来拌意面的番茄肉酱叫作“波伦亚肉酱”（bolognese），但对波伦亚（Bologna）本地人来说，那东西就叫“肉酱”（ragù）。你可能习惯用这种酱去拌细条面（spaghetti），但波伦亚人只会选择缎带面（tagliatelle），因为宽面条才更容易挂上浓稠的肉酱。所以在波伦亚，千万别说你要吃“spaghetti bolognese”（波伦亚肉酱细条面），必须说“tagliatelle al ragù”（肉酱缎带面），否则就会招来餐厅里其他人的鄙夷、白眼以及摇头叹息。正宗的波伦亚肉酱，里面至少要有两种肉，一般是意式培根（pancetta）和牛肉块，经常也可能是嫩牛肉碎和猪肉碎。此外还需要放洋葱、胡萝卜和芹菜，红酒和牛肉高汤，以及番茄酱。缎带面在制作时稍微加了一些盐，吃的时候拌上肉酱，还要放一些帕尔马奶酪碎。在这道意面的诞生地，品尝过了真正的波伦亚肉酱意面，你肯定会对其他地方的“山寨货”感到难以下咽，而且下次听到有人把它叫作“spaghetti bolognese”，你不禁也会投去鄙夷的目光。

☛ **食得其所！** 波伦亚历史悠久的市中心，有一家传统意式餐厅Ristorante Da Nello Al Montegrappa（Via Montegrappa 2, Bologna），值得推荐。

© Getty Images / svariophoto

35

卡普里岛沙拉：简单的美味，简单的幸福

意大利// 一张室外餐桌，一片粉色的夕阳景色，一份完美的卡普里岛沙拉（Insalata Caprese）——很多时候，生活的美好都来自这些简单的东西。卡普里岛（Isle of Capri）位于意大利西岸海外，距离索伦托（Sorrento）近在咫尺，这道简单的沙拉便源自那里。水牛奶制成的马苏里拉奶酪口感柔软，成熟的大番茄独具酸香，刚刚摘下的罗勒叶清香扑鼻，意大利本地产的榨橄榄油质感强烈，几种简单的食材汇聚到一起，颜色好似意大利国旗，彼此相辅相成，再加什么都是多余。

做法可以简单，选材绝不可怠慢，这正是意大利料理应有的风范。当地，应季，品质精益求精，这是卡普里岛沙拉的关键所在。温室里那种毫无滋味的番茄，橡皮一样的马苏里拉奶酪，批量生产出来的橄榄油，内行人一吃就知道。只有亲自到傍晚的卡普里岛品尝地道的卡普里岛沙拉，才是意大利人的“la dolce vita”（美丽人生）。

☛ **食得其所！**卡普里岛上的Terrazza Brunella（Via Tragara, 24）拥有海景露天就餐区，卡普里岛沙拉做得也相当不错。

36

布法罗风味鸡翅：在地美食，不辣不欢

美国// 简单粗暴地说，布法罗风味鸡翅（buffalo wings）是一种酒吧小吃。骨多肉少的鸡翅，裹上黄油和卡宴辣椒做成的酱料，这种东西在其他地方吃不过是寻常货色。但如果你来到了它的“主场”，坐在酒吧里，在吵闹的冰球比赛转播中喝光了几瓶拉格啤酒，就会觉得它是地球上最伟大的食物（没有之一）。这种鸡翅据说起源于20世纪60年代的纽约州北部城市布法罗（Buffalo），发明者据说是城中Anchor Bar酒吧的女老板特蕾莎·贝利希墨（Teressa Bellissimo）。用这种又咸又辣的美味搭配啤酒，如今甚至比汉堡薯条的组合还要顺理成章。尽管创始家族始终坚称这种鸡翅只是特蕾莎当年的“无心插柳”，她还是被粉丝们捧上了神坛。有趣的是，现在不管是在酒吧里还是在各种吃鸡翅的比赛上，厨师只顾卖弄自己“辣”绝人寰的酱料配方，只为摧毁食客的味蕾，鸡翅本身反倒成了配角。

☛ 食得其所！类似的鸡翅在全球各地的酒吧里都能吃到，但只有纽约州布法罗市的Anchor Bar才是布法罗风味鸡翅的麦加。

37

猪肉饭：来自柬埔寨的早安问候

柬埔寨// 一碗又香又饱腹的米粉或者盖饭是无数东南亚人的早餐标配，而且经常都是在上班途中的路边摊上解决的。想在柬埔寨开启一天的生活，迅速进入状态，你可以选择米粉汤（nom banh chok；内有鱼肉和绿咖喱酱），也可以选择肉汤粉（kuy teav；汤头由猪骨或牛骨熬制而成），但真正能让你流出口水的，肯定还是简简单单的猪肉饭。所用猪肉先要在椰浆中腌制，随后放到简陋的小烤台上，用明火慢慢烤熟，最后放到米饭上，撒一把葱花，做成盖饭。上桌的时候，店家还会在一旁配上腌黄瓜、胡萝卜、姜、萝卜和一碗清澈的鸡汤，吃起来甜香、酸香、咸香、焦香汇聚，香得无以复加。

☛ **食得其所！** 金边任何一家热闹的早餐路边摊都行，但最好选择7:00至9:00这个时段，再晚很可能就卖光了。

37

© Austin Bush

38

© Getty Images / Andrew Peacock

38

在德黑兰吃点心，品味伊朗人的生活

伊朗// 老主顾从糕点铺里走出来，手里的糕点盒摞得摇摇欲坠，里面装满了各种刚刚出炉的甜蜜美味，这个场面在德黑兰的早上很是常见。伊朗人为饮食着迷，又以好客为荣，糕点铺便是他们生活的缩影。当地人每天都会去自己最喜爱的店铺里购买拉瓦什（lavash）、桑加（sangak）和巴巴里（barbari）等传统烤饼，吃什么都要搭配它们。近年来，这里也出现了许多有国际风尚的烘焙坊，里面那些精致可口的蛋糕、饼干、果挞和马卡龙同样赢得了伊朗人的青睐。传统也好，新潮也好，买好之后，都要直接带回家，与家人朋友边喝茶边分享——伊朗人喝茶喜欢先在嘴里含上一块糖，你在这里也要入乡随俗才好。

☛ **食得其所！** 德黑兰有许多吃面饼点心的地方，其中的Orient Café（Darvazeh Dolat No 16, Tehran）不妨一试。

39

拜访苏格兰熏鱼作坊，找寻内心的极致平静

英国// 屋顶开洞，烟气袅袅，砖头炉窑里挂着一排排粉色的三文鱼片，下方堆着被威士忌浸泡过的木头，火焰似有似无，鼻子里的熏香夹杂着三文鱼的鲜甜，耳边还能听到海浪的声音。来到苏格兰海外的外赫布里底群岛（Outer Hebrides），参观岛上的熏鱼作坊，你肯定会收获一份宁静与淡然。这里制作的熏鱼，用的是“冷熏”技法，鱼肉在芳香烟气的轻抚下，肉质近乎膏脂，常常会在各种美食排行榜中被评为“世界最佳”。是到瑜伽潜修所里吃“养生套餐”，还是来苏格兰吃烟熏三文鱼，喝一杯单一麦芽苏格兰威士忌，你自己决定吧。

☛ 食得其所！ 赫布里底熏鱼作坊（Hebridean Smokehouse; Clachan, North Uist, Scotland）熏制三文鱼，用的是泥煤、山毛榉木和威士忌酒桶上拆下的橡木，味道不同寻常。

© Image Scotland / Alamy Stock Photo

© Getty Images / Lingxiao Xie

40

首尔烤五花肉：一烤二包三享受

韩国// 眼前可见古庙、城墙、木房子，耳边总能听到本周打榜热歌，空气中弥漫着先锋科技的未来感，昨天、今天与明天在首尔实现了重叠，游览起来仿佛总在时空中跳跃，令人十分陶醉。但当地也有一种超脱时空的经典体验，那就是坐在餐厅里，闻着缕缕肉香，守着桌子当中的烤盘和周围一堆堆的精致食材吃烧烤。韩国烧烤，能烤的肉多种多样，但谁都比不了“samgyeopsal”，也就是五花肉。五花肉会提前切成片，用大蒜、洋葱、辣椒和泡菜腌好，烤好之后包在生菜叶或紫苏叶里吃，味道之美妙肯定能让你眼前一亮。哪怕是烧烤新手，烤和包都可以轻松搞定，解决了一口，就再去准备下一口。

☛ 食得其所！ 从地铁钟路3街站（Jongno 3-ga Station）4号出口出来，就是首尔的烧烤一条街，那里的Jeju Abang以及周边几家的烤猪肉都很出名。

© Lonely Planet / Austin Bush

© Lonely Planet / Austin Bush

41

品尝味重料猛的马沙文咖喱，感受曼谷饮食的浓墨重彩

泰国// 和许多东南亚城市一样，在曼谷就餐也是一场超乎想象的美食探险。大街小巷，运河两岸，美食摊不计其数，里面既能找到泰式烤肉串（moo ping）、泰式炒米粉、冬阴功汤这些熟悉的东西，又能邂逅闻所未闻的花样，比如黑芝麻米皮饺子配辣姜、芋艿冰激凌以及马沙文咖喱（massaman curry）。马沙文咖喱有别于大多数泰国菜，并非甘甜清淡，更像中亚和南亚的咖喱，味重料猛，由小豆蔻、肉桂、丁香、大料、孜然、月桂叶、肉豆蔻和豆蔻皮熬制而成，质地如膏似脂。那不就是普通的咖喱吗？别急，里面还有南姜、白胡椒、虾酱、酸角、椰奶和烤花生这些本土原料，所以味道绝对与众不同。去探索曼谷千奇百怪的美食圈，你现在又多了一个理由。

☛ 食得其所！ Phra Khanong BTS地铁站附近有一个W Market国际美食广场，里面除了这道美味，还有音乐演出、街头艺术家和啤酒。

© 500px / Oliver Saved

42

在斐济吃鲜椰子：天堂就是这么简单

↓

斐济// 有时候，仅仅是在沙滩上、碧海边吃一个鲜椰子，就能领悟到人生的真谛。在斐济亚萨瓦群岛（Yasawa Islands）的蓝潟湖（Blue Lagoon）岸边，有一座座迷人的度假茅草木屋（当地人叫bure），生机勃勃的海底世界近在咫尺。如此完美的时刻还缺少什么吗？也许可以再向大自然讨一个礼物，尝一尝又凉又甜又清爽的鲜椰子。只要吸管，别的什么都不要。

☛ **食得其所！** 躺在休闲椅上喝椰子，边喝边感慨自己怎么会这么幸福……

43

小笼不带“包”，锡沪最正宗

中国// 中国从南到北，用小竹蒸笼蒸出的小包子都被称为“小笼包”，但在上海，人们将其称为“小笼”。上海卖小笼的地方比比皆是，但味道最好的那几家，门前必然有人排队，午餐时间更是如此，想吃肯定要和好几个人拼桌，甚至连拼桌的地方都抢不到，那就站在那里，用眼神告诉桌上的人赶紧吃完，给你腾位置！但若论历史，距上海100多公里的无锡却是遥遥领先。惠山脚下“忆秦园”的店招牌上赫然写着“1751年始创”，那一年是乾隆第一次下江南，也是从那时开始，无锡小笼名震江南。小笼包的种类不一而足，但经典的小笼一般是以猪肉和肉冻做馅，用生姜和绍兴黄酒提味，外皮很薄，蒸制之时，肉冻会化成浓汤。时至今日，虽然猪肉馅儿已然鲜美有加，但几乎所有售卖小笼的店铺都会加上蟹粉一味，包进肉里的是蟹油，顶部顶着一块金灿灿的蟹黄，当然价格也几乎翻了一倍。咬开冒着蒸汽的外皮，先在边缘轻嘬一口，任又热又香的汤汁流入口中，这将带给你一种巨大的“感官享受”。

☛ 食得其所！ 上海的佳家汤包（上海市黄浦区黄河路90号）和无锡的熙盛源（无锡市健康路84号），口味都很受当地人认可。

43

© dpa picture alliance / Alamy Stock Photo

44

© Marti sans / Alamy Stock Photo

44

伊斯坦布尔“刷夜”，用包馅贻贝填肚子

土耳其// 在伊斯坦布尔吃包馅贻贝（midye dolma），要讲究先后。应该先在贝伊奥卢、卡拉廓伊、西斯里、贝西塔斯这些热闹时尚的地方找一家夜店或酒吧，等到跳舞跳到筋疲力尽了，再跟随当地人到街上寻找这种美味。伊斯坦布尔的大街小巷上都有卖包馅贻贝的美食车，黑亮的贻贝壳里除了多汁的贝肉，还塞上了用肉桂、胡椒以及孜然调味的米饭，有时候还会加上松子和黑加仑，旁边配上切好的柠檬。这种东西当地人吃起来不分时间，但在酒吧派对之时、深夜蹦迪之后尤其受欢迎。记得学习当地人，先在贝肉和米饭上挤些柠檬汁，然后从壳里一口嘬进嘴里。

☛ 食得其所！ 体验过了伊斯坦布尔著名的夜生活，再去路边摊那里享用美食——哪家排队的当地人多就选哪家。

© Our Local Commons

José Andrés

何塞·安德烈斯

何塞·安德烈斯是纽约Minibar、拉斯维加斯e by José Andrés等多家餐厅的老板，在美国掀起了一场“小盘运动”（Small Plate Movement）。

01

在美国马里兰州吃螃蟹：餐厅Bethesda Crab House的螃蟹堪称完美，烹调只用“老湾”牌调料（Old Bay；马里兰州本土知名企业），能让我吃出家的味道。

02

在波多黎各吃半熟汤（sancocho）：我在波多黎各曾做过志愿者，这种简单的蔬菜牛肉炖汤也做过很多次，吃起来很可口，是波多黎各的家常菜。

03

在西班牙里奥弗里奥吃鱼子酱：里奥弗里奥（Riofrio）是格拉纳达的一个小村子，那里的有机鱼子酱品质世界第一，我会舀一勺鱼子酱，放到一片伊比利亚火腿里卷着吃，美其名曰“何塞塔可”（José Taco）。

04

在加利福尼亚州奥哈伊吃蜜柑：奥哈伊（Ojai）有个叫The Tangerine Man的农场，种的蜜柑汁又多，味又甜，品种叫“kishu mandarin”，而且还可以网购，不用非到那里去吃。

05

在日本北海道吃海胆：我和朋友松久信幸一起来到北海道，他带我去海里捕海胆，里面的胆黄太鲜了，吃起来像是在亲吻大海。

45

贝奈特饼：乐活之城的活力之源

美国// 在贝奈特饼（beignet）身上，我们可以欣赏到“一加一大于二”的美食魔法。松软的面团做成方饼，简单油炸，直至外皮又烫又脆，内里筋道软韧，上面再高高地堆上丝滑的糖粉，这就是“吃起来不要命”的新奥尔良贝奈特饼。和路易斯安纳州很多食物一样，这种甜品也是由加拿大法裔移民传过来的，也是卡真文化的一个载体，在新奥尔良的法国区尤其流行。这座“乐活之城”（Big Easy）之所以如此热闹兴旺，除了当地乐队的激情四射外，想必也与人们贝奈特饼吃得太多、糖分摄入量过高、异常亢奋有关。

食得其所！到拥有150年历史的咖啡馆Café du Monde，尝尝经典的新奥尔良贝奈特饼，外加一杯极具新奥尔良特色的欧蕾咖啡（café au lait）。

© Jim West / Alamy Stock Photo

46

咖喱土豆卷饼：印度南部都市里的美味救赎

印度// 印度南部某座城市的街头，行人、汽车和机动三轮车在你身旁川流不息，又吵又闹，再加上憋闷的热带气候，你难免会头晕目眩。这时候吃一口刚刚做好的咖喱土豆卷饼（masala dosa），那种精致的脆爽、淡淡的酸味和诱人的辛香，绝对会让你产生一种清风拂面的感觉。从西边的孟买，到东边的金奈（Chennai），总有人会暂时跳出混乱的人流，在街边享受这种可口的卷饼，而且是早餐午餐晚餐加餐，吃起来不分时间。做卷饼（也就是dosa）用的发酵面糊，是用大米和小扁豆磨成的粉调制的，在饼铛上薄薄摊开，烤的时候要把握好火候，一面脆，一面软，这样才好卷成卷。里面卷的馅包含土豆、洋葱、咖喱叶、姜黄和咖喱粉（即masala），吃的时候一般要搭配加了椰汁的酸辣酱。问十个印度人哪家的卷饼最好吃，你会得到十个答案，在印度南部待上一段时间，你也会有自己的答案。

☛ 食得其所！ 为了保持味道的平衡，也为了吃起来不邋遢，你应该先把酸辣酱抹在卷饼上，然后撕下一小块，淋上桑巴酱汁（sambar）再吃。

© Getty Images / Nazir Azhari Bin Mohd Anis / EyeEm

© Shutterstock /T.Slack

© thegingernomad / Stockimo / Alamy Stock Photo

47

用炖肉和健力士啤酒，点亮阴霾中的都柏林

爱尔兰// 爱尔兰的冬天常常大雨倾盆，气温会降到个位数，天色总是半明半暗，这时爱尔兰人则喜欢躲到酒馆里聊天欢笑，畅饮色如墨水的健力士啤酒，还动不动就唱歌跳舞。这在当地叫“craic”，是用简单的快乐对抗糟糕天气的一个办法。聚会期间的主菜，自然是爱尔兰炖肉（Irish stew）。用什么食材并无严格的规定，有什么就放什么，很像随遇而安的爱尔兰人。最正宗的做法就是把羊肉或小山羊肉放在水里，和土豆、洋葱一起炖。但现在，羊肉渐渐成了配角，西芹、胡萝卜、葱韭和大麦粉团（pearl barley）等食材也开始往锅里放，炖出来的汤汁也越来越浓了。这道菜吃起来最暖和、最可口，也最解饿，你当然可以用盐调味，但爱尔兰炖肉最好的“调料”是酒馆的环境，是健力士啤酒，也是身边的朋友。世界上许多国家都认为饮食的奥义在于烹饪过程，在于原料的多样，但在爱尔兰人看来，饮食的奥义就是吃，以及能和吃搭上边的一切。

☛ 食得其所！ 都柏林的The Brazen Head（20 Bridge St Lower）是爱尔兰最古老的酒馆，制作的爱尔兰炖肉恪守传统。去这家你没意见吧？

在京都享用怀石料理，体会日本饮食的仪式感

48

日本// 精工细作、高端昂贵、米其林星级水准的花式套餐，在日本早已司空见惯，但怀石料理则是另一个维度的存在——在稍微好一点的地方，一顿吃下来花上几万日元是很容易的事，但贵得值。怀石料理绝不仅仅关乎饭菜、品相和味道，而是讲究“无微不至”（おもてなし；omotenashi）的日本服务精神，是料理师向客人表达崇高敬意的方式，是日本人厨艺、敬意与审美的精妙载体，有生之年，至少应该体验一次。怀石料理诞生于京都，想品尝的话一般要去那种房间里铺着榻榻米的传统日式旅馆。每位料理师的处理都略有不同，这主要是因为怀石料理本就是一种表达敬意的美食艺术，而且用的都是时令食材，不可能一模一样。话说回来，某些规则是所有料理师都必须遵守的——这里毕竟是日本。席中必有一道搭配清酒的“先附”（即开胃菜）；必有一道“煮合”（即炖煮出来的食物）；“向付”（刺身）；“八寸”（突显时令的菜肴）；“烧物”（烧烤）；“御饭”（米饭）。一道道华美的菜品接连登场，接近尾声时，料理师还会奉上“水物”（甜品），表演抹茶道。你应该拿出一天时间，尽情陶醉于怀石料理之中，这才对得起料理师超凡脱俗、体贴备至的款待。

食得其所！ 推荐京都吉兆（Kyoto Kitcho Arashiyama；京都市右京区嵯峨天龙寺芒ノ马场町58）或者祇园迦陵（Gion Karyo；京都府606-0074；京都市東山区祇園町南側 祇園甲部歌舞練場前）。

下图：怀石料理承载了日本饮食艺术；右图：京都的金阁寺体现了日本建筑美学。

© Shutterstock / KPG_Payless

© Shutterstock / Luciano Mortula - LGM

© Jean Cazals

49

吃炸番茄丸子，赏圣托里尼落日

希腊// 普普通通的炸番茄丸子（domatokeftedes）怎么会这么好吃呢？也许是因为圣托里尼自带一种魔力，也许是因为里面的小番茄是在火山岛上种出来的，吸收了土壤中的矿物质和营养元素，味道独具特色。不管因为什么想吃炸番茄，舍此一地，世间再无他选。当地出产的小番茄，每年6月至8月最新鲜，而这个时间恰恰是希腊海岛度假的“黄金时段”。小番茄加上菲达奶酪、红洋葱、西芹、薄荷和牛至，在油里微微炸熟即可，在圣托里尼各家酒馆推出的桌席（当地叫ouzo）里总能找到它，吃的时候要学学内行的当地人，伴着华美的落日和茴香开胃酒一同享用。

☛ **食得其所！** 岛上大多数传统酒馆（taverna）都有炸番茄丸子，哪家风景好就去哪家。

© Dosfotos – www.superstock.com

50

莫桑比克辣椒烤鸡，美食美景二美得兼

莫桑比克// 把红辣椒、柠檬、大蒜和各种作料调成酱汁，抹到整鸡身上，摊平拿到烤架上烧烤，烟熏火燎，香气四溢，这种味道几乎是令人无法抗拒的。不过，你为什么要抗拒呢？是因为莫桑比克的海滩实在太迷人，不想为了美食舍弃美景吗？幸运的话，你完全可以二美兼得，因为又嫩又辣的辣椒烤鸡（piri piri chicken）在莫桑比克随处可见，除了各大城镇的路边烧烤摊、咖啡馆和餐厅，海滩边的小棚子里也有卖。吃的时候一定要搭配一瓶冰凉的“黑斑羚”牌（Impala）啤酒。这种啤酒是世界上第一个由木薯酿制的商业化啤酒，对莫桑比克的农业经济和就业起到了推动作用。用这种啤酒搭配烤鸡，不仅是一种完美的口福，更是在为当地经济做贡献。

☛ **食得其所！** 路边烧烤摊就可以。如果更喜欢去餐厅里吃，推荐Piri Piri（Av 24 de Julho, Maputo, Mozambique）。

51

© Getty Images / Penina Meisels

51

用面饼蔬菜沙拉，祝福叙利亚的明天

叙利亚// 在整个黎凡特地区，你都能吃到这种叫“fattoush”的面饼蔬菜沙拉，其中的原料包含烤过的面饼片、甜甜的番茄、各种新鲜的蔬菜和香草、柠檬汁和漆树果，最适合在烈日灼烧的中东解暑。在叙利亚想吃这种沙拉，最好去大马士革的某家街边咖啡馆——当然了，因为当地安全局势的原因，你现在去不了，短期之内也不太可能去，但作为世界上人类持续定居时间最长的大都市之一，大马士革未来终会重归和平，成行是早晚的事。叙利亚人吃面饼蔬菜沙拉，会用一张生菜叶或者葡萄叶，包上一点沙拉里的东西，再送到嘴里。无法亲自到叙利亚去享用时，不妨在家自己拌上一大盘子，泡一壶叙利亚特色的木槿花茶，请朋友过来，一起为叙利亚的明天祝福。

食得其所！ 面饼蔬菜沙拉并不稀奇，除了叙利亚，在整个中东地区以及世界各地的大城市里都能吃到。

52

© Jack Sullivan / Alamy Stock Photo

52

波特兰的美食魔咒：培根枫糖甜甜棒

美国// 提到波特兰你会想到什么？可持续环保理念？咖啡？这些都没错，但请不要忘记巫毒甜甜圈甜品店里的培根枫糖甜甜棒。这家店开在市中心，主打形状各异、鲜艳夸张的甜甜圈，如今已经吸引了一批铁杆粉丝，门前总有人排队。那款素食甜甜圈“grape ape”表面裹着一层香草糖霜，撒着葡萄和薰衣草粉粒；“maple blazer blunt”上面撒着肉桂糖和一种火炭一样的红色糖粒；“viscous hibiscus”（“邪恶木槿”）也不错。但要推选一个甜甜圈王者，恐怕还得是这款培根枫糖甜甜棒。上面用两片脆脆的培根做装饰，入口有甜香、有咸香、有面香，谁能够拒绝？

食得其所！ Voodoo Doughnut在波特兰共有3家门店（22 SW 3rd Avenue和1501 NE Davis St两处都有），街头也有他家的美食车，此外还提供自行车送餐服务。

53

在普普萨饼屋里吃普普萨，结缘萨尔瓦多的招牌小吃

萨尔瓦多// 你想必已经吃过了玉米折饼（quesadilla）和玉米馍（arepa），现在是时候试试萨尔瓦多的“普普萨”（pupusa）了。那是一种又厚又圆的馅饼，面团是用玉米面做的，里面要塞上馅料，在墨西哥烤锅（comal）上烤熟。馅料可以千变万化，奶酪馅、炸豆馅、鸡肉馅、炸猪皮馅以及“三鲜馅”（revueltas，即豆子、猪肉、奶酪）最常见，但海鲜馅、蔬菜馅甚至是甜甜的浆果馅也不是没有。咸香的普普萨一定会搭配一份卷心菜沙拉（当地叫“curtido”）和萨尔萨酱，以此化解馅饼的浓腻。虽然普通餐厅和街头摊位那里也都有，但你最好还是去专攻这种可口馅饼的“普普萨饼屋”（pupuseria），和当地人一同享用，好好犒劳一下自己的眼睛、鼻子和嘴巴。这种饼屋在萨尔瓦多随处可见，找到和自己有缘的那一家才有意思。

☛ 食得其所！ 萨尔瓦多到处都有普普萨饼屋，不过现在在美国、加拿大的大城市里也可能遇到。

54

新西兰银鱼炸饼：才离湖水，就入煎锅

新西兰// 在新西兰各地的河流、小溪和湖泊中生活着一种身材很小的淡水银鱼，根据相关规定，每年只有很短的一段时间才可以捕捞。每年8月，捕鱼爱好者会迫不及待地在水中设好抬网（scoop net），以期有所收获。北岛怀拉拉帕（Wairarapa）的奥诺科湖（Lake Onoke）更是夸张，渔网沿着湖岸连成一圈，就为狠狠地捞上一批。规定本身其实是为了保护水中的其他物种，却给捕捞银鱼和烹制银鱼增添了一种兴奋感。把鸡蛋打好，加面粉和盐调成蛋糊，再把一条条银鱼拌进去，最后用黄油煎炸，这样做出来的银鱼炸饼（whitebait fritter）是最受新西兰人喜爱的小吃之一。奥诺科湖畔有家酒店叫Lake Ferry Hotel，在那里吃银鱼炸饼，不妨搭配一杯马丁堡（Martinborough）产的长相思。

食得其所！ Lake Ferry Hotel（2 Lake Ferry Rd, South Wairarapa Coast）。

© Panos Pictures / Jacob Silberberg

© New Zealand Herald / Babiche Martens / Newspix NZ

© Hans Bernhard Huber / Laif / Camera Press London

55

仰卧沙滩椅，静待老虎虾

缅甸// 缅甸的维桑海滩（Ngwe Saung Beach）绵延数英里，白沙碧海的天地间只有棕榈树、沙滩椅和遮阳伞做点缀。在如此惬意悠闲的热带天堂里，游客只想游泳、浮潜、晒太阳。要是饿了怎么办？海滩北边是一片高端度假村，太远。南边是低端酒店和背包客的聚集地，也太远。倒是旁边的小村维桑比较近。但要是海浪的喃喃细语太过迷人，舍不得离开怎么办？放心，当地人早有安排。你在沙滩上待不了多久，卖东西的小贩就会走上前来，头上顶着一个盘子，里面全是烤好的老虎虾（tiger prawn）。老虎虾被烤得略微发焦，而且长相确实有点奇怪，但味道保证让你没话说。

食得其所！ 缅甸伊洛瓦底省维桑海滩。

56

印度最成功的出口产品——咖喱角，给加尔各答的观光之旅加油助力

印度// 印度就像一个由景观、声音和味道（你懂的）构成的感官大旋涡，置身其中，难免力不从心，想买个东西边走边吃，口感筋道、味道相对清淡的咖喱角（samosa；萨摩萨）可谓理想之选——一手拿着它，一手翻看旅行指南，两边都不耽误。印度每个地区的咖喱角都有自己的特色。旁遮普邦主要用土豆和豌豆做馅；古吉拉特邦爱用切得很碎的土豆与卷心菜做馅；卡纳塔克邦流行洋葱羊肉馅；德里则喜欢绿豆泥这种另类的馅料。要我们说，加尔各答的孟加拉风味咖喱角——当地叫"shingara"（辛佳拉）——最好吃。馅里除了土豆、豌豆、菜花和辣椒，也会放一点孜然和花生，某些高端甜品店甚至还会添加腰果。在这座英属印度的前首都观光之时，用一份咬掉渣的咖喱角搭配一杯印度奶茶，最能让人重获活力。

☛ **食得其所！**想在加尔各答吃到最好的咖喱角，可以去巴拉市场（Bara Bazaar）里的Tewari Sweets，或者试试诞生于19世纪的老牌甜品店Mrityunjoy Ghosh & Sons（Sarat Bose Road）。

© Getty Images / Bobi

57

在北海道积丹半岛吃海胆，鲜味岂容烹调？

日本// 世界上没有多少食物比浑身带刺的海胆看起来更让人倒胃口，但正是这种"外表棘手，内里可口"的对比，才让海胆吃起来多了一丝乐趣。在日本的北海道，你能够找到地球上最新鲜、最精致、最美味的海胆。当地有两种特产海胆，一种叫马粪海胆，一种叫紫海胆。前者颜色亮橙，口感浓郁似脂，后者颜色泛黄，偏甜，味道微妙。根据海胆发烧友的推荐，你应该在6月中旬至8月中旬海胆的收获季节，到北海道的积丹半岛实地体验。半岛上到处都是小小的海鲜餐馆，这个季节里家家都有海胆。面对如此新鲜的海胆，最好洗尽铅华，还其本真，也就是剖开外壳，挖一勺里面的胆黄，直接送到嘴里生吃。海胆黄看似奇特，美妙的味道却无法比拟。

☛ **食得其所！ 6月中旬至8月中旬期间，到北海道积丹半岛上找一家海鲜餐馆。**

Paul Quayle / Alamy Stock Photo

© Lonely Planet / Junichi Miyazaki

58

在海滨露台上吃蛤蜊意面，享受波斯塔诺的美丽人生

意大利// 阿马尔菲海岸（Amalfi Coast）沿线峭壁陡立，阳光灿烂，海水晶莹，一片片海湾风景如画，可以尽情游泳的海湾之上，小村依山而建，仿佛粉妆玉琢，背靠柠檬树林，上方是层层叠叠的葡萄园。在海岸边的波斯塔诺（Positano），街道蜿蜒陡峭，精品店时尚前卫，餐饮业欣欣向荣，一派海滨小城的经典风貌。波斯塔诺的饮食，烹调从简，食材重鲜，这道蛤蜊意面便是这种料理哲学的完美体现。夏季的中午，在当地找家餐厅，坐在露台上享受这碗意面，同时搭配一杯甘洌的白葡萄酒，体会碗中大地与大海的完美结合，食与景的不分彼此，下午再到海滩上逍遥快活，意大利人所谓的"la dolce vita"（美丽人生），莫过于此。

☛ 食得其所！ 除了波斯塔诺，在坎帕尼亚（Campania）沿海任何一个地方都可以品尝蛤蜊意面。

© 500px / Francesco Riccardo Lacomino

59

英国周日烤肉，比信仰还重要的美食

英国// 对于越来越多的英国人来说，周日可以不去教堂，但绝不能不吃周日烤肉（sunday roast）。对于游客来说，周日烤肉也是不容错过的一种体验。地方无所谓，伦敦某家历史几百年、窗户都没有的酒馆也行，找一个大型乡村客栈，在草坪上摆开的餐桌那里吃也行，只要与朋友亲人在一起，在欢笑聊天、畅饮啤酒的间隙享用就行。把热乎乎的烤牛肉或者烤猪肉切好放到盘子里，旁边配上约克郡布丁、烤土豆以及各种蔬菜，上面全部浇上浓汁，这就是周日烤肉，又暖身，又解饿，又可口，在平民美食中属于上乘。活在当下，乐在眼前，这种仪式感与安全感才是周日烤肉最吸引人的地方。赶紧拿个盘子添菜吧！

☛ 食得其所！ 如果已经在当地酒馆里试过了这道菜，不妨去约克郡赫尔姆斯利（Helmsley）附近的小镇哈罗姆（Harome），在主街旁找到那家米其林星级餐厅Star Inn，尝尝"高配版"周日烤肉。

© Shutterstock / mikecphoto

60

在吉隆坡吃烤鱼，一种“溅溅”的享受

马来西亚// 吉隆坡都市公园（Urban Orchard Park）边上有一排五颜六色的烤鱼摊，午餐时间，烟气聚成香云，周边人难抵诱惑，蜂拥而至，你也可以成为其中的一分子。烤鱼（ikan bakar）是吉隆坡最“溅”的铁板海鲜，而这里则是吉隆坡烤鱼摊最多的地方。每个摊位至少都有一张巨大的铸铁烤盘，你点的海鲜，不管是鲶鱼、黄貂鱼、鲭鱼还是鱿鱼，统统要拿到上面去烤。各家的区别，主要在于配菜以及腌鱼用的酱汁。为了保证鲜味不减，鱼肉不散，摊主会把鱼包在蕉叶里烤，同时不断地翻动调整，让每条鱼都能烤得恰到好处，别说吃，看起来就很过瘾。

☛ 食得其所！ 烤鱼摊这么多，而且家家都有特色，所以吃多少烤鱼都不过分。

© PhoodFotog / Alamy Stock Photo

© Shutterstock / thefoodphotographer

61

Chez Panisse餐厅，一生总得吃一次

美国// 餐厅Chez Panisse从1971年便开始倡导“加州料理”新理念，主张选用经可持续农作方式生产的当地食材，兼容多种烹饪风格，这两点已经成了当代西餐的典型特征，其影响力可见一斑。今天的Chez Panisse不改初衷，饭菜应季而动，品质傲视全球。除了一定的法国元素，这里的一切都体现了纯正的湾区风范。取材当地的原料自不必提，氛围更有一种伯克利晚餐派对的波希米亚气质，完全可以说是“盘子上的北加州”。地址多年以来从未更改，仍然还开在那栋工艺运动时代的老房子里，翻修之后仍然满眼红木，温馨如旧，联合创始人爱丽丝·沃特斯依然还在店中坐镇。

☛ 食得其所！ Chez Panisse（1517 Shattuck Ave，Berkeley）餐厅楼上可以单点，楼下供应套餐。套餐天天不同，更值得推荐。

© Lonely Planet / Margaret Stepein

© Lonely Planet / Margaret Stepien

62

西班牙有小吃，塞维利亚有雪莉

西班牙// 西班牙每个城市都有许多绝妙的西班牙小吃吧可选，但塞维利亚（Seville）却能给你带来与众不同的体验。这里位于安达卢西亚的腹地，盛产雪莉酒（sherry），上午不妨去参观一下塞维利亚王宫（Real Alcázar）和世界上最大的哥特大教堂，探索这座城市的百年历史，直到在中世纪街巷里逛出了食欲，再随便找家小馆尝尝。西班牙小吃（tapas）由无数种精致小巧的菜品构成，经过年复一年的钻研琢磨，道道可口。席间必须有一小杯酒水相佐，美食美酒的组合本就迷人，而塞维利亚周边盛产雪莉酒，不管是陈香质朴的曼柴尼拉（Manzanilla）、毫无甜味的菲诺（Fino），还是口感醇厚的阿蒙蒂亚（Amontillado），每一种都能让你的体验更上一层楼。吃西班牙小吃，也要着意体会西班牙人潇洒热情的性格，吃喝虽是全民大事，聊天同样不可或缺。所以不管你去的是某个美丽广场旁边的苍蝇馆子，还是什么大名鼎鼎的老字号餐厅，一定要主动向当地人讨教，问一句“¿Qué me recomiendas?”（“哪个好？”），让他推荐酒菜。我们这里列出了几款不容错过的小吃：“炸弹”（la bomba），裹着面包屑炸出来的土豆泥丸子，搭配蒜泥蛋黄酱和番茄辣酱；正宗的安达卢西亚伊比利亚火腿（jamón ibérico），所选用的猪真的是用橡果喂出来的；“吉尔达”（gilda），一种用凤尾鱼、辣椒和绿橄榄串起来的小串；小鱿鱼，整只可炸可烤，味道香甜，搭配柠檬；烤蛏子或者烤虾；最后再来一盘鲜嫩多汁的肉丸。这些只是西班牙小吃中的一组精选，仅供参考，其实，不期而遇的美味更值得欣喜。

食得其所！推荐塞维利亚经典酒吧El Rinconcillo（右上图；C/Gerona 40），也可以试试较为传统的Las Teresas（左上图；C/Santa Teresa 2）。

© Lonely Planet / River Thompson

63

勃艮第炖牛肉，勃艮第最地道

法国// 想吃地道的勃艮第炖牛肉（boeuf bourguignon），只能去勃艮第（Burgudy）。那里有起伏的青山、蜿蜒的河道、带有穹顶的罗马式教堂（内部有半圆形拱顶贯通）、气派的古堡，以及美味的葡萄酒和牛肉。勃艮第炖牛肉做法简单，最初只是中世纪农民的家常菜，讲究就地取材，所以味道和口感都具有鲜明的地域性。炖肉用的酒必须是醇厚的勃艮第黑皮诺（pinot noir），里面最好带有新鲜浆果的风味，泥土味明显，微有辛香。当地的牛属于夏洛来牛（charolais），肩膀宽，毛皮白，青山间随处可见它们吃草的身影，因为肉质软嫩、略带纹理而备受追捧，勃艮第多地都会举办夏洛来牛肉节（Fête du Charolais）用以宣传。既然是家常菜，你最好能设法被当地人请到家中享用，但事实上，在勃艮第随手拿一张菜单，肯定能看到这道菜，首府博讷（Beaune）也有许多餐厅都说自己能做“正宗”的勃艮第炖牛肉——只不过每家的都不太一样。

食得其所！餐厅21 Boulevard（21 blvd Saint-Jacques，Beaune）开在一个建于15世纪的石头酒窖里，值得推荐。

64

深藏不露的海南鸡饭，深藏不露的新加坡人

新加坡// 海南鸡饭看起来色调单一，简单干净，吃起来却味道丰富，内藏乾坤，和新加坡人一样深藏不露。这种盖饭源自中国海南，最初用的都是瘦骨嶙峋的土鸡，后经粤菜师傅的改良，代之以体型更大、肉质更紧实的白羽鸡，这样切起来方便，吃起来也容易。整鸡先要烫煮，然后用鸡汤、姜、班兰叶和大蒜一同去煮米饭。将鸡斩成块，淋上香油和酱油，连同煮好的米饭一同上桌。吃鸡肉的时候，少不了要用到辣椒、姜和老抽调出来的蘸料。

☛ **食得其所！推荐天天海南鸡饭（新加坡麦士威熟食中心）。**

© Shutterstock / 2p2play

© Christian Berg / Laif / Camera Press London

65

越南脆煎饼，南越味最佳

越南// 来到越南，一定要尝尝酥脆美妙、颜色金黄的煎饼，而且与北越相比，南越煎饼的面糊里加了更多的椰奶和姜黄，煎出来更薄更脆，味道更好。煎饼摊好之后，里面还要放入整虾、猪肉、豆芽和绿豆，然后从火上撤下来，对半一折，供食客享用。吃的时候要在手里放上一片生菜叶，然后切下一小块煎饼放到上面，加一些草本香料卷起来，最后在一小碟火辣的蘸料里蘸一下，再放到嘴里。煎饼在胡志明市非常流行，可以说遍地都是，但Bánh Xèo Muoi Xiem和Bánh Xèo 46这两家的味道最好。

☛ **食得其所！推荐胡志明市的Bánh Xèo Muoi Xiem（204 Nguyen Trãi, Phuong Pham Ngũ Lão）和Bánh Xèo 46（46A Đinh Công Tráng, Tân Đinh）。**

© James Ransom / Food 52

Amanda Hesser

阿曼达·海瑟

阿曼达·海瑟曾任《纽约时报杂志》美食编辑，著有多部烹饪书，也是人气超高的烹饪网站Food52的合伙人之一。

01

在俄勒冈州波特兰喝辣根伏特加：当地俄罗斯风味餐厅Kachka主打五花八门的小盘菜，还有各种各样的伏特加。这款辣根伏特加虽辣得厉害，但口感灵动，很是惊艳。

02

在斯里兰卡吃鸡蛋薄饼：斯里兰卡的鸡蛋薄饼四周像蕾丝一样，中间是一个煎蛋，国内到处都有。

03

在路易斯安纳州新奥尔良吃饼干配草莓酱：在新奥尔良的法国区，有家叫Soniat House的小客栈，每天早上都会用刚刚出炉的饼干招待住客，搭配的草莓酱是自制的，里面能看到整粒整粒的草莓。

04

在宾夕法尼亚州奥德福奇镇（Old Forge）吃白比萨：我就是吃这种比萨长大的，两层面饼之间夹了一层美式奶酪，上面再放橄榄油、盐和干迷迭香。

05

在纽约州艾玛甘塞村（Amagansett）吃龙虾卷：龙虾卷做法很多，但Crab Shack做的我最爱吃。餐厅就在长岛（Long Island）27号公路北侧，位于艾玛甘塞和蒙陶克（Montauk）之间。

66

去芬兰，过肉桂卷节，吃“一记耳光”

芬兰// 说芬兰人爱吃肉桂卷，并不能够充分表达这种平民甜品在芬兰的重要地位。芬兰人不但拿出了10月4日这一天，为肉桂卷设立了一个全国性的节日，而且在咖啡尚未得志的年代，甚至只会用做肉桂卷的手艺来评判一家咖啡馆的好坏。这种用肉桂和小豆蔻调味的点心，身世一直是个谜，许多人认为最初是瑞典人发明的，但斯堪的纳维亚半岛上的其他国家对此都有异议。我们之所以在这里只推荐芬兰，是因为芬兰人对它的热情非比寻常。“korvapuusti”这个词的字面意思是“一记耳光”，外形也的确很像人的耳朵，但你可别因为这点就不敢下嘴。

☛ 食得其所！推荐Café Regatta（Merikannontie 8）。那是赫尔辛基最可爱的一家咖啡馆，历史可以追溯到19世纪，店内洋溢着芬兰特有的友好氛围。

© Getty Images / Rae_The_Sparrow

在特拉维夫吃沙克舒卡，早餐也会七十二变

67

以色列// 中东地区有许多种美味现在都已经走向世界了。这道沙克舒卡（shakshouka），你很可能在西方咖啡馆的菜单上见过，甚至已经在家自己烤过，来以色列吃有什么特别的吗？以色列是沙克舒卡的发源地，这里的沙克舒卡绝不仅仅是放在番茄辣酱、辣椒和洋葱里烤出来的鸡蛋，而是融入了当地人日复一日的心血热忱，经历了长年累月的试验改进，能带你踏上一段曲折复杂的饮食旅程。大多数沙克舒卡都会用到辣椒和孜然，但具体调料完全可以自行斟酌取舍——简单的话，只加一点盐、胡椒和肉桂就行，复杂起来，熏辣椒、波斯孜然甚至是哈里萨（harissa）都可以用。只要是把烤好的“大杂烩”连同铁盘一起端上桌，旁边再配上面包蘸着酱汁吃，其他一切都可以改，改得面目全非都行——这才是沙克舒卡的魅力所在。在爱玩爱闹爱吃的以色列特拉维夫，各种版本的沙克舒卡随处可见，有的用茄子或者豆腐代替鸡蛋，有的则在配料方面显现创意，在里面放上转炉烤鸡肉和鹰嘴豆泥，或者山羊奶酪和萨拉米香肠。城中那个兴旺热闹的美食胜地卡梅尔市场（Carmel Market），是品尝沙克舒卡最好的地方之一。市场里有家餐厅就叫“Shukshuka”，把这道人气早餐足足做出了9种花样，从肉丸到摩洛哥金枪鱼，不胜枚举，素食以及严格素食者也无须担心。游览特拉维夫这座城市很需要体力，而沙克舒卡恰恰最能帮助你补充体力。

☛ **食得其所！** 去特拉维夫卡梅尔市场里的餐厅Shukshuka，在阳光下享用沙克舒卡。

来到特拉维夫，既要品尝沙克舒卡（右图），又要探索这里活跃的咖啡馆文化（下图）。

© Shutterstock / Fotokon

© Getty Images / Sarka Babicka

68

吃地中海墨鱼，品阿马尔菲美景

意大利// 阿马尔菲海岸（Amalfi Coast）峭壁身披绿衣，头顶绝美小城，因而蜚声海外，殊不知这里沿海一带盛产墨鱼，味道最是令人难忘。阿马尔菲的墨鱼拥有世界级的品质，新鲜毋庸置疑，烹调无可挑剔。所用墨鱼都是刚刚从地中海里打捞上来的，烧烤火候精准，只有少许调料，其中的橘皮负责提酸。不管是在餐厅露台上当主菜，还是在海滩上当零食，口中滋味皆不逊于眼前美景。

食得其所！ 色如粉彩的小城波斯塔诺（Positano）有一家餐厅叫Da Vincenzo（Viale Pasitea, 172/178, Positano），他家的烤墨鱼配洋蓟味道出众，不妨伴着完美风光一同享用。

69

怪味玉米棒，冠绝墨西哥

墨西哥// 哪怕是在美味小吃无数的墨西哥，怪味玉米棒（elote）仍然鹤立鸡群。整根玉米棒插上一根签子，可以煮，可以放到炭火上微微烤焦，然后在上面淋上用黄油、青柠汁、辣椒面、科提加奶酪碎和墨西哥奶油做成的酱汁。一言以蔽之，这叫"签子尖上的墨西哥"。国内各处都有小贩推着车或者骑着自行车卖这种又酸又辣的玉米棒，大多数都在天黑后才出来，因为喝足了龙舌兰的酒吧顾客最好这口。

食得其所！ 如果担心啃着吃会弄一脸酱汁，那就试试"esquite"——东西差不多，只不过玉米粒会被刮下来盛在碗里，可以用勺子吃。

70

在美国吃热巧克力圣代，重温甜蜜的记忆

美国// 冰激凌店里坐着一对情窦初开的男女，两人中间摆着一碗热巧克力圣代（hot fudge sundae），用香草冰激凌打底，上面浇着一层热巧克力酱，插着两片威化，最上面点缀着一颗樱桃。窗户那里可以看到闪烁的霓虹招牌，角落那里的点唱机正在循环播放里奇·瓦伦斯（Ritchie Valens）的那首《初恋》（*Donna*）。这个画面太美丽，这个画面太美国，要是拍成照片，绝对应该放到《美国二十世纪风物志》里面。如今，传统的冰激凌店仍然遍及全美，让你仍然可以重温那段青葱岁月——缺的，只是心中的那个他/她。

食得其所！ 推荐芝加哥传奇冰激凌店Margie's Candies（1960 N Western Ave）——阿尔·卡彭（Al Capone）、披头士乐队以及滚石乐队都曾品尝过他家的自制冰激凌。

© Daniel Di Paolo

© Getty Images / studiovd1

© StockFood / Cawley, Julia

老挝米粉：早餐也能个性化

71

右图：路边摊的老板三下五除二就能做好一碗米粉。

老挝// 在老挝古城琅勃拉邦开启新的一天，最好的方法就是找个路边摊，来一碗热腾腾的米粉（khao piak sen）。身边的食客有要去上学的小孩，有要去上班的大人，耳边有突突车、摩托车和早市共同演奏的市井音乐伴奏。你这边刚点好，老板那边马上就能给你做好端上桌，浓浓的汤里可以看到一大团用大米面和木薯粉做成的米粉，还有炸蒜、姜丝、葱花和香菜，一枚煮鸡蛋和几个猪肉丸子大概也少不了。如果你对猪血、猪肝、猪腰、猪心这种下水不太感冒，一定要提前和老板说好。这时候，乐趣才真正开始：老挝米粉和邻国越南的米粉一样，是一种个性化的早餐。桌上摆着许许多多作料，青柠、辣椒、鱼露、胡椒、酱油、糖等不一而足，你可以酌情取用，创造出专属于自己的美味。老挝米粉咸、辣、甜、香的味觉组合很让人上瘾，生意最好的米粉摊不到9:30就卖光了，想吃就别想赖床！

食得其所！琅勃拉邦随便哪家路边摊都行，只要塑料椅子还有富余。

ราช่าชูรส

© Lonely Planet / Catherine Sutherland

左图：用来制作绿咖喱的辣椒，很辣！中图和右图：在曼谷的街市上，最好不要错过绿咖喱鸡肉。

© Lonely Planet / Austin Bush

走进咖喱的世界

↓

在斯里兰卡海滩上吃菠萝蜜咖喱，就等于在地球上找到了天堂。

☛ 150 页

↓

吃东南亚牛肉冷当，要重点关照马来西亚。

☛ 196 页

↓

品尝旁遮普厨师在德里创造的一种人气美食——印度奶油鸡。

☛ 220 页

© Lonely Planet / Catherine Sutherland

绿咖喱鸡肉：万里挑一的泰国美味

72

泰国// 在泰国万千美味中挑出一个“最佳”，好比挑选自己最喜欢的儿女，哪个都舍不得。但如果你非要我们这辈子只吃一道泰国菜，我们只好选择绿咖喱鸡肉。泰国咖喱都是用椰奶调制的，其中的绿咖喱最辣，颜色来自一种绿色的小辣椒，辣椒捣成糊之后还要加入各种香料香草，名字无法一一列举。在活力涌动的美食天堂曼谷，绿咖喱鸡肉可以说遍地都是，吃过几回之后你会发现，小到咖喱酱的稠厚度，大到所用蔬菜的种类，每家餐厅的做法都略有不同。而且有些餐厅会用它搭配米饭，有些则会搭配米粉。蓝毗尼地区有一家经典小馆叫Sanguan Sri，你在那里就能收获绿咖喱鸡肉最地道的体验。餐馆里十分闷热，挤满当地主顾，服务员来来回回，步履飞快，很可能让你焦躁不安，但当绿咖喱连同一碗蓬松的泰国香米饭一起被端到面前的时候，你会瞬间进入一种“尘埃落定”的平静。梦想中的泰餐，不过于此。

食得其所！ Sanguan Sri（59/1 Witthayu Rd, Lumphini, Pathum Wan, Bangkok）。

73

在旧金山传奇名店里吃酸面包

美国// 加州淘金者伊思多尔·博丁（Isidore Boudin）在1849年满怀希望地创立了boudin面包房，到如今已经发展成了一个不可撼动的美食帝国，旧金山许多餐馆都会从他这里进货。想吃boudin又韧又弹又脆的酸面包（sourdough），最好去旗舰店Boudin at the Wharf。这个面包房开在一座仓库里，设计十分惊艳，你在里面可以观看面包师工作，参观"烘焙博物馆"（Bakery Museum），在店内市场里购物，酸面包更是能敞开了吃。菜单上能找到用酸面包做的法棍牛肉汉堡、经典款三明治（比如金枪鱼、鸡肉、蔓越莓）和酸面包比萨，此外还有妙不可言的汤食、炖菜和辣椒（比如蛤蜊浓汤、大虾配法式熏肠），所有东西都盛在掏空的酸面包里。

食得其所！ Boudin旗舰店Boudin at the Wharf（160 Jefferson St, San Francisco, California）。

74

在加勒比狂欢节上吃炸饼夹豆泥——只吃一份，对不起人家的名字

特立尼达和多巴哥// 在狂欢节期间，首都西班牙港（Port of Spain）会进入"通宵模式"，餐厅、酒吧、夜店整晚生意火爆，空旷的停车场会变成钢鼓（steel pan；特立尼达和多巴哥特色乐器）乐队的排练场，数百人叮叮当当地敲个不停，节奏很有意思。玩得这么嗨，总得吃点什么垫补一下才行。那就来一份炸饼夹豆泥吧。外面是两片热热的炸饼，中间是一层鹰嘴豆咖喱（channa），咖喱里面加了火辣的辣椒酱、当地特色的青芒果酱（kuchela）和刺激的酸角酱，吃起来和听起来一样邋遢，但却能为你提供足够的能量玩到天亮，那时候估计你还会想再吃一份。所以，这种三明治在当地叫作"double"，真是一语双关，名副其实。

☛ 食得其所！ 全年任何时间都可以去Breakfast Shed（Wrightson Rd，Port of Spain，Trinidad）品尝。

75

在塞内加尔吃黑眼豆炸饼

塞内加尔// 黑眼豆炸饼（accara）在西非地区很容易找到，但要想吃得最有感觉，不妨前往塞内加尔首都达喀尔，在独立广场（Place D' Independence）北侧的码头（embarcadère）那里买一份，然后坐渡船前往格雷岛（Isle de Gorée）。这种东西由去皮的黑眼豆、洋葱与泡打粉混合在一起，油炸而成，外形类似法国的贝奈特饼，蓬松酥脆，似乎分量很轻，但特别让人上瘾，如果再配上一种叫"sosu kaani"的辣酱，吃起来更是停不下来——这种辣酱由番茄、洋葱与哈瓦那辣椒或苏格兰帽椒调制而成，并用月桂叶、大蒜、盐和胡椒调味。不管是在达喀尔，还是在塞内加尔其他地方，街头支锅炸饼的小贩随处可见。

☛ 食得其所！ 除了码头附近，Pompidou大街沿线也能找到饼摊。你也可以把炸饼夹到法棍里，这样能吃得更饱。

© StockFood / Chatelain, Sonia

© Getty Images / Kim Rogerson

76

法国国王饼，巴黎饼中王

法国// 国王饼（galette des rois）的美味让巴黎人无法拒绝，而且只有每年1月才会在面包房和甜品店的橱窗里短暂亮相，因此又多了一种稀缺感。14世纪时，人们会在1月6日主显节（Epiphany；也称三王日）那天用这种糕饼进行庆祝，发展到今天，圣诞假期加元旦将近一个月的欢庆中都少不了它的身影。国王饼掉酥起皮，层层分明，里面用一种又奶又甜的杏仁糊（frangipane）做馅。国王饼之所以在今天仍有吸引力，还与一种悠久而又有趣的传统有关。人们在烘焙前会在杏仁糊里藏一个“彩头”（feve），吃到的人必交好运。彩头最初用的是蚕豆，现在很可能是一个小人偶，你要是有幸吃到了，就可以带上纸王冠，当一天的国王。国王饼常常会顶着一个金色的纸王冠做装饰，但寻找国王饼并不一定非要靠这一点，一家面包房要是顾客川流不息，而且表情个个兴奋，里面肯定有卖。

☛ 食得其所！ 到Régis Colin（53 rue Montmartre, Paris）和当地人一起参拜“国王”，顺便再买一个法棍。

77

印度豆泥：无所不在的国民美味

印度// 普普通通的小扁豆，竟然能变成一道国菜，成为一道必不可少的美味，这让人百思不得其解。在印度德里，你从喧闹混乱的路边摊一直吃到开着空调的高档餐厅，总会发现豆泥（dal）这样东西，它绝对可以说是印度的饮食万金油，不但取之于民，又能用之于民。最好的豆泥为了尽量呈现如膏似脂的口感，必须烹制好几个小时，大多数里面都会放上孜然、姜黄、什香粉、辣椒、芥菜籽、姜、蒜这类印度特色香料。塔卡豆泥（tarka dal）在制作时，香料需要先在酥油里炸制，再与豆糊搅拌，因而味道带有烟熏味。印度北部旁遮普邦的奶豆泥（dal makhani），由黑豆和红芸豆加黄油和奶油共同制成，味道更是香浓。印度南部的桑巴尔豆泥（sambhar dal）上面还会堆上许多时令蔬菜。读到这里你应该懂了吧？豆子那么多种，香料那么多种，两者的组合几乎无穷无尽，每一种都值得一试。

食得其所！ 印度各地。

77

© Tim Gainey / Alamy Stock Photo

77

© Lonely Planet / Matt Munro

Curtis Stone

柯蒂斯·斯通

柯蒂斯·斯通是知名大厨，电视明星，目前是《我的厨房我做主》(*My Kitchen Rules*)节目的主持人，在洛杉矶经营Gwen和Maude两家餐厅。

© Ray Kachatorian

01

在意大利做意面：我和铁哥们21岁那年去环游欧洲，结果被他拉到了意大利弗兰卡维拉(Francavilla)的家中。他家三代女人齐上阵，让我学会了制作新鲜意面——相信我，这绝对是一门艺术。

02

在伦敦砖巷吃咖喱：我曾在Cafe Royal Grill Room餐厅跟马克·皮埃·怀特(Marco Pierre White)学烹饪，当时一到周日就会去砖巷(Brick Lane)吃咖喱，犹如教徒一般虔诚。

03

在墨西哥索里塔(Saulita)吃鱼肉塔可：海浪，沙滩，啤酒，再加上海滩小馆卖的塔可，我有时候觉得生活中有这几样东西也就够了。

04

在西班牙里奥哈(Rioja)的Restaurante Alameda餐厅吃带骨牛肋排(chuleton)：牛肉来自加利西亚(Galicia)，肥瘦的平衡非常不错。我们Maude餐厅的团队正在以世界知名酒区为主题开发一系列新菜，首版菜单上肯定会体现里奥哈的特色。

05

吃我妈妈做的烤猪肉：外皮酥脆的烤猪肉是澳大利亚非常传统的一道菜，我会要求我的妈妈洛萨(Lozza)每年圣诞节都做。

78

在五光十色的金边夜市，用南瓜挞给感官减负

柬埔寨// 金边的市场十分热闹，逛来逛去，很可能会想要歇一歇，静一静。这时不妨找个路边摊，坐在小小的塑料椅子上，让老板给你上一片南瓜挞(pumpkin custard)，边歇边吃边打望。等等，怎么还能论"片"？能啊！你可别被这种精美甜品的名字欺骗了，制作时要把南瓜(kabocha)掏空，里面装上椰浆蛋奶糊，然后整个放到锅里蒸，直到瓜肉柔软，里面的蛋奶糊会凝结在一起，然后再切成片，搭配刨冰和椰奶享用。是不是听着就好吃？

☛ **食得其所！**推荐金边夜市(Phsar Reatrey; Preah Mohaksat Treiyani Kossamak, Phnom Penh)。

© Ivoha / Alamy Stock Photo

79

越南水果摊的标配：辣椒盐

越南// 一种味道，有时总会让人联想到一个地方，比如在新鲜的热带水果上面蘸上或者撒上辣椒盐，一口咬下去，保证能让你瞬间穿越回喧嚣躁动的越南街头。越南无所不在的街头水果小贩，都会附送给你一小袋辣椒盐（muoi ot），里面的盐可以增加水果的甜美，辣椒则负责点燃你的味蕾。回到家的你可以往辣椒盐里面挤点青柠汁，然后蘸着芒果吃。这种“咸中透甜，酸中带辣”的小吃，可以说是一道最简单的越南料理。

☛ **食得其所！** 越南各地的街头水果摊都有。

© ThaiThu / 500px

© Shutterstock / SueC

80

抓难抓的螃蟹，吃好吃的蟹肉三明治

英国// 英国诺福克郡（Nolfolk）的小城克洛梅（Cromer），每年5月会举办螃蟹龙虾节以及蟹肉三明治比赛。想尝试这种美味，先要付出汗水，你应该去克洛梅码头那里，花一两个小时去抓螃蟹，即便一无所获，也能乐在其中。身边都是以打渔为生的当地人，既有抓小虾捕小蟹的小丫头小伙子，也有满脸皱纹、借机聊天的老年人。那么，什么样的蟹肉三明治才叫好呢？首先，必须要用克洛梅当地产的新鲜螃蟹。其次，用新鲜面包抹上黄油做胚，把蟹壳里的蟹黄与蛋黄酱拌匀抹在面包上，然后加蟹脚、蟹钳里的肉，最后再用柠檬汁、盐和胡椒调味。这样的蟹肉三明治才能拔得头筹。

☛ **食得其所！** 5月到克洛梅参加蟹肉三明治比赛，其他时间可以去城中那家Henry's Coffee & Tea Store（Church St, Cromer, Norfolk）。

© Getty Images / AndrisL

81

比利时华夫饼：条条大路通列日

比利时// 如果你爱吃华夫饼（这还用问？），那你就该知道华夫饼中的佼佼者——比利时华夫饼。它的优异表现在三个方面：表面网格更深，饼质口感出众，配料选择超多——一撮糖也行，一勺融化的巧克力也行，一堆鲜浆果和打发的奶油也行。如果想吃最好的比利时华夫饼，那就该听从味蕾的指引，到列日（Liège）去寻找。这座古城诞生于中世纪之前，当地人制作华夫饼的手艺已臻化境，其秘密武器就是珍珠糖。这东西就是白糖糖块碾碎后筛出来的不大不小的糖粒，烘焙之时会发生焦化，这样做出来的华夫饼，外皮更甜更脆，里面的软韧更显诱人。列日的华夫饼一般有原味、香草味和肉桂味三种可选，任何一种口味都是华夫饼界的传奇。

食得其所！ 从列日的Rue de Mineurs一路走到Une Gaufrette Saperlipopette，哪里能闻到肉桂的香味，哪里就能吃到现烤好的华夫饼。

82

逛托福哈伦市场，感受哥本哈根的“丰”狂

丹麦// 在托福哈伦市场（Toverhallerne）展开一场美食探险，食量小的人别来，犹豫不决的人也算了吧。市场开在一座高大的玻璃钢铁结构建筑里面，内部很大，光线充盈，售卖食物和农产品的摊位不下80个，旁边的广场上在夏季也有摊位，让人更加无从选起。肉、奶酪、海鲜、鲜果、调料、面包、蛋糕、鲜花等，应有尽有，身边有拖家带口的当地人，有来吃午餐的上班族，还有神魂颠倒的游客。等你逛来逛去，逛出了胃口，那就找一家餐厅开设的摊位，用开放三明治（smørrebrød）搭配精酿啤酒（市场里就有精酿啤酒馆），或者用油封鸭肉卷搭配一杯香槟，来犒劳一下自己。

食得其所！ Torvehallerne（Frederiksborggade 21, Copenhagen）。

© Getty Images / Raffaele Nicolussi

© Shutterstock / Phuong D. Nguyen

83

在热腾腾的仰光，吃热腾腾的鱼汤米线

缅甸// 在缅甸，你肯定会看到许多人坐在矮矮的塑料椅子上，守着一碗热气腾腾的米线大声吸溜。这可不是普通的米线，而是只差官方认定的缅甸国菜——鱼汤米线（mohinga），而且很快就会变成你最钟爱的仰光早餐。鱼汤中加入了多种香料调味，里面除了米线还会放炸鹰嘴豆饼、煮鸡蛋、鱼露和洋葱。你最好趁着缅甸尚未完全进入“蒸笼模式”时，在早上品尝鱼汤米线，更何况有些地方的米线没到中午就已经卖光了。当然了，因为人气实在太高，一些餐厅和餐车全天都会供应，少数地方深夜也会营业，用鱼汤米线招待那些泡吧归来的人。

食得其所！ 在仰光乃至缅甸，哪家地方当地人多，就去哪家。

© Lonely Planet / Matt Munro

在阿根廷加入阿萨多，来一把“木火烤肉山”

84

烤肉之最

↓

开普敦人吃烧烤，怎么好意思不用农夫香肠？

☛ 235页

↓

在土耳其卡帕多基亚吃陶罐烤肉，肉美景更美。

☛ 194页

↓

参加塞尔维亚烧烤节，吃塞式汉堡。

☛ 240页

阿根廷// 在阿根廷吃烤肉，表达赞美可以，但千万千万别把这里的烤肉说成“BBQ”，因为阿根廷的烤肉叫“阿萨多”（asado），是最纯粹、最不容亵渎的明火烤肉，怎可与随手往煤气炉子上甩片肉相提并论？阿萨多必须要用木火烤制，最多只能往木头里放几个松果来助燃。等到木头化成了木炭，再往上面放铁烤架（当地叫parilla）。这一步也大有讲究，最热的炭应该移到边上，否则滴下来的油脂就会产生很多烟，肉的味道也会受到影响。温度上来之后，就要往炙子上堆“肉山”了。肉块越大，烤制时间越久，所以应该越早放：肋排第一，侧腹肉和裙排（skirt steak）次之。让肉慢慢变熟就好，在烧烤期间最多只能翻动一次。阿萨多既是阿根廷人偏爱的烤肉方式，也是一个重要的社交场合：肉烤得越慢，马尔贝克葡萄酒也就喝得越多，与朋友聊天八卦也就越尽兴。肉排之后，就该轮到边角料了。当地最常吃的是胸腺肉，腰子和肠子也并不鲜见，最后，再用香肠（多为口利左和西班牙血肠）和波罗伏洛干酪给阿萨多做一个华丽的收尾。听起来非常丰盛，事实也的确如此，每次阿萨多，人均食肉量常常逼近500克。等烧烤师傅（肯定是男的）把做好的烤肉端上桌的时候，食客一定会大呼小叫，掌声一片，接下来就是胡吃海喝了。这样的夜晚，你永远都不会忘记。

☛ **食得其所！推荐经典烤肉馆Don Julio**（Guatemala 4699, 1425 CABA, Buenos Aires）。

左图：烧烤师傅切好了烤肉，正要装盘；下图：阿根廷的牛群。

肉烤得越慢，
马尔贝克葡萄酒也就喝得越多，
与朋友聊天八卦也就越尽兴。

85

吃美国苹果派，找回妈妈的味道

美国// 美国人对苹果派的喜爱实在难以用言语表达，只好每年拿出5月13日这一天，设立国家苹果派日以资纪念。所谓“苹果派日”，其实是在向所有人发出邀请，让大家都来享受这道美国人在家最爱做的甜点。我们认为自家做、自家吃的感觉才是苹果派美妙的关键，但略加调味的果馅与一咬掉渣的饼皮同样不可或缺。亚利桑那州的Apple Annie' s Orchard是一个地地道道的农场餐厅，这家做的苹果派，用的都是当天现从树上摘下的鲜果——当然，如果你还是喜爱自家的配方，那就在这里挑选几个苹果回去做。

食得其所！推荐 Apple Annie' s Orchard（1510 N Circle I Rd, Willcox, Arizona）。

Ping Coombes

萍·库姆贝斯

萍·库姆贝斯是英国《厨艺大师》节目的冠军，她的餐厅Chi Kitchen以及首部烹饪书《马来西亚》（*Malaysia*）都提升了马来西亚料理在伦敦的人气。

01

在泰国合艾吃炸鸡：我记得小时候曾在泰国边境那里吃过炸鸡，外表是那种不太自然的亮橙色，吃起来真的是又脆又香。

02

在摩洛哥阿特拉斯山脉吃柏柏尔比萨（pizza berber）：我们当时住在阿特拉斯山脉地区，酒店老板给我们做了这道美食，就是在一块胖乎乎的佛卡夏面包里，塞满了黄油、草本香料、坚果和羊肉。

03

在香港沙田吃烤乳鸽：香港的大排档介乎餐厅与餐车之间，做好的烤乳鸽对半切开，连鸽子头也不例外，吃起来有野性，有滋味。

04

在马来西亚怡保吃河粉：在我的故乡，过生日的人总能享用一顿特别的生日餐。我的生日餐总是砂锅河粉，里面还会放几只很大的河虾。

05

在西班牙阿尔布费拉湖（La Albufera）吃烩饭：我们当时走了好几英里，找到了一家叫La Establishment的餐厅。那里的烩饭看起来不怎样，味道却是我吃过最好的。之所以会如此特别，是因为烹制时间长达1小时。

© Shutterstock / tab62

86

吃热腾腾的饺子，品活力涌动的北京

中国// 包子、饺子、馄饨、锅贴、门钉肉饼、褡裢火烧……北京人对“馅儿”的热爱，估计放在全中国也是数一数二的。而这种热爱，也使以威严的故宫、雄伟的纪念碑、张扬的现代建筑知名的北京显得更接地气。这其中，饺子算是最常见的。“出门饺子回家面”，北京人吃饺子并非只在年节，而饺子的种类也是可蒸可煮可煎，馅料都是简单食材的组合，味道重在新鲜，小麦粉做成的饺子皮也要能经受住筷子的“夹击”。做好之后蘸上醋或者辣椒油，又有嚼头，又占肚子，吃起来没够。其实中国北方大部分地区都对饺子情有独钟，山东的鲅鱼馅儿饺子、东北的酸菜馅儿饺子都拥趸众多，当然这些饺子你在北京也都能吃到。

☛ **食得其所！推荐宝源饺子屋（北京朝阳区麦子店街6号），这家馅儿给得很足，饺子皮里加了蔬果汁，颜色鲜亮多彩。**

87

闻香识煎饼：在巴黎路边摊吃可丽饼

法国// 世界上的街头小吃，重点都在味道香、食材鲜、就地取材、烹制高效，可特立独行的法国人绝不愿意跟风，就连薄煎饼都要做出餐厅里才有的品质。可丽饼（crêpes）在巴黎人气高到没朋友，路边摊传来的香味，飘在空气里长久不散，闻起来总让人心猿意马。可丽饼就是用加了黄油和糖的面糊，煎成饼，卷成卷，直接吃，要的就是那种甜中带咸的面香。但这只是“原版”，面糊里也可以加柠檬和糖，加果脯，加蛋奶糊，甚至是能多益巧克力酱，这样做出来的可丽饼也很流行。咸香味的可丽饼叫“格雷派”（galette），用的是荞麦粉，因此带有坚果味，里面可以放上火腿和格吕耶尔奶酪，或者再放一个煎蛋，口感软滑，奶香十足，虽是快餐小吃，品相却高雅至极。

☛ **食得其所！可丽饼是由布列塔尼人传到巴黎的，蒙帕纳斯车站（Gare Montparnasse）一带曾经叫“小布列塔尼”，要吃可丽饼，首选那里。**

© Michael Ventura / Alamy Stock Photo

© Getty Images / Asha Pagdiwalla

88

前往Miznon老店，品尝蜚声海外的口袋饼

以色列// 走进以色列名厨伊亚尔·沙尼（Eyal Shani）经营的餐厅Miznon，仿佛瞬间被卷进了声音的旋涡。顾客彼此的交谈声，大锅小锅的碰撞声，厨师准备上菜时的叫喊声，声声入耳。餐厅不但活力四射，氛围暖心，食物更会对你的胃下狠心。餐厅在沙尼手下已经发展成了一个国际餐饮帝国，分店开到了巴黎、纽约、墨尔本和维也纳，但特拉维夫伊本·盖比鲁勒街（Ibn Gabirol Street）上的老店，仍然是品尝Miznon招牌口袋饼（pita）的最佳去处。口袋饼菜单共分4部分——肉类、蔬菜、海鲜和甜品——一次肯定吃不全，这正好让你有借口一而再、再而三地光顾。肉馅不妨选择牛排配煎蛋、香菜、小萝卜和芝麻酱，菜馅可选菜花配葱、番茄和芝麻酱。

☛ 食得其所！ Miznon的哪家分店都好，但特拉维夫伊本·盖比鲁勒街的老店是他家口袋饼成名的地方，最值得推荐。

© Getty Images / Lisa Romerein

89

新奥尔良穷汉三明治，美味无穷的经典

美国// 美国是三明治的天下，比如下里巴人的PB & J（即花生酱果酱三明治），比如某些派对上那种和男人身高一样长的sub（潜水艇三明治），但比较起来，其中的王者当属新奥尔良的穷汉三明治。想吃这种三明治，非来新奥尔良不可，只不过你难免吃相外行，笨手笨脚，徒令当地人莞尔。一款完美的穷汉三明治，所用的法式面包必须是当地烘焙的，外脆里松，馅料必选过油的水产——比如虾、牡蛎、鲶鱼、螃蟹甚至是鳄鱼肉块！里面再加上生菜和番茄，挤一点蛋黄酱，这顿克里奥尔风味午餐就算做好了。“穷汉”二字怎么解？一种普遍的说法认为，20世纪20年代，当地一些有轨电车售票员举行了罢工，某些餐厅为了表达对这些“穷汉”的同情与支持，特意制作了这种三明治免费发放给他们，这个名字也就这样传了下来。

☛ 食得其所！ Domilise's（5240 Annunciation St, New Orleans）的穷汉三明治种类不少，其中的“半加半”口味（Half-'n-half；用牡蛎和虾做馅儿）堪称当地传奇，但炸鲶鱼、熏肠、烤牛肉等馅料也有。

© Lonely Planet / Susan Wright

90

参加皮埃蒙特白松露节，加入“白黄金”的淘金潮

意大利// 因为白松露极其难得，世界各地的美食家总会在自己的“美食愿望清单”上把它排到第一位。这种圆头圆脑的菌菇以共生的关系生长在橡树、山毛榉或杨树的根部，看上去毫不起眼，只能在秋季依靠经过专门训练的狗搜寻出来，无法人工培育。如果你想饱口福，又没有自己的松露猎犬，那就该去意大利皮埃蒙特地区（Piedmont）的阿尔巴（Alba），参加一年一度的白松露节。届时，你可以在市场里挑选这种质朴的珍馐，闻、摸、尝、买，让每种感官都能得到回报。然后找个地方，点一份白松露配一杯巴罗洛葡萄酒（barolo），狠狠地奢侈一把——但也别太狠了，因为在雨水较少的年份，区区10克的白松露售价就高达45欧元。

☛ 食得其所！ 每年秋季，去皮埃蒙特的阿尔巴，参加阿尔巴国际白松露节。

© Travelscape Images / Alamy Stock Photo

91

在乌鲁鲁巨岩旁边，与原住民一同搜寻食物

澳大利亚// 澳大利亚中部荒凉辽阔，兀立于天地间的那块红色巨岩，便是闻名世界的乌鲁鲁（Uluru），奇绝之势引得无数旅行者惊叹折服。巨岩周边一带也是阿南格族（Anangu People）的故乡。他们是澳大利亚第一批原住民的后代，为了能在艰苦至极的自然环境中生存，只能依靠狩猎与采集，技能经过代代相传，不断磨练，天下无双。今天一些阿南格人依然精通此道，总能在不可思议的地方找出食物。在乌鲁鲁巨岩附近的Ayers Rock Resort度假村，住客可以参加“野外觅食体验”（Bush Tucker Experience），由原住民向导带队，学习如何在荒野中辨别可以食用的植物、种子、果实、谷物与香料，最后还能把寻来的食材做熟，亲口品尝。这一体验游能让你了解数千年前的食物采集、加工与食用方法，洞见原住民的聪明才智与“天人合一”的文化内核——更何况做出来的野味，味道还不错。

☛ 食得其所！在澳大利亚北部地区的Ayers Rock Resort 参加“野外觅食体验”步行游。

92

用番茄面包汤，给科尔多瓦消暑

© Maria Galan Clik / Alamy Stock Photo

西班牙// 你很可能对西班牙冷汤（gazpacho）并不陌生，但既然到了科尔多瓦（córdoba），不妨去会一会冷汤界那位更加“壮硕”、更有分量的大哥——番茄面包汤（salmorejo）。这种冷汤在几百年间一直是科尔多瓦人餐桌上的主角，品相虽不花哨，但味道极尽鲜爽。番茄与陈面包、橄榄油混合搅拌成羹汤，里面还可以加一点点大蒜，质地如膏似脂，入口清凉舒服，正好可以对抗安达卢西亚的烈日。最好学当地人那样，在羹上面撒些切碎的煮鸡蛋和咸鲜的高山火腿（serrano ham）。吃过之后，大可以迈开脚步，左转右绕，游览城中洒满阳光的街巷与鲜花点缀的庭院，然后心满意足地享受一段午休时光。

☛ **食得其所！** 推荐Bodegas Campos（Calle de Lineros 32, Córdoba），餐厅的房间与小院复杂如迷宫，这道冷汤也被融入了新意。

Tony Singh

托尼·辛

托尼·辛是苏格兰爱丁堡Oloroso与Tony's Table两家餐厅的老板兼厨师，曾被英国独立电视台评为“年度大厨”，也是电视节目《神奇香料侠》（*The Incredible Spice Men*）的主持人之一，刚刚出版了烹饪书《好吃！》（*Tasty!*）。

01

在印度旁遮普邦吃长席：吃长席（langar）是锡克教的传统风俗，全球每个锡克教寺庙都有，用餐免费，来者不拒，食物一般都是黑豆子配馍饼。

02

在苏格兰斯凯岛吃螃蟹汤：迈克·史密斯（Michael Smith）在岛上开了一家叫Loch Bay的餐厅，我在那里收获了苏格兰最纯正的味道。他用当地黄道蟹制作的汤食（Partin Bree）我最爱吃。

03

在越南胡志明市吃法棍三明治：我每次来西贡，总会到Le Lai街与Nguyen An Ninh街的交叉路口那里，买一份法棍三明治。

04

在英国诺丁汉的Sat Bains餐厅吃糖蜜面包：餐厅的英国厨师为了创作某种奇妙的味道组合，常会花上几个月的时间钻研，哪怕对于糖蜜面包（treacle bread）这种简单的食物，也绝不肯草率将就。

05

在丹麦哥本哈根品桉叶马丁尼（Eucalyptus martini）：当地素以新潮餐厅著称，但我最喜欢去Curfew Cocktail酒吧，因为那里的调酒师安伯托·马克斯（Umberto Marques）调制马丁尼的手艺天下第一。

© Getty Images / Soili Jussila

93

拉普兰炖驯鹿肉，地道舍我其谁？

芬兰// 炖驯鹿肉（reindeer stew）是芬兰拉普兰（Lapland）地区的经典菜，而且越往北走，味道越美。这也许是因为北边的驯鹿更多，又也许是因为北边更加寒冷的室外环境提升了这道简单炖菜的吸引力。出了芬兰北部，炖驯鹿肉的美味很难复制，其中一个重要原因就是其他地方只能使用冷冻鹿肉，口感根本无法与新鲜鹿肉相提并论。制作这道菜，重在一个“简”字：鹿肉本身就已十分可口，炖制时除了盐和黄油，其他一切调料都是画蛇添足。炖好之后，餐盘用土豆泥打底，上面舀上鹿肉，最后一般还要加上糖渍越橘——这种野生浆果味道酸爽，常常是由当地人亲手采摘的。

☛ 食得其所！拉普兰地区的罗瓦涅米（Rovaniemi），餐饮名声在外，镇中那家高端餐厅Restaurant Nili（Valtakatu 20）就值得一试。

© Images By Kenny / Alamy Stock Photo

94

台湾牛肉面：以美味解乡愁

中国// 与兰州牛肉面不同，最正宗的台湾牛肉面，做法一般都是刀削。面条从偌大的一个面团身上削下来，犹如行云流水，一气呵成。汤底需要用牛棒骨熬制几个小时，才能保证味道达到极致。面中放的牛肉块，一般都是牛胸肉，口感肥嫩，纹路好似大理石。肉块，肉汤，面条，再加一点酸菜做点缀，一碗牛肉面就做好了。台北拥有数以千计的牛肉面馆，不同食家对牛肉面的认可标准不同，有人认为面条粗细须与汤汁浓郁度相适宜，有人认为汤底一定要用大骨熬一定的时辰才鲜美。无论如何，这种能解饿，能解馋，有滋味，有蛋白质，还有鲜明文化特征的食物，总是引得背井离乡的台湾人，一回家就先用牛肉面暖心暖胃。

☛ 食得其所！林东芳牛肉面（台北市八德路二段274号）因为在当地人气很高，门前总有人排队。

© Shutterstock / iskraphoto

97

95

贝鲁特哈罗米，再多也不嫌多

黎巴嫩// 哈罗米奶酪（halloumi）几百年来一直都是中东地区餐桌上的主角。这种奶酪由山羊奶和绵羊奶制作而成，凝固后要捏成钱包大小的奶饼，随后过油煎炸，直至外皮焦黄微脆，里面紧实有嚼劲。在黎巴嫩，要是面对一桌子辣香肠、胡姆斯、茄子法塔饼、奇贝肉丸子（kibbeh meatball）等花样感到力不从心，你就该用咸香的哈罗米奶酪刺激一下胃口，以免辜负了慷慨的主人那充满期待的眼神。

食得其所！ Abd El Wahab餐厅（51 Abdel Wahab El Inglizi St）的露台，是贝鲁特夏季用餐的首选之地。

96

新墨西哥州的辣椒要烤着吃

美国// 在新墨西哥州的哈奇村（Hatch），每到9月就有人在路边支起烤架，把刚刚收获的辣椒烤得外皮焦黑，当地其他人则会赶过来，把烤好的辣椒成袋买走，拿回家去皮，塑封，冷冻，想吃的时候再拿出来解冻，加大蒜、洋葱、孜然和猪肉汤一起熬成青辣椒酱。在新墨西哥州南部，几乎每顿饭都少不了这种辣酱。

食得其所！ 自己做也行，但也可以去Sparky's（115 Franklin St, Hatch, New Mexico），尝尝他家著名的青辣椒酱汉堡。

97

吃克拉芙蒂，享简单生活

法国// 法国利穆赞地区（Lmousin）青山如浪，林地悠然，基本上未被游客染指，游览法国那些热门目的地期间，不妨到这里暂享安宁。要是同时再享受一份美味诱人、香甜无比的克拉芙蒂（clafoutis），那就再好不过了。克拉芙蒂是利穆赞的特色甜品，类似口感浓厚的芙兰果馅饼，上面是一层莫利洛黑樱桃。所用樱桃不去核，烘焙期间，核中的苦杏苷会释放到蛋糕中，吃起来略有芳津杏仁利口酒的滋味，那是克拉芙蒂的美味密码。

食得其所！ 用其他水果制作的克拉芙蒂叫“flaugnarde”，同样值得一试。

© Lonely Planet / Margaret Stepien

© Ivan Nesterov / Alamy Stock Photo

98

铁板烩饭：生于瓦伦西亚，扬名世界各地

西班牙// 瓦伦西亚虽是西班牙第三大城市，却常常为游客所遗忘，好在过惯了安闲日子的当地人对此不以为意。如果春天造访，你在满城橘树花香之中，一定还能闻到铁板烩饭（paella）汁水乱溅的浓香。铁板烩饭的正宗做法只有两种，一是鸡肉烩饭（大米、鸡肉、兔肉、豆子和番茄），二是海鲜烩饭（大米、海鲜、番茄），现在却被西班牙其他地方玩出了许多花样。米饭被下面的铁板烫出了一层脆脆的锅巴，那是烩饭美味的另一个关键，因为实在太好吃，所以不管配方怎么改，锅巴绝对不敢少。

☛ **食得其所！** 瓦伦西亚有一片很大的马尔瓦罗萨海滩，可以去那里的Casa Isabel餐厅（Paseo Marítimo, 4, Playa Malvarrosa）享用。

99

香草酱烤龙虾：科摩罗群岛的海陆双鲜

科摩罗群岛// 非洲群岛之国科摩罗面积不大，夹在莫桑比克与马达加斯加之间，当地有一道香草酱烤龙虾（langouste à la vanille），组合够大胆，味道够香浓，地位接近国菜。龙虾刚刚出水，保证鲜活，香草则是当地特产（科摩罗是世界新鲜香草最大的出产国之一），用19世纪法国殖民时代传下来的技法烹制这两种极品食材，效果自然是鲜嫩多汁，奢华无比，举世无双。

☛ **食得其所！** 莫罗尼（Moroni）位于面积最大的大科摩罗岛（Grande Comore），城中那些生意较好的餐厅都值得一试。

100—199

© Lonely Planet / Julian Love

100

在英国乡村花园里，打破奶油下午茶的陈规旧律

英国// 世间最有英伦气质的一件事，也许就是几位绅士聚在一起，礼貌地争论一顿完美的奶油下午茶（cream tea）应该是什么样的。那种叫“scone”的面包茶点，到底该读作“司康”还是“司空”？面包上是该先抹果酱，还是先抹浓缩奶油？果酱该用草莓酱，还是别的什么口味？所幸英式奶油下午茶又甜又腻，让人自甘堕落，只顾解馋，英国人的吹毛求疵仍然不能毁掉你的胃口。而且传统的奶油下午茶，果酱和奶油都是分别盛放的，没人管你先抹哪个后抹哪个！前往英国乡间某座气派的庄园，在花园里泡上一壶茶，享受刚出炉的司康饼，这才是奶油下午茶的“不二法门”。作为英国许多名胜古迹的守护者，英国国家信托会（National Trust）常常还会在博客上推荐一些无与伦比的特色奶油下午茶，里面也许会提到“水果司康饼”！这样也行吗？英国人又要开辩了。

食得其所！英国国家信托会在博客上推荐了Peckover House（North Brink, Wisbech, Cambridgeshire）的司康饼，并用“精彩”二字加以褒奖。

101

去哥本哈根面包房，吃迷人的“维也纳面包”

丹麦// 丹麦酥皮点心黏黏糯糯，令人上瘾，名声响遍世界，但丹麦人却把自己的点心称作“wienerbrød”，也就是“维也纳面包”，这是因为其背后的功臣乃是19世纪40年代在哥本哈根工作的维也纳厨师。丹麦的酥皮点心种类那么多，有一样你绝对不该错过，那就是名字可爱的“肉桂蜗牛”（kanelsnegle）。丹麦人会用它给早餐收尾，或者在下午搭配咖啡，但事实上，肉桂蜗牛一天中任何时间吃都是没有问题的。创立于1652年的Sankt Peders Bageri是哥本哈根最古老的面包房，要品尝正宗丹麦酥皮点心（以及其他烘焙美味），当然首选他家。

食得其所！Skt Peders Bageri（Sankt Peders Stræde 29）做的肉桂蜗牛个头超大，销量最好。

© Anna Ivanova / 2enroute / 500px

102

在萨赫酒店吃萨赫蛋糕：原风原貌，原汁原味

奥地利// 在19世纪的维也纳，创造出一款扬名立万的蛋糕对于一家酒店来说非常重要。经过许多场“蛋糕大战”之后，萨赫酒店（Hotel Sacher）最终胜出。酒店老板爱德华·萨赫（Eduard Sacher）的父亲弗兰兹（Franz），曾经做过一种双层软巧克力蛋糕，中间夹着一层杏仁酱，外面再裹一层巧克力硬皮，经过爱德华多年的苦心完善，终于成就了这种“萨赫蛋糕”（sachertorte）。蛋糕的具体配方与做法，今天仍然是酒店严防死守的秘密，就连“original sacher-torte”（“正宗萨赫蛋糕”）这个词都被酒店注册成了商标。今天的维也纳充斥着各种版本的萨赫蛋糕，但如果想吃“原版”，那就必须来萨赫酒店，在枝形吊灯下，配上咖啡一起享用。在维也纳这座城市，不管是华贵的建筑、标致的大街、歌剧院还是美术馆，一切都那么恰到好处，就连巧克力蛋糕也不例外。

☛ **食得其所！** 维也纳、萨尔茨堡、格拉茨和因斯布鲁克都有Sacher Cafés，但萨赫酒店的老店（Philharmoniker Str 4，Vienna）才是你该去的地方。

103

“船”承下来的美味：伊斯坦布尔鱼肉夹饼

土耳其// 在土耳其最大的城市伊斯坦布尔，有没有比鱼肉夹饼（balık ekmek）更好吃的东西？实话实说，有。但有没有比鱼肉夹饼更有代表性、更有感觉的东西？估计没有。之所以这样讲，倒不是食材本身的原因，而是其制作方式和场所十分特别。博斯普鲁斯海峡（Bosphorus Strait）里停着一些色彩鲜亮、随波起伏的小船，船上设有厨台，老板把鲭鱼鱼排在铁板上煎好，夹到土耳其面饼里，加生菜和盐，再挤一点柠檬汁，做成鱼肉夹饼，然后瞅准船只晃动的时机，把夹饼一下子递给岸边的食客。享用之时，眼前还有新清真寺（New Mosque；即耶尼清真寺）和加拉塔大桥（Galata Bridge）的奇景助兴。

☛ **食得其所！** 在加拉塔大桥的西头（即欧洲这一边），就能找到几艘颜色鲜亮的“水上餐厅”。

BISMILLAHIRRAHMANIRRAHIM
LÜTFEN
DENİZE
ÇÖP ATMAYIN
BALIK TUTMAK

104

去柳州吃没有螺蛳肉的螺蛳粉

中国// 虽然在20世纪七八十年代才正式诞生，但柳州螺蛳粉可算是广西成名最快的米粉，在中国各地都能看到它的各种不正宗的变体。螺蛳粉的那锅汤是重头戏，除了将田螺或小螺蛳加料爆炒，再加入十几种香料和辣椒一起熬制外，各家还加入了秘制汤料，每家汤的咸度、鲜度、甜度都有所不同。螺蛳粉的配料也超级丰富，标配的就有油炸腐竹、油炸花生、酸笋、青菜等，如果是柳州当地的老铺子，还会有木耳、黄花菜和萝卜干等近十种配菜。配料往往堆得超出碗口，但你是永远都不会在正宗的柳州螺蛳粉里发现螺蛳肉的。

☛ 食得其所！ 西环肥仔螺蛳粉（鹅山路九区十六栋二号）人气很旺，翠翠家螺蛳粉（斜阳路细柳巷37号）也有自己独特的滋味。

© Lonely Planet / Matt Munro

© Lonely Planet / River Thompson

105

闯巴黎甜品店，寻美妙马卡龙

法国// 卖马卡龙（macaron）的面包房现在遍地开花，全球各大城市都能让你解瘾，但最佳体验，还是应该去巴黎寻找。上午不妨到“购物金三角”那里过过眼瘾，或者沿着奥斯曼大道（Boulevard Haussmann）真金白银地血拼，然后再找个巧克力店或甜品店，品尝这种圆乎乎、松蓬蓬、令人欲罢不能的饼干。我们在这里给你一些推荐：Pierre Hermé的招牌马卡龙，口味在别的地方根本见不到，比如“伊斯法罕马卡龙”（ispahan：包含树莓、荔枝和玫瑰水）；Ladurée的口味更接近传统，颜色俏丽粉嫩，招牌是贝壳造型的栗子味马卡龙，里面有奶油、黑朗姆和糖栗；Acide的马卡龙，无论口味还是颜色，都更为张扬大胆，仿佛让人置身电影《查理和巧克力工厂》之中。要是这些地方都不能满足你，也不用担心，因为巴黎卖马卡龙的地方多如牛毛，闭着眼睛找，也能得偿所愿。

食得其所！ 推荐巴黎的Pierre Hermé（72 Rue Bonaparte）、Ladurée（75 Av Des Champs-Élysées）和Acide（85 Rue La Boétie）。

106

用奶酪火锅，温暖瑞士的冬天

瑞士// 20世纪70年代的嬉皮士在那种不三不四的派对上也有这种东西，但在日内瓦湖（Lake Geneva）某家湖畔木屋餐厅里吃奶酪火锅，感受则完完全全不一样。我们说的这家餐厅叫La Buvette des Bains，隶属一座源自20世纪30年代的洗浴会馆。在生意冷清的冬季，餐厅就会点起炉火，准备好奶酪火锅，让客人既能欣赏外面的风景，又能无惧寒冷。日内瓦总给人一种专业严谨、深沉老道的感觉，但在这家餐厅里，守着奇美的自然风景和亲友共享奶酪火锅，只会觉得惬意悠闲，毫无拘束，其乐融融。而且这里的奶酪火锅因为加入了气泡酒，口感不似其他地方那样浓稠奶腻，吃多了胃里也不会堵得慌。

☛ **食得其所！** 推荐日内瓦湖畔的La Buvette des Bains（Quai du Mont-Blanc 30, Geneva）。

106

107

107

在英国吃夏令布丁，品阳光灿烂的味道

英国// 夏令布丁（Summer Pudding）里满满都是英国夏季特有的软嫩水果，能吃出阳光灿烂的味道，最适合在某次乡村野餐结束时享用。朴实的白面包，与草莓、树莓、黑加仑以及任何一种新鲜的深色浆果拌到一起，额外只加一小杯奶油——这样做出来的夏令布丁应时应季，精妙味美，品相如画，而且还体现了英国人特有的一种简约。要是再用一杯接骨木花汁（英国传统软饮）做饮料，用绿油油的英格兰乡村风光做背景，画面就太完美了。

☛ **食得其所！** 如果不喜欢自己动手做，英国超市里也很容易买到。重点是，一定要在乡间野餐的时候吃。

108

埃及垫子饼：需要口眼并用的人气美食

埃及// 埃及垫子饼（feteer）的味道之所以令人难忘，主要是因为师傅做饼的手艺令人难忘。面团要被反复伸展折叠，技法类似印度煎饼，吃起来似有千层，而且因为是在木火烤炉中烘烤出来的，所以垫子饼也常被称作“埃及比萨”。揉、甩、折，三个动作速度飞快，技艺精纯，其间要不断地往面中添加奶酪、橄榄和肉碎等馅料，看一会就能让你出神。开罗到处都有卖垫子饼的餐厅，里面通常又热又乱——在味道最好的餐厅里，饥饿的顾客常会把柜台围个里三层、外三层。可别因此就打退堂鼓，你又不是冲着就餐环境来的。

☛ 食得其所！ 开罗到处都有卖垫子饼的餐厅，但就餐环境一般都很不舒服，最好买好之后出去吃。

109

酱香大米花：酸甜脆辣的印度美食“戏法”

印度// 孟买的乔帕提海滩（Chowpatty Beach），晚上到处都是家人、情侣、朋友、游客，人手一份恰特（chaat；一大类印度特色小吃的统称），而且人人不同。其中最让人欲罢不能的一种恰特叫“酱香大米花”（bhel puri）。其主料是脆脆的大米花和炸过的鹰嘴豆面饼块，加一点煮软了的土豆丁与几把辣椒和洋葱是为了丰富口感，棕色的酸角酱是为了增加酸甜度，用香菜调制出的青色酸辣酱是为了画龙点睛。印度西部各地都有卖酱香大米花的路边摊，摊主会把大米花盛在尖尖的纸筒里，让人一把一把抓着吃。印度喧闹混乱，白天夜晚闷热无休，这种东西最能让人在这里重获兴奋。

☛ 食得其所！ 乔帕提海滩上，哪个卖大米花的摊位前人最多，就去哪儿吃，因为当地人肯定最内行。

110

巴厘岛海滩休闲之余，吃辣辣的花生酱拌杂菜

印度尼西亚// 请客吃饭只点沙拉，你会没朋友的——有这种想法的人，肯定是没去过巴厘岛的海滩咖啡馆（当地叫warung），肯定没在里面吃过花生酱拌杂菜（gado gado）。这是印尼的经典沙拉，由各种脆脆的蔬菜、煮鸡蛋、花生酱、炸豆腐和新鲜香菜混拌而成，用豆角、大白菜、胡萝卜、黄瓜和豆芽等蔬菜与辣酱搭配，体现了印尼料理的典型特点。白天在巴厘岛海滩上又是冲浪，又是游泳，晚上吃上这样一碗东西，绝对完美，但在一天中任何时候吃也都没问题。赶紧把晒太阳的朋友拉回来，叫他们别拜太阳神了，改拜食神。一起吃过了花生酱拌杂菜，你们俩的关系肯定更铁！

☛ 食得其所！ 去Chez Gado Gado（Jl Camplung Tanduk No 99, Seminyak），边吹海风边吃。

111

斯德哥尔摩的街头美味：Nystekt Strömming美食车

瑞典// 在瑞典的斯卢森地区（Slussen），你会注意到许多桥梁、河道、水闸以及几年内都不可能完工的工地，但一定要睁大眼睛，仔细寻找一辆貌不惊人的美食车，唯一的标志是顶上有一条黄色的鱼。这辆美食车的招牌叫“Nystekt Strömming”，意思大致是“鲜炸鲱鱼”，如今在瑞典大火特火。小小的鲱鱼炸好之后，可以卷在饼里吃，可以夹在小面包里吃，但最经典的吃法是和土豆泥与北欧脆饼干（crispbread）一起放在盘子里，搭配腌黄瓜、紫洋葱、切碎的甜菜根、茴香蛋黄酱或越橘酱。价格低到没朋友，却是斯德哥尔摩最地道的风味。

☛ 食得其所！ Nystekt Strömming（Södermalmstorg, Stokholm）。

© StockFood / Gräfe & Unzer Verlag / Fotos mit Geschmack

© Lonely Planet / Mark Read

112

德式热狗，世界热狗的祖先

德国// 把德式香肠（bratwurst）往面包里一夹，就成了一种最完美、最热门的小吃。你可以在柏林街头留意那些边走边卖的“热狗贩”（当地叫grillwalker或grillrunner），到他们那里买上一份边走边吃；还可以在当地酒馆里，用热狗搭配土豆和紫甘蓝，实实在在地吃顿饱饭。德式热狗作为德国饮食传统的一部分，历史可以追溯到14世纪初，尽管只是一种平民美味，人气不但至今不减分毫，更可以说是风头正劲。香肠里面以猪肉为主，嫩牛肉仅为点缀，通常会用肉豆蔻、芫荽籽、姜和小豆蔻提味，但具体配方存在很大的地域差异，吃起来到底是什么味道，谁都说不好。

☛ **食得其所！** 拦下某位热狗贩，或是前往Konnopke's Imbiss（Schönhauser Allee 44B，Berlin）。

113

用豆子炖肉，感受圣保罗的脉搏

巴西// 巴西人做什么事都潇洒豪放，国菜豆子炖肉（feijoada）也不例外。这道炖菜味道香浓，里面有黑豆、盐腌烟熏的猪肉块和牛肉块、羽衣甘蓝和木薯粉（当地叫farofa），炖好之后上面加些橘子片，搭配米饭一起吃。有些地方在炖肉的时候，甚至还会放入猪耳、猪蹄和猪尾巴这些传统花样。一锅豆子炖肉，大家不分亲疏，尽可共享，气质与巴西美食之都、不夜城圣保罗不谋而合。时不我待，赶紧吃完豆子炖肉，干掉一小杯cachaça（巴西朗姆酒），开启“圣保罗版”的夜生活！

☛ **食得其所！** 推荐Bolinha Restaurante（Av. Cidade Jardim, 53 - Jardim Europa, São Paulo），这家主顾以当地人为主，豆子炖肉很受欢迎。

Mark Hix

马克·希克斯

马克·希克斯是伦敦Hix Soho与Hixter Bankside餐厅的老板兼厨师，也是一位美食作家。

01

在伦敦Hunan餐厅吃竹笋酥皮清汤：餐厅没有菜单，一道道小份菜肴连番轰炸。这道汤表面覆着酥皮，所有食材都在皮里。

02

在东京的Sushi Ken吃“跳舞虾”：店家把水缸里捞出的活虾给你吃，吃剩的虾壳再拿去油炸，撒上海盐还能吃。

03

在悉尼的Sean’s Panorama吃咖喱蟹：餐厅是当地老字号，这道菜却是马来风味，澳大利亚人就是这么喜欢混搭！

04

在巴塞罗那El Quim餐厅吃鹅肝煎蛋：这家餐厅有许多西班牙小吃可选，但像这种出人意料的美味同样不少。

05

在意大利潘萨诺（Penzano）的Dario’s吃佛罗伦萨牛排：这家肉铺的老板有些疯癫，总是在店里播放重金属摇滚，自己也喜欢小秀一下。现场就能用各个部位的牛肉烹制牛排，做得很生，还有葡萄酒佐餐。

114

新奥尔良马福莱塔三明治：征服“肉山”，心急不得

美国// 马福莱塔三明治（muffuletta）出身不明，想必是当年移居新奥尔良的西西里人，因为在当地总觉得吃不够家乡的冷餐肉，所以才发明了这种东西。用来做胚的脆皮芝麻圆面包片就叫“马福莱塔”，夹在中间的馅料能令每个肉食动物美梦成真：萨拉米香肠、火腿、考帕香肠（coppa）和摩泰台拉香肚（mortadella）全部都有，还要加上波罗伏洛干酪（provolone）、马苏里拉奶酪和一种腌汁橄榄沙拉。相关专家指出，组合好的三明治应该搁上一段时间，等面包片吸足了橄榄沙拉的汁吃起来才最好，所以你的肚子此时最好别太空，小心等不急。

☛ 食得其所！ 推荐Central Grocery（923 Decatur St, New Orleans）。

© StockFood / Achilleos, Antonis

115

热红酒配史多伦面包，德国圣诞的美味拍档

德国// 一杯热红酒（glühwein）加上一片厚厚的史多伦面包（stollen，也叫圣诞面包），这是欧洲圣诞节最响亮的“开幕号角”。德国的热红酒由红葡萄酒、丁香、肉桂和星形茴香简单调和而成，加热饮用，地区不同，里面也可能会再放烈酒、糖或者水果。“glühwein”的字面意思是“发光葡萄酒”，畅饮之后，也的确能让人容光焕发。整个冬天，市场里总能找到卖热红酒的摊位，为的是让买东西的人保持“圣诞状态”。能买到热红酒的地方，肯定也会买到德国圣诞面包史多伦。这种水果面包用肉桂、小豆蔻等香料提味，用杏仁、葡萄干和柠檬做馅，用来搭配热红酒，一吃一喝，和谐圆满。

☛ **食得其所！**德累斯顿（Dresden）的圣诞市场（Striezelmarkt）源自15世纪，具有很强的氛围感，里面就有迷人的热红酒与史多伦。

© Shutterstock / linerpics

© Lonely Planet / Susan Wright

116

罗马卡布纳拉意面，经典中的经典

意大利// 卡布纳拉意面（spaghetti carbonara）是永恒之城的一道永恒美食，曾经是当地家庭的工作日晚餐，如今成了意式餐厅的最爱。想收获最地道的卡布纳拉体验，一定要去Trattoria Da Danilo餐厅。餐厅开在罗马一条平平无奇的街道旁。餐桌上铺着格纹桌布，墙上的相框里全是一脸满足的主顾，其中不乏名人大腕的面孔，装潢散发着经典的意式餐厅风格，再加上开在地下室里，给人的感觉如梦似幻。罗马的卡布纳拉意面崇尚简单，豌豆、洋葱、奶油一概不放，想要也没有，面条里只加一种酱，里面包含腊猪脸、佩科里诺奶酪、鸡蛋和一点黑胡椒。

☛ **食得其所！**去Trattoria Da Danilo（Via Petrarca 13, Rome），用叉子缠，用嘴巴吸，消灭盘子里好似山一样的经典卡布纳拉意面。

© Shutterstock / Aleksandr Shilov

117

法棍三明治与胡志明市，美味中的天作之合

越南// 将法国与越南这两种伟大的饮食传统合二为一，结果一定非比寻常，就比如“三明治中的超级巨星”越式法棍三明治（bánh mì）。担心万一有人还不了解，我们还是要在这里简单介绍一下。在轻盈酥脆的法棍里塞上肝酱、腊肉、萝卜泡菜、胡萝卜、黄瓜、蛋黄酱、香菜和火辣的红辣椒，鲜、咸、脆、甜、辣、香六感荟萃，光耀舌尖，买上一个一边吃一边探索胡志明市喧嚣躁动的街巷，体验再妙不过。当地那家 Banh Mi Huynh Hoa ，柜台前总会围满当地主顾，推推搡搡，没人讲究排队，想吃的话不要胆怯，点东西的时候大声叫喊就行。他家的法棍三明治属于“经典款”，面包里夹着一层又一层的冷餐肉（猪肉为主），肝酱（pâté）给得也很大方，除了脆脆的黄瓜和胡萝卜，还有能把人辣出眼泪的辣椒。

☛ **食得其所！** Bánh Mì HuYnh Hoa（26 Lê Thi Riêng, Phuong Pham Ngũ Lão, Quan 1, Ho Chi Minh City）。

Dan Hunter

丹·亨特

丹·亨特是Brae的创始人兼大厨——Brae位于澳大利亚维多利亚州，融餐饮住宿于一体，奉行“农场直供”的可持续经营理念。著有《Brae餐厅的故事与菜谱》（*Brae: Stories and Recipes from the Restaurant*）。

© Colin Page

01

在日本京都吃怀石料理：餐厅美山庄（美山荘；Miyamasou）距离京都有一个半小时的路程，料理取材当地，冬季能吃到野熊肉。

02

在西班牙餐馆吃烤多宝鱼：在著名的巴斯克风味餐厅Elkano，菜肴全部都是在街上用炭火烤制的。这道铺在葡萄藤上烤出来的多宝鱼是他家的招牌。

03

在意大利阿马尔菲海岸吃水牛马苏里拉奶酪：你应该买上刚刚做好、热热乎乎的奶酪，然后找家咖啡馆，点杯咖啡，搭配面包、盐和橄榄油当早餐。

04

在秘鲁利马吃玉米：在利马“米斯图拉”（Mistura）美食节上，印第安人会齐聚一堂，打造一场本土食材的“群英会”，用土豆、藜麦、玉米、谷物制作的菜肴种类数以千计。

05

在澳大利亚吃澳洲龙虾：南大洋里的澳洲龙虾，体重可达5公斤，我们过圣诞节的时候，传统上要吃木火烤龙虾，并用香槟佐餐。

118

“库纳菲”的香，不怕贝鲁特巷子深

黎巴嫩// 在贝鲁特吃库纳菲（knafeh），最好作为早餐到某个街边咖啡馆里享用，并且搭配一杯浓浓的黑咖啡，品味苦与甜的交织。说起来，库纳菲只是一种甜甜的奶酪甜点，但实际上精巧细致，令人沉沦，非同寻常。所用奶酪类似马苏里拉，口感柔和，浸润着玫瑰橘花糖浆。奶酪外面要包缠上一种极细的面条（当地叫kataifi），仿佛某个精致的小礼物，随后再浇上糖浆，撒上开心果和花瓣作为点缀装饰。如此漂亮的礼物，你怎好拒绝？

☛ **食得其所！** 推荐Amal Bohsali（Hamra, Beirut）。

119

素食汉堡，孟买吃斋

印度// 说到孟买的街头零食，你肯定不会首先想到素食汉堡（vada pav），但沿着海滩边走边吃，感觉不要太爽！柔软的白面包中间夹着酥脆的土豆炸饼，里面还有烤青辣椒和酸辣酱。不妨到乔帕提海滩（Chowpatty Beach）的美食亭那里买上一个，坐下来一边吃，一边欣赏情侣漫步、家人嬉戏的景象，然后再到附近的某个神庙里面，看善男信女虔诚晚祷。看过之后，估计你还得去再买一个。

☛ **食得其所！** 孟买的海岸边。

120

韩国吃糖饼，冬天不怕冷

韩国// 由火辣的泡菜、熏香的烤肉以及各种饱腹的食材汇聚而成的石锅拌饭，是韩国料理最有名气的代表，但韩国还有一种身材小小的甜食，吃起来同样让人上瘾。韩国糖饼（hotteok）在各地的街边美食车那里都能找到，每个大约手掌大小，在铁盘上煎烤之时，里面的红糖馅会融化，吃起来邋里邋遢却又有滋有味，因此人气颇高。冬天买上几个糖饼边走边吃，最能抵御寒冷。

☛ **食得其所！** 推荐首尔钟路区的Sambo-dang糖饼小店。

121

前往葡萄牙海滨，做第一个吃鬼爪螺的人

葡萄牙// 人类在搜寻食物方面所展现的聪明才智，实在是不可思议。就拿鬼爪螺（goose barnacles）来说吧。这东西成片地附着在大西洋海底的岩石上，看上去像是来自史前时代的某种怪物，又像是岩石身上生的囊肿，也不知是哪位饥不择食、勇敢无畏的仁兄觉得它们可能会好吃。别管那人是谁，他还真猜对了。鬼爪螺在葡语中叫“precebes”，在葡萄牙被视为珍馐，价格不菲，原因除了肉质鲜美，更主要的是从海中岩石上撬下鬼爪螺的工作相当危险。葡萄牙那些海滨的海鲜餐厅对鬼爪螺最为珍视，去那里品尝，体验最棒。把完整的鬼爪螺下锅，加月桂叶、大蒜和一点点盐煮熟即可食用。螺肉的口感介乎鱿鱼与蟹肉之间，吃的时候比较麻烦，要一手抓住硬壳，一手从壳里扭出珊瑚色的螺肉，再往上面挤点柠檬汁，然后一口吞进去——要是太大，两口也行。

☛ 食得其所！ 去葡萄牙南部阿连特茹（Alentejo）某个浪花飞溅的海滨小城。

© denis doyle / Alamy Stock Photo

© Marcin Jamkowski/Adventure Pictures / Alamy Stock Photo

122

约翰内斯堡吃烧烤，农夫香肠不能少

南非// 你只要看到南非人准备生火烧烤了，烤炉上肯定很快就会出现一大根弯弯扭扭的农夫香肠（boerewors），因为在地道的南非人看来，没有农夫香肠，不算南非烧烤。这种香肠应该是手工制作的，内有香料提味，肉质含量必须超过90%，并且要以牛肉为主，种种标准全都马虎不得。参加烧烤派对的时候，你一定要对主人烤的农夫香肠“多加关照”，因为这可是关乎个人荣誉乃至国家尊严的大事。

☛ 食得其所！ 约翰内斯堡的杰斯顿地区（Jeppestown）有很多吃烧烤的地方，Pata Pata（286 Fox St）就很不错。

123

去槟城路边摊，大吃亚三叻沙

马来西亚// 亚三叻沙（assam laksa）的汤头是用鱼（一般为鲭鱼）熬制的，与用椰奶熬汤的叻沙相比，味道更酸更辣，在槟城各地的美食摊都能吃到，因为槟城就是不缺鱼。这种汤粉独特的酸味来自酸角（马来人管酸角就叫“亚三”），但凤梨片、姜花等作料汇聚成的那股摧毁理性的味觉旋涡，才是这道菜令人难忘的关键。最后，汤中还要加一茶匙又浓又甜的鱼酱（hae ko），更是点睛之笔。

☛ 食得其所！ 槟城那些美食市场的露天摊位就有。

124

品尝土豆煎饼，将厄瓜多尔之旅进行到底

厄瓜多尔// 亚马孙雨林、安第斯山麓、被列为世界遗产的首都、被誉为野生动物圣地的加拉帕戈斯群岛……厄瓜多尔之所以拥有超凡的旅行吸引力，这些只是一部分原因而已，当地的美食同样非同凡响。厄瓜多尔的土豆煎饼（llapingacho）身材厚实，以奶酪做馅，在铁盘上煎烤而成，吃的时候要搭配一种辣辣的花生酱，当成街头小吃很是完美，但同样可以与口利左香肠、鳄梨和煎蛋组合起来，当成正餐享用。

☛ 食得其所！ 基多的维森蒂娜（Vicentina）有一个馅饼市场（Mercado de las Tripas），里面就有卖土豆煎饼的摊位。

© Lonely Planet / Austin Bush

125

芒果糯米饭：用甜蜜缓解曼谷的闷热

泰国// 去曼谷旅游，回来之后肯定会对那里的街头小吃念念不忘，就比如芒果糯米饭（mango sticky rice）。软糯的糯米，配上椰奶与糖的甜味，加上多汁的芒果，此等组合，可谓完美。曼谷各地的路边摊都有卖，找到自己最喜欢的那家，本身就是一件好玩的事——这种事得张嘴问，猫途鹰网上肯定不会标，就算标了，老板也可能已经换地方了。有的会用黑米代替白糯米，有的会用咸咸的椰子酱，有的为了增加嚼劲，会在饭上放一些烤绿豆，像这些比较另类的芒果糯米饭尤其值得留意。虽然这种小吃全年都能吃到，但3月末到5月末是泰国芒果的丰收季，那时候来，才能吃到最甜的芒果。

☛ 食得其所！ 曼谷卖芒果糯米饭的路边摊几乎无处不在，选一家就好，比如Sukhumvit Soi 38（Soi Sukhumvit 38, Phra Khanong, Khlong Toei, Bangkok）。

126

去文化熔炉开罗，吃兼容并蓄的库沙里

埃及// 不管是在开罗中午喧嚣沸腾的街边，还是在Abou Tarek 餐厅幽静的室内喷泉旁边，你在吃库沙里（kushari）的时候都不要忘记，这道菜可是埃及的一个缩影。19世纪的埃及经济飞速发展，世界各地的文化源源不断地涌入，库沙里便是那时候诞生的。印度来的香料，意大利来的面条，中东地区来的鹰嘴豆，加上大米、小扁豆、番茄酱、炸洋葱以及辣椒或者大蒜，共同造就了这道地位受人尊崇、可口可心的工作餐。在开罗街头某个苍蝇馆子里吃，体验最棒。埃及人觉得哪家的库沙里好吃，就只去那家，但各家库沙里的做法味道区别并不大。

☛ 食得其所！ 可以去热闹的路边摊，也可以找一个环境更为惬意的餐厅，比如Abou Tarek（26 El-Shaikh Marouf, Marouf, Qasr an Nile, Cairo）。

© Sarah Lawrie / wandercooks.com

127

老挝碎肉沙拉：盘中风景线

老挝// 万象并不是典型的东南亚大城市。在这里，小汽车不会瞎开，摩托车不会乱闯，在那些法国殖民建筑、佛教寺庙和五光十色的街市，你大可以悠闲惬意地步行探索。湄公河在市中心西边流淌，落日之时，水荡金光，煞是好看。此等美景，怎少得了美食辅佐？身旁肯定能找到一排餐厅餐车，卖的都是老挝传统风味，但没有什么比老挝"非官方国菜"碎肉沙拉（larb）更棒的了。这道菜就和火红的夕阳一样，于简单处显神奇，食物与风景在这一刻实现了意境上的和谐统一。搭配当地人离不开的糯米饭一起享用，又饱腹，又辣口，而且吃后唇齿留香，精神奕奕，你又可以迈开双腿继续逛了。

食得其所！ 老挝有些碎肉沙拉用的是生肉，可能会感染病菌，尽量不要吃这种碎肉。

127

© Getty Images / Carlina Teteris

128

© Shutterstock / DouglasDepies

128

游览尤卡坦，必吃慢烤猪肉

墨西哥// 梅里达是尤卡坦州美丽的首府，拥有典雅的殖民时代建筑和阴凉的广场，更有美到极致的慢烤猪肉（cochinita pibil）。其实，尤卡坦州美食众多，这道慢烤猪肉在其他地方也能吃到，但也不知为什么，梅里达的就是不一样：里面的柠檬味（肉中会加青柠汁、橘子汁甚至柚子汁）更酸爽，加了胭脂果的酱汁味道更厚重，更香，烤出来的猪肉也更软烂。慢烤猪肉在梅里达常常会被当作节庆菜，用胭脂果、大蒜、香料和橘汁调成酱汁，抹在整头猪身上，然后把猪放到一个铺着石头的坑里埋起来，一烤就是几个小时。你家乡的那种墨西哥连锁餐厅可不会这么做！烤好之后撕成条，加上紫洋葱泡菜，放到玉米饼里吃。

食得其所！ 推荐梅里达市中心的餐厅La Chaya Maya（Calle 55, no.510）。

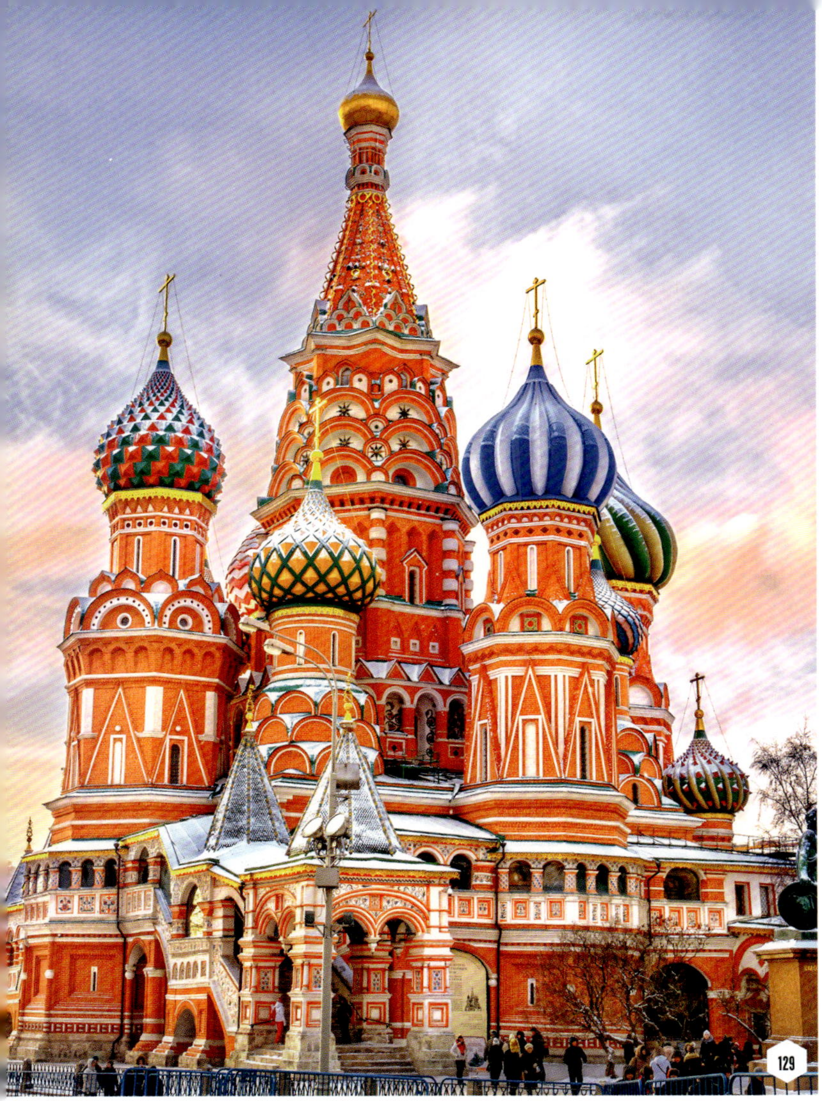

© Shutterstock / MarinaDa

© Getty Images / Lisovskaya

129

在莫斯科吃鱼子酱，装俄罗斯大款

俄罗斯// 鱼子酱（caviar）是地球上最高端、最奢侈、最昂贵的食物之一，伊朗大白鲟（beluga）的鱼子，一公斤就能卖到3.5万美元的天价。对于买得起游艇的俄罗斯石油大亨来说，这东西再合适不过了，但你我平民百姓，恐怕就无福消受了……那也不一定。莫斯科的Café Pushkin 现在推出了鱼子酱品鉴套餐，坐在奢华怀旧的环境里，品尝三文鱼、白鲑鱼、鲟鱼、大白鲟四种鱼子酱，还包含酒水，收你200美元，一点不过分吧。说到酒水，香槟自不必说，但许多俄罗斯人更喜欢搭配beluga伏特加，要的就是那种豪气。

☛ **食得其所！** Café Pushkin（26A Tverskoy Boulevard，Moscow）。

130

在布达佩斯的小美食亭，向饥饿宣战

匈牙利// 朗格斯（lángos）有时候也被叫作“匈牙利比萨”，面饼里面包含酸奶，和面不用水，用的是酸奶油或者牛奶，油炸之后上面一般还要放酸奶油、奶酪和蒜酱，但具体花样不胜枚举，烤香肠、辣椒、青椒、番茄和洋葱都能放，在匈牙利许多地方都能吃到。布达佩斯有一个小美食亭叫Retró Lángos Büfé，从共产主义时期一直经营到今天，通宵达旦的派对动物总会围在那里吃朗格斯。他家的馅料品种非常多，比如“核攻击馅”（atomtámadás；里面有辣椒、火腿、奶酪、香肠和紫洋葱）。美食亭平时每天营业至凌晨2:00，周末至次日6:00。

☛ **食得其所！** 推荐Retró Lángos Büfé（Bajcsy Zsilinszky út，Arany János Metro，Budapest）。

马赛鱼汤：
凑齐海鲜，凑齐人

131

法国// 马赛鱼汤（bouillabaisse）是所有海鲜大餐的鼻祖，与其他鱼汤不可同日而语。这道菜源自法国南部的港城马赛，原先只是当地渔民的残羹剩饭，如今地位大涨，人气暴增，连法国的美食家也要另眼相看。时移世易，马赛鱼汤的做法也是与时俱进，当初用的都是市场上卖不动的鱼，比如刺特别多的岩鱼，现在用的则是鲉鱼、红娘鱼、欧洲鳗鱼这些更为可口的品种，但你有时候在里面也会找到安康鱼、多宝鱼、鲷鱼、胭脂鱼或者无须鳕。但这道海鲜盛宴还不止于此，汤中经常还会放入贻贝、螃蟹、墨鱼和海胆，在某些档次更高的餐厅里，里面甚至还会放上一两只海螯虾。作为聊以充饥的渔家饭，原来的马赛鱼汤是肯定不会放这些东西的。海鲜已经这么多了，汤里的蔬菜却也不少，除了葱韭、芹菜、洋葱、番茄和土豆，还会放小茴香、百里香、藏红花这些普罗旺斯特色草本香料。所有这些都要在鱼汤中小火煨炖。从上菜，到品尝，整个过程仿佛一出饕餮大戏，体验尤其美妙。服务员会先给你单独端来一碗鱼汤，里面放着几片烤面包，面包上抹着一种用大蒜、藏红花和卡宴辣椒做的酱，随后再上壮观的海鲜大盘。吃的时候也要先喝汤，再吃海鲜，最后等到吃得没多少了，再把汤底舀到海鲜上。也许我们简略的描述还没有让你明白马赛鱼汤的分量有多大，干脆这么说吧：在马赛吃这道菜，基本上必须凑齐四五个人，所以说你必须得带朋友一起来——没朋友就现交几个。

食得其所！带上新朋旧友，去Chez Fonfon（140 Rue du Vallon des Auffes，Marseille）。

下图：马赛鱼汤最初只是马赛普通的渔家饭；右图：马赛海滨的安多美地区（Endoume）。

© Lonely Planet / River Thompson

© Lonely Planet / Matt Munro

© Lonely Planet / Myles New

© Kevin Foy / Alamy Stock Photo

132

潜入伦敦百货商店，寻找苏格兰的源头

英国// 苏格兰蛋（scotch egg）就是把一枚煮鸡蛋包在香肠肉馅里，裹上面包屑或烤或炸，听上去应该是那种蛋白满满、油油腻腻、没人爱吃的东西。号称在1738年发明了苏格兰蛋的伦敦熟食店Fortnum & Mason，今天仍在营业，仍在做苏格兰蛋，看来爱吃的人还不少。熟食店位于一座建于18世纪的食品百货商店楼下，要穿过一楼那些卖篮子和茶叶的柜台，沿着螺旋楼梯走下来才能找到，这种柳暗花明式的寻找，本身就会让你对即将到来的美味充满期待。事实对得起期待吗？苏格兰蛋外面的肉馅比较紧实，口感不甚细腻，带香草味，元气十足，里面的鸡蛋煮得恰到好处，蛋黄不硬不溏，颜色橙黄。记住，你咬的不是蛋，是伦敦的历史！

☛ 食得其所！ 要去就去苏格兰蛋的“圣地”Fortnum & Mason（Piccadilly, London）。他家在迪拜也有分店，你要去我们也不拦着。

133

在阿尔巴尼亚吃菲吉斯：新中有旧，旧中有新

阿尔巴尼亚// 你上午已经逛过了地拉那（Tirana）的那些主要景点，包括斯坎德培广场（Skanderbeg Square）、东正教堂、国家歌剧院以及藏品浩瀚的国家历史博物馆，此时正应该领略一下阿尔巴尼亚日益兴旺的餐饮业。传统烹饪与现代咖啡馆文化在地拉那实现了顺理成章的融合，餐厅立足过去，却也放眼未来。当地有道美味叫菲吉斯（fëgesë），由烤青椒、番茄和洋葱混合而成，加上鲜奶酪与红辣椒一起煎制，吃的时候要搭配面包。坐在Oda餐厅阴凉的露台上，用一杯甘洌的白葡萄酒佐餐，这种拥有百年历史的老菜，也能吃出彻头彻尾的现代味道。

☛ 食得其所！ 推荐Oda（Rr Luigj Gurakuqi, Tirana）这家恪守阿尔巴尼亚传统料理的餐厅。

134

罗得岛度假的必要环节：吃蛤蜊丸子

美国// 去罗得岛（Rhode Island）度假，一定要买一袋热得烫手的蛤蜊丸子（clam cake），否则，在新英格兰人看来就不算度假。这种用蛤蜊肉丁和面炸出来的丸子，要到外卖窗口那里去买，可买一份（12个），也可买半份，买好之后一定要尽快解决掉。爱吃这种丸子的当地人一致认为，地道的新英格兰蛤蜊丸子必须用体形巨大的圆蛤（quahog clam），但再聊下去，大家可就要吵起来了。有人觉得丸子就该炸得规规整整，和高尔夫球一样；有人觉得形状不规则的才好，掉下来的边角最最好吃；有人觉得应该再点一份蛤蜊奶油浓汤，用丸子蘸着吃；有人觉得是该蘸汤吃，但蘸罗德岛的特色清汤最好。那就没办法了，只好每种都试一试。

食得其所！ 新英格兰罗得岛到处都有卖蛤蜊丸子的外卖窗口和路边餐厅。

© Stan Tess / Alamy Stock Photo

© Shutterstock / Toronto-images.com

135

阿根廷胡米塔：不容错过的奶酪玉米粽子

阿根廷// 阿根廷的胡米塔（humita）看起来很像是墨西哥粽子（tamale），但严格地说，两者并不一样。墨西哥粽子用的是泡发的干玉米粒，而胡米塔用的就是新鲜的玉米粒。玉米粒先要碾碎，混上洋葱、大蒜、奶酪、鸡蛋和奶油搅拌成一个小团，最后包起来上锅蒸。你可以在路边摊买上一个，找个阴凉的地方坐下自己剥着吃。盐和奶酪使得玉米更显香浓，味臻极致，令人欲罢不能，此后这场阿根廷旅行，你肯定一直都在寻找胡米塔的路上。

食得其所！ 随便哪个街头小贩都卖。

136

从迷你小店，到米其林星级餐厅，探索东京拉面的无限可能

日本// 一碗汤面，若干浇头，竟能在口中创造出无数种美妙体验，这足见日本料理的复杂与精妙。真正的日本拉面，对于食材原料与烹饪技法的搭配，立下了严格的规矩，而且地区不同，规矩也不同。有的拉面馆专攻一种拉面，有的选择要多一些，但日本的拉面馆那么多，拉面种类那么多，每家每种都不同，想在中间选出一个"代表"是根本不可能的。你在这方面应该学日本人，只选自己爱吃的就好了。单就多样性而言，东京绝对是最佳猎"面"场。与你有缘的那碗拉面，也许是在窄巷中某家迷你小店里，也许是在大型购物商场灯火通明的美食广场里，也许是在东京那两家米其林星级面馆里。但不管在哪儿，吃的时候一定要注意这三个要诀：速度要快（否则容易坨），大口吸气（这样更香），哧溜声要大（这是对拉面师傅的尊重）。

☛ 食得其所！推荐茑（Tsuta；东京丰岛区巢鸭1-14-1，170-0002）。那是"世界首家米其林星级拉面馆"，排队的人很多。

© Y.Levy / Alamy Stock Photo

137

口利潘：布宜诺斯艾利斯的饥饿终结者

阿根廷// 走在布宜诺斯艾利斯的街头，忽然饿意袭来，任何人首先想到的，就是吃一份阿根廷脆饺子。但要是这种可以一口一个的小吃不够解饿怎么办？那就只能选择分量更大的口利潘（choripán或chori）了。简单地说，口利潘就是面包夹口利左香肠（chorizo），一大根香肠对半切成两片，放到烤炉（当地叫asado）上烤熟，上面满满地抹上阿根廷烧烤酱（chimichurri），加洋葱丁和萨尔萨酱，然后夹到脆脆的面包里面，塞到满怀期待的顾客手中。又实在，又辣，又油，肯定能让你的肚子满意。

食得其所！推荐布宜诺斯艾利斯的两家店：Chori（Thames 1653，Palermo）或者Nuestra Parrilla（Bolívar 950，San Telmo）。

138

用一盘羊肉豌豆咖喱，品味昌迪加尔的建筑之美

印度// 关于羊肉豌豆咖喱（keema matar），南亚好几个地方都说是自己发明的，我们力挺印度旁遮普邦，尤其是在昌迪加尔。昌迪加尔于20世纪50年代由建筑师勒·柯布西耶应印度独立后第一位总理贾瓦哈拉尔·尼赫鲁之邀规划设计而成，借鉴了埃比尼泽·霍华德爵士提出的“花园城市”概念，至今仍是城市规划方面的迷人典范。你可以去市中心参观由他设计的秘书处大楼、旁遮普邦及哈里亚纳邦高级法院、立法院大楼等市政建筑，欣赏其典雅的现代主义风格，再去看看古怪的尼克·昌德岩石花园，两相比较一下。逛了一整天，在这样的环境中品尝一盘羊肉豌豆咖喱，就会觉得非常合适。

食得其所！推荐旁遮普大学学生中心。这座圆形的三层建筑也是勒·柯布西耶的经典杰作。

© Getty Images / Angelo DeSantis

© galit seligmann / Alamy Stock Photo

© Peter Tsai Photography / Alamy Stock Photo

© Shutterstock / f11photo

139

奔赴纳什维尔炸鸡馆，挑战美国南方辣味炸鸡

美国// 在美国南方吃炸鸡，一般都会让你感受到当地人的热情似火，但这种辣味炸鸡，没有“热情”，只有“似火”，吃的时候要有准备，当心大跌……大跌牛仔帽！传说当地有一个女人，老公到处寻花问柳，夜不归宿，她气不过，在为他准备炸鸡当早餐的时候，朝里面狠狠加了一把卡宴辣椒，打算给他好看。没想到，她老公竟然很喜欢吃，辣味炸鸡也就这样传了下来。纳什维尔北边有一家叫Prince’s Hot Chicken的餐厅，据说那对怄气的两口子当年就住在那里，现在仍由家族经营。他家的炸鸡加了秘制的辣椒粉，只为给顾客一个下马威，你可以过去测一测自己舌头的忍耐力，但排队等位是免不了的。炸鸡有各种辣度可选，我们建议你最多只选中辣（medium spice），因为标准辣（hot）会让你满嘴喷火，味蕾不保，要是选特辣（extra hot）——那就永别了，我的朋友。事实上，辣味炸鸡在纳什维尔到处都有，吃起来不是非得要遭罪，餐厅常常会提醒你选择合适的辣度，就是怕你被活活辣死。要是还觉得受不了，就靠啤酒灭“火”吧。

☛ 食得其所！ 推荐Prince’s Hot Chicken Shack（123 Ewing Dr, Nashville, Tennessee），辣度可选。

140

夏威夷波奇碗：脚踩金沙，“碗”如天堂

美国// 来到夏威夷，你一定会首先注意到这里的自然之美：岛屿周围，蔚蓝的大海轻抚着弯弯的海滩，岛屿内部山势起伏，郁郁葱葱，耳边似能听到火山在蓄力。不管是冲浪还是浮潜，坐直升机空中观光还是乘越野车丛林探险，无穷无尽的旅行活动都逃不过你的眼睛。夏威夷群岛现在已是全世界一流的度假目的地，独特的移民历史为这里带来了异常多元的饮食文化，波利尼西亚、欧洲、美国、日本、菲律宾、中国、葡萄牙和波多黎各的影响逐渐融合交汇，令人着迷。也只有在这样一个文化大熔炉里，才会诞生出波奇碗（poke bowl）这种“一碗集百味”的超级美食。哪怕是最简单的波奇碗，除了生鱼丁这种主料，也要加上许多种配菜装点（比如海苔、鳄梨、黄瓜等），盖在热乎乎的米饭上享用。里面的味道，都是由时间筛选出的经典，众多经典结合在一起，又成就了夏威夷独一无二的永恒经典。

☛ **食得其所！** 要去就去当地人喜欢的那种苍蝇馆子，买上一份就走，直奔海滩。

© Image Source / Alamy Stock Photo

© Lonely Planet / Matt Munro

141

滑雪下高山，奶酪刮着吃

瑞士// 这里要介绍的是香浓软滑、光芒四射的奶酪极品，乳糖不耐受的人请直接跳过。不过你必须先去瑞士阿尔卑斯山脉地区徒步或是滑雪，把自己累个筋疲力尽，然后再找家乡村餐馆，坐在熊熊炉火前享受此等"堕落饕餮"，否则就会良心有愧。所谓"raclette"，既指拉可雷特干酪，又指一种吃法。上桌的奶酪或者是扇形的，或者是半圆形的，吃之前要在明火上慢慢烘烤。食客面前会摆上一张温热的盘子，里面摆着酸黄瓜、嫩土豆和火腿薄片或者牛肉干。等奶酪烤得差不多了，用刀把表面融化的奶酪刮到盘子里，在奶酪凝固之前尽量使之与盘中食材混合，然后就可以吃了。你可以自己动手，也可以让服务员效劳，吃过一盘后，洗洗盘子，再来一盘。

☛ **食得其所！** 推荐Restaurant Schäferstube（Riedstrasse 2, Zermatt），周围有阿尔卑斯的奇美风景。

142

札幌味噌拉面，可驱日本冬寒

日本// 在北海道的冬季，一碗热气腾腾的味噌拉面最是可口暖心。厨师奥雅彦（Oku Masuhiko）在大名鼎鼎的面馆すみれ（Sumire）那里接受过培训，主攻札幌风味拉面，后来自立门户，开了一家叫麺屋彩未（Menya Saimi）的面馆。他做的味噌拉面总能吸引大批食客：面条紧实打弯，汤味香浓独特，却不会喧宾夺主，菜码多样，叉烧肉、竹笋、豆芽全会用到。要做味噌拉面，先要熬汤。奥雅彦熬汤用的是猪骨，油油的汤中还会用咸咸的味噌调味。他说："做菜码的蔬菜要事先经过爆炒，这是札幌拉面的关键一步。"猪骨汤的奇香、大蒜的油香、味噌的坚果香一股脑地从厨房里飘出来，冬日严寒，何足惧哉？

☛ **食得其所！** 麺屋彩未（札幌市丰平区美园10条）。

143

去上海，排长队，买阿大葱油饼

中国// 2016年9月，吴先生挂起锅铲，拉下卷帘，经营了30余年的阿大葱油饼突然关门了。这个小小的外卖窗口早已在上海家喻户晓，备受喜爱，上海市民以及葱油饼发烧友一时间忧心忡忡。好在不久之后，吴先生又把阿大葱油饼开起来了，新址距离原址只有几条街。地方虽然变了，其他一切都没有变。想来买饼，你仍然需要早早定好闹钟，门前的队伍仍然排得老长，饼仍然那么好吃。面饼里满满的葱花，在咸咸的猪油里煎得恰到好处，吃起来十分可口，等得久却等得值。注意，吴先生周三休息，那天过来可就白跑一趟了。

☛ **食得其所！** 吴先生的阿大葱油饼在上海瑞金二路120号-4。每天做300张，周三休息。

144

鱼蛋饭：在伦敦最赞的早餐店，吃出印度王公的感觉

英国// 鱼蛋饭（kedgeree）现在虽是英国的特色早餐，其气质却与英国大相径庭，乃是英国殖民者从印度带过来的"舶来品"，源自一种叫"khichari"的印度烩饭，只不过经过英国人的改良，并没有那么重料重辣了。今天的鱼蛋饭里面包括熏鳕鱼、米饭、西芹、煮鸡蛋、咖喱粉和奶油。英国的早餐选择那么多，偶尔打破传统，尝尝味道精妙出奇的鱼蛋饭，你绝对不会后悔——大不了明天再吃全套英式早餐。Wolseley是伦敦最好的老字号早餐餐厅之一，那里的鱼蛋饭烹制精细，有滋有味，奶油与黄油令米饭香浓无比，咖喱粉口感柔和，鳕鱼只是略加熏制，最后还要在上面盖上一个荷包蛋。

☛ **食得其所！** 推荐装潢豪华的Wolseley（160 Piccadilly, St James's, London）。

145

小扁豆汤配米饭，珠穆朗玛近在眼前

↓

尼泊尔// 尼泊尔的“dal bhat”非常简单，不过是小扁豆汤配米饭。之所以吃起来如此特别，并不是因为里面的食材，而是因为吃饭的心境。朝着珠峰大本营艰苦跋涉了一整天，晚上停下来放松筋骨，用这道菜补充体力，这对于登山者来说是一个庄严的仪式。辣辣的小扁豆汤能让你直面明天的拼搏，让你向着魂牵梦萦的世界之巅更进一步。

食得其所！ 攀登珠峰大本营沿途的茶馆里就有，在尼泊尔其他地方也随处可见。

146

买上鸡蛋仔，走遍香港城

中国// 到了香港，不用多久你肯定会见到当地招牌小吃鸡蛋仔。这种用鸡蛋糊摊出来的煎饼，上面鼓着一个个大包，看起来像是一张气泡膜，口感外酥里嫩。你在香港任何一个地方，都能看到人们把鸡蛋仔装在小纸袋里边走边吃，表情也是一脸满足。大多数路边摊卖的鸡蛋仔都是原味的，但因为人气太高，许多地方也发明了一些新口味和新吃法。Oddies冰激凌店给鸡蛋仔配上了香浓的意式冰激凌，浇上了巧克力酱；鸿记极品鸡蛋仔准备了巧克力和草莓味的面糊供客人选择；妈咪鸡蛋仔则推出了海苔与绿茶等新鲜口味。怎么选呢？听我们的，全选！

食得其所！ 推荐香港的Oddies（中环歌赋街45号）、鸿记极品鸡蛋仔（西湾河筲箕湾道57-87号）以及妈咪鸡蛋仔（尖沙咀加拿芬道8-12E号）。

© Shutterstock / K_Boonnitrod

146

© Getty Images / Opla

147

© Getty Images / Lubomir Lipov

147

前往索非亚，品尝保加利亚最好的巴尼萨

保加利亚// 在保加利亚想吃巴尼萨（banitsa），一定别去那种便宜的路边亭或者汽车站、火车站，而是应该找家咖啡馆，心无旁骛地品味这种点心的酥软，顺便搭配一杯保扎汁（boza，一种用煮过的小麦、黑麦、小米和糖制成的传统饮料）。事实上，你只要经过索非亚（Sofia）的一家街边面包房，肯定会被巴尼萨的外形与香味吸引进去。巴尼萨由一种类似菲达的奶酪（当地叫sirene）、鸡蛋、酸奶和油制作而成，是保加利亚人离不开的千层酥皮派，通常当作早餐，但你想什么时候吃都可以。除了最普通的奶酪巴尼萨，现在还有菠菜奶酪、香米卷心菜或者韭葱等口味可选，但我们最喜欢的还是老味道。

食得其所！ 早早起床，找一家当地咖啡馆吃早餐，因为刚出炉的巴尼萨最好吃。

148

到麻婆豆腐的诞生地，吃它一个舌头着火嘴唇发麻

中国// 川菜的精髓就在于又辣又麻，性格与“温文尔雅”的粤菜决然不同。如果你尚未经历川菜火辣的洗礼，麻婆豆腐就是一堂逃不掉的入门课。豆腐柔滑如丝，一般正宗的里面都要放猪肉碎（有时也放牛肉），加上豆豉、辣椒油和花椒一同烹制，最后再撒一点葱花，整盘菜“火”气逼人，辣香扑鼻。这道川味代表菜诞生迄今已超过150年。据说发明这道菜的厨娘，小时候得过天花，好了之后满脸麻子，人称“麻婆”，所以这道菜也就顺理成章地被叫作“麻婆豆腐”。你在全国各地，甚至全世界的唐人街里都很容易吃到麻婆豆腐，但哪里都比不过成都的地道，麻婆豆腐相传就诞生于此，而且那家叫“陈麻婆豆腐”的餐厅，据说就是由当年那位厨娘的后人经营的。

食得其所！ 陈麻婆豆腐（骡马市店），位于成都市青羊区西玉龙街197号。

© Shutterstock / Rolf E. Staerk

© Shutterstock / Marcel Gussoni

149

在法国南部中世纪城堡下，加入豆焖肉的激烈论战

法国// 豆焖肉（cassoulet）是法国南部最著名的菜肴，去中世纪山顶古城卡尔卡松（Carcassonne）品尝才最美妙。古镇的城堡，凝结了数百年的聪明才智，见证了数百年的矛盾冲突，而豆焖肉正是一道诞生于聪明才智、纠结于矛盾冲突的美食。正宗的豆焖肉到底该有哪些原料，法国南部人仍然还处在激烈的论战之中。用哪种肉，上面放不放面包屑，哪种豆子最好，这些问题都能引发争吵。随他们吵吧，我们大多数人并不在乎锅里面放没放图卢兹（Toulouse）产的香肠，用的是不是比利牛斯山脚下产的扁豆。只要豆焖肉火候到位，吸足了汤汁，肉烂脱骨，我们也就心满意足了。在卡尔卡松，豆焖肉通常会盛在一种叫“cassole”的传统陶锅里端上桌，一人一小锅。

☛ **食得其所！** 到La Barbacane（Place Auguste Pierre Pont, Carcassonne）里奢侈一把。

150

新派北欧料理的新旗手：丹麦Geranium餐厅

丹麦// 哥本哈根的Noma餐厅于2010年由大厨雷尼·雷泽佩（René Redzepi）创立，至今频获大奖，但餐厅的烹饪哲学却源自2004年。那一年，雷尼、克劳斯·梅耶尔等北欧料理专家携手，从食物采集、加工、烹制和就餐等各个方面进一步发展北欧饮食传统，提出了“纯粹”“新鲜”“简单”的新理念，鼓励厨师使用应季食材，精工传统技法，使菜肴能够突显当地气候与水土的特性，新派北欧料理就此诞生。哥本哈根的Geranium餐厅，就是这一理念最新的一位旗手。那里由名厨拉斯姆斯·考菲德（Rasmus Kofoed）掌勺，主打野生有机食材，运用现代烹饪技术，借鉴分子料理概念，把食客送进了精妙无比的美食新境界。

☛ **食得其所！** 推荐Geranium（Per Henrik Lings Allé 4, 8th floor, Parken National Stadium, Copenhagen），也可以去Bror和Restaurant 108。

© Thomas Degner / Copenhagen Media Centre

© Freya Mcomish / Copenhagen Media Centre

© Claes Bech-Poulsen

151

圭亚那圣诞家宴硬菜：辣肉锅

圭亚那// 辣肉锅（pepperpot）是圭亚那一道乌黑油亮的炖菜，里面的东西难以辨认，在当地圣诞家宴上就能吃到，炖起来要好几个小时，锅里一般会放牛肉、羊肉和猪肉，为了增加黏稠度，也会加入牛蹄筋、猪蹄或者猪尾巴，调料包括肉桂、辣椒和当地一种用木薯根制作的酱料（cassareep）。做好之后，家人分而食之，布菜的布菜，抢肉的抢肉，好不热闹。辣肉锅据说是由1万多年前来圭亚那定居的美洲原住民发明的，代代相传至今，很能体现圭亚那兼容并蓄的饮食乃至文化特质。搭配的主食要选厚实的白面包，蘸起酱汁来可谓得心应手。

☛ 食得其所！ 圣诞节没有圭亚那人请你到家吃饭？那就去乔治敦的German's Restaurant（8 New Market St和Mundy St交叉路口）试试。

152

海滩小馆里吃鸡肉曼巴，体会安哥拉的惬意悠闲

安哥拉// 在安哥拉吃过了鸡肉曼巴（muamba de galinha），你肯定会想不明白，亚撒哈拉地区的饮食怎会被世人如此地冷落。在罗安达岛海滩上那一排茅草顶的餐厅里，你会发现当地人和游客都会点上这么一碗香浓火辣的炖菜，就着啤酒逍遥快活。葡萄牙人数百年的殖民历史，在辣椒、大蒜与番茄等原料身上得到了体现，火红的颜色则是非洲油棕身上产出的棕榈油。鸡肉先在棕榈油中腌制入味，随后与秋葵和南瓜一同烹制，吃的时候搭配一种用木薯粉或者玉米粉制作的羹团（funge）。你大可以用这种美味，打发掉一两个小时。

☛ 食得其所！ 罗安达岛拥有美丽的海滩，岛上许多餐厅都有这道让人飘飘欲仙的安哥拉国菜。

Monica Galetti

莫妮卡·加勒提

莫妮卡·加勒提是BBC《厨艺大师》节目的资深评委，此前曾在世界著名餐厅La Gavroche担任副厨多年，最近在伦敦开办了餐厅Mere。

01

在新加坡吃咖喱蟹配炸馒头：这种街头小吃，我5年前在新加坡第一次吃到，此后只要去新加坡，肯定会吃。

02

在阿曼吃烤全羊：在这个拥有千年历史的市场里，店家提前一天买好山羊，在肉上涂抹孜然和小茴香，然后用锡纸包好，埋到一个大火坑里进行焖烤。

03

在太平洋群岛吃生鱼：太平洋群岛是我的家乡，那里有道菜就叫"生鱼"，做法与南美的酸汁腌鱼生不太一样，鱼肉是用椰奶来腌的，里面也会放一点点青柠、番茄和黄瓜。

04

在新西兰吃太妃波奇冰激凌：这种冰激凌用香草打底，里面有成块的海绵太妃，现在我的餐厅里也有，因为它会让我想到家乡。

05

在我的朋友普拉特的家里吃柠檬淋汁蛋糕和蒸橘子布丁：没有多少人敢做东西给我吃，但我的朋友普拉特和肖恩做的这两道甜点让我大开眼界。

153

前往纽约熟食老店，吃大大的芝士蛋糕

美国// 芝士蛋糕是美国最有代表性的甜品，以碎曲奇做底，上面放上奶油奶酪、鸡蛋和糖（有些做法也会加入酸奶油）烘焙而成。小巧精致的芝士蛋糕，在美国是很难找到的，因为美国人觉得它总该五大三粗才好。去"大苹果"纽约城品尝这种大蛋糕，这才是大大的好事。里奥·林德曼（Leo Lindemann）创立的纽约传统犹太熟食店LINDY'S，是芝士蛋糕人气的缔造者。他家的芝士蛋糕体积超大，上面有的铺着亮闪闪的草莓，有的插着一块块布朗尼，有的浇着旋涡一样的焦糖。

☛ 食得其所！ 下曼哈顿有一家Eileen's Special Cheesecake（17 Cleveland Pl, New York），那里的芝士蛋糕除了经典的草莓口味，还有"石板街冰激凌"（rocky road）和"椰林飘香"（piña colada）等新奇口味。

153

© Daniel Di Paolo

154

用波兰饺子庆祝克拉科夫饺子节

波兰// 波兰饺子（pierogi）虽然朴实无华，却是波兰献给世界美食界的一份厚礼，你要是到现在还没吃过，只能说明你是"井底之蛙"。波兰饺子个头不大，馅里的主料是牛肉、猪肉、嫩牛肉或者鸡肉，配料包括酸菜、土豆和奶酪。虽然饺子在波兰随处可见，但8月里来克拉科夫（Kraków）吃饺子才叫最好，因为那时候，这座城市会举办一年一度的饺子节。城中各家饺子馆会摆开摊位，卖力地讨好游客和评委，争夺"最好吃、最有创意的饺子"以及"最受大众喜爱的饺子"这两个奖项。届时，除了肉与土豆这种传统馅料，新鲜花样一定比比皆是——2016年的冠军饺子，就是用鸭肉杏仁做馅的。烹饪展示、饺子比赛外加音乐演出，乐趣绝对不少。

☛ 食得其所！ 饺子节每年于波兰克拉科夫小市场广场（Small Market Square）上举行。

154

© StockFood / Baranowski, Andre

155

在阿尔及尔吃马克鲁，享受忙碌前的小惬意

阿尔及利亚// 典雅的公寓楼、宽阔的林荫道以及繁忙的咖啡馆，无不体现着法国文化对阿尔及利亚的影响。到了这里不妨入乡随俗，早上来一杯薄荷茶，点一份马克鲁（makroudh），边喝边吃边打望。这种阿尔及利亚特色点心，由粗粒小麦粉制作而成，里面用椰枣和杏仁酱做馅，外面浇上蜂蜜，每一块都是菱形的，从外形和味道上就可以看出土耳其的元素。在游览阿尔及尔喧嚣混乱的市中心之前，享用这样一顿早餐堪称完美。

☛ **食得其所！** 推荐Café Aroma（Bab Ezzouar, Algiers）。

156

夜宵的升级版：冰岛龙虾

冰岛// 喝醉了、玩饿了的派对动物，深夜应该买哪种外卖垫补一下？雷克雅未克人对此的回答令世人刮目相看：龙虾！这里需要解释一下：冰岛龙虾更像国内的小龙虾，并不是那种张牙舞爪的大龙虾，但肉质同样鲜嫩多汁，味道偏甜。吃法有三种：一是做成汤，里面只加一点点辣椒提味；二是做成简单的沙拉；三是加上蛋黄酱和弄碎的玉米片，做成三明治。

☛ **食得其所！** 推荐雷克雅未克的Lobster Hut（Hverfisgata和Loekjargata交叉路口）。

157

土耳其软糖：真东西，真好吃

土耳其// 土耳其软糖（lokum）在土耳其已有数百年历史，国外卖的那种软糖多是批量生产的，口感如橡皮，一股香精味，让许多西方人颇感失望，但到了土耳其，吃过“真东西”，自然高下立判。当地的软糖会用玫瑰水、柠檬或者苦柑提味，四四方方，色彩鲜亮，此外也有在开心果或者杏仁里滚出来的坚果软糖，以及类似牛轧糖的牛奶软糖。你可以从软糖摊上买一些，饭后搭配土耳其咖啡一起享用，那种先苦后甜的感觉，小心欲罢不能。

☛ **食得其所！** 伊斯坦布尔的香料市场里有数百个卖土耳其软糖的摊位。

158

加泰罗尼亚人的简约：面包抹番茄

西班牙// 加泰罗尼亚人口味尚简，这从当地两种食物上便可见一斑。面包抹番茄（pa amb tomaquet）与面包抹油（pa ambo li），在这里全天供应，可以作为零嘴，也可以作为正餐中的一道小菜。食物本身非常简单，但吃的时候却要严格遵守顺序：面包片上必须先抹蒜，再抹番茄（不是番茄酱！），然后加盐，最后加橄榄油。加泰罗尼亚的某些餐厅甚至只会把食材放到你面前，让你自己动手组合，想来也是一件好事。

☛ **食得其所！** 加泰罗尼亚地区的西班牙小吃吧里都有。

159

波斯尼亚和黑塞哥维那烤肉，烤肉中的巨无霸

波斯尼亚和黑塞哥维那// 波斯尼亚和黑塞哥维那人吃烤肉（ćevapi），分量实在吓人。别怕，你可以先点上半份探探路。当地的烤肉外形像香肠，但外面没有肠衣，半份也有5根，肉碎里用大蒜调味，吃的时候要搭配洋葱丁和一种叫“somun”的口袋饼。这种烤肉到处都有，所以最好先在历史悠久的萨拉热窝（Sarajevo）展开一场美妙的步行游览，什么时候肚子叫了，再做选择也不迟。

☛ **食得其所！** 萨拉热窝老城里任何一家餐厅和外卖点都有。

160

乌干达劳力士：不是名表是小吃

乌干达// 乌干达有种街头小吃叫“劳力士”（rolex），与那款名表一样，都是“魅力恒久远”。所谓“劳力士”，不过是在一张烤饼里卷上一份煎蛋，外面通常要用报纸包起来，拿在手里边走边吃，非常方便，作为早餐，在坎帕拉（Kampala）街头人气始终不减。人们本来管这种小吃叫“rolled eggs”，也就是“卷鸡蛋”，但因为读快了很像“劳力士”，这个名字也就将错就错地传了下来。

☛ **食得其所！** 坎帕拉街角那些做煎饼的小贩就卖“劳力士”。

161

斐济的帕鲁萨米：海滩休闲，地下飘香

斐济// 舒舒服服地躺在沙滩椅上，鼻子里突然闻到一丝诱人的味道，起身查看，香气竟是从地下飘出来的。你与“帕鲁萨米”（palusami）的初次邂逅，肯定是这样的。这道菜是斐济海岛生活小小的象征，主料是咸牛肉，里面混入大蒜、百里香、椰奶、洋葱和番茄，然后包在一张芋叶中，埋到地炉里。地炉（lovo）是美拉尼西亚的传统烹饪手段，借助炭火余烬便可将肉类烤熟。斐济人用的盐牛肉，一般都是罐装的，这样可以在热带气候中保存更久，但你回家自己做帕鲁萨米，完全可以替换成肉糜，然后把各种食材放到烤盘里送进烤箱烘烤，吃的时候开一听啤酒，身子往后一靠，脑子里想着斐济就行。

食得其所！ 当地人家里做的帕鲁萨米最好，但去餐厅Bounty Bar & Restaurant（79 Queens Rd, Nadi）吃也绝对错不了。

© Getty Images / Matteo Colombo

© GARY DOAK / Alamy Stock Photo

162

镇“桌”之宝哈吉斯，彭斯之夜乐翻天

英国// 每年1月25日晚上，苏格兰人会庆祝“彭斯之夜”（Burns Night），纪念民族诗人罗伯特·彭斯（Robert Burns）。活动除了诗朗诵、舞蹈与喝酒，最重要的就是一顿传统晚餐，菜肴包括哈吉斯（haggis）、尼普斯（neeps；切碎的芜菁甘蓝）和泰提斯（tatties；土豆泥）。没见过哈吉斯的人，会觉得它像是一个小号的橄榄球，将羊三宝（sheep's pluck；即羊心、羊肝、羊肺）、洋葱、燕麦、板油和香料混成陷，都填进羊肚里。听起来很恶心，看起来很可怕，吃起来……也需要适应。但在彭斯之夜上，你一定能感受到苏格兰人的热情好客，还能尽情享用苏格兰威士忌，即便东西吃不惯，也能度过一段美妙的时光。

食得其所！ 跟着自己最铁的苏格兰朋友，在爱丁堡老城区里找家酒馆去吃哈吉斯。

163

阿布罗斯熏鳕鱼，清新空气做配菜

英国// 提到苏格兰美食，哈吉斯名声最响，但实际上这里还有一种东西，名气虽然不大，却与香槟和帕尔玛火腿（prosciutto）一样都受到了欧盟原产地认证保护，只有在苏格兰东海岸的阿布罗斯（Arbroath）才能吃到，那就是熏鳕鱼（smokies）。阿布罗斯气候恶劣，大西洋大浪拍岸，从北极吹来的东北风呼啸而过，这道熏鳕鱼正是完美的“驱寒良药”。熏鳕鱼用的是当地的黑线鳕（haddock），鱼肉不去主骨，放在窑炉里用木火熏蒸，直至鱼皮色如青铜。烟与蒸汽让鱼肉拥有了一种浓郁的咸香，坐在室外，吹着清新的空气，品尝剔下的鱼肉，这种体验再妙不过。在当地，熏鳕鱼就和苏格兰其他地方的烟熏鲱鱼（kipper）一样，一般都当成早餐吃，只是制作更为精细。不管什么时候吃，这道苏格兰名菜一定会让你如获至宝。

☛ 食得其所！ Spink & Sons餐厅制作熏鳕鱼已历五代。在阿布罗斯的Old Boatyard和Old Brewhouse也能吃到。

164

在菲律宾闷热的夜晚，用希希格把猪肉一“盘”打尽

菲律宾// 和亚洲其他国家的料理相比，菲律宾菜在国际上的知名度不是很高。但只要吃过希希格（sisig），你也一定会为菲律宾鸣不平。这道菜又咸又酸，主料虽是猪肉，口感却很丰富，有酥酥的炸猪皮、黏黏脆脆的猪耳朵以及软滑的猪肝和猪脸。又是猪耳朵，又是猪肝，味道能好吗？相信我们，味道肯定好。猪脸和猪耳朵要切得很碎，先煨炖，然后加上肥肥的五花肉和嫩嫩的猪肝一起炒。调味除了辣椒，还要用到卡曼柑的酸汁。卡曼柑是当地一种特殊的柠檬，又小又圆，皮青肉黄。做好之后，希希格要盛到烧热的铁盘里端上桌，油水四溅，很有气势。在吕宋岛（Luzon）炎热的晚上，用这道菜搭配冰啤酒，美味无敌。

☛ 食得其所！ 菲律宾天使城（Angeles City）有家餐厅叫Aling Lucing Sisig(G Valdez St和Agipito del Rosario St交叉路口)，里面的老板娘露西亚·卡南南（Lucia Cunanan）让这道菜名扬四方，人称“希希格女王”。

163

© Infrequent_Flyer / Alamy Stock Photo

164

© Michele Falzone / Alamy Stock Photo

© Getty Images / jackmalipan

© Lonely Planet / Mark Read

165

柬埔寨阿莫克鱼：东南亚料理的一缕清风

柬埔寨// 夹在越南、泰国两大美食强国之间，柬埔寨其实也有独特的饮食，只是比较低调而已，味道一般不像越南菜、泰国菜那么浓烈。柬埔寨的国菜是阿莫克鱼（fish amok），完美体现了传统高棉风味与烹饪技艺。主材肯定是淡水鱼，通常是鲶鱼，有时也用黑鱼。制作时需要一种由鲜辣椒、山柰、姜黄、泰国青柠、大蒜和柠檬草调成的咖喱酱（当地叫kroeung）。咖喱酱加上椰浆、鱼露、棕榈糖和鸡蛋制成浓酱涂抹在鱼身上，然后进行烹制。传统的阿莫克鱼要包在蕉叶里蒸制，入口轻软蓬松，但柬埔寨许多餐厅现在也都喜欢把鱼放在锅里炒。鱼肉软嫩，酱汁带着奶香，较为清淡。不习惯重料重辣的东南亚料理，可以拿阿莫克鱼试试水，吃腻了的，也可以拿它换换口味。

食得其所！ The Corn（26 Preah Suramarit Blvd, Phnom Penh 12000）听名字不像是柬埔寨的餐厅，但柬埔寨特色菜做得非常好。

© Lutz Jaekel / Laif / Camera Press London

166

在约旦，没有什么事是一顿手抓饭不能解决的

约旦// 根据约旦文化的传统，要是家族、部落间产生了矛盾，需要由一人做东，把两边的长老、族长请到家里，面对面来解决。为了表示敬意，主人家一定会杀掉一只绵羊，做成一大锅手抓饭（mansaf），请在座各位共享。香气四溢的手抓饭，高高地堆在面前，大家你一口我一口，矛盾分歧自然烟消云散。制作手抓饭，需要把米饭与用香料腌制过的羊肉放到一种奶汁里炖煮，上面还会撒上烤杏仁和松子。上饭的时候，先要在巨大的餐盘上铺一张约旦特色馕饼，再把饭盛到饼上。吃的时候只能用右手，左手一定背到背后，每次撕下一小片饼，夹上一团手抓饭，再送到嘴里。舔手指代表你吃饱了，所以要等到整顿饭结束才能舔。整场体验下来，你肯定会明白，同吃同享何以让人相敬相亲。

食得其所！估计你没有什么部落矛盾要解决，所以想吃手抓饭，还是去Sufra餐厅（Al Rainbow St 26，Amman）吧。

© Lonely Planet / Mark Read

167

柏林咖喱肠：供在博物馆里，传遍大街小巷

德国// 德国招牌小吃咖喱肠（currywurst），在柏林真的拥有一家专属的博物馆，可见其在柏林人心目中的地位非同小可。这种猪肉香肠，制作时需要先蒸后炸，吃上几次就能让你爱得死心塌地。香肠上面除了要浇番茄酱，还要撒些咖喱粉，那才是咖喱肠美味的关键。卖咖喱肠的小摊在柏林遍地都是，观光的时候，什么时候想吃都可以买上一盘子。大多数摊主都会把香肠给你切好，旁边再放一些薯条。

食得其所！ 推荐Curry 36（Mehringdamm 36, 10961 Berlin, Germany）。那里肯定要排队，但排队才说明东西好。

© Lonely Planet / Tom Mackie

© Getty Images / golubovy

168

和格鲁吉亚人比赛，看谁饺子吃得多

格鲁吉亚// 吃格鲁吉亚大饺子（khinkali），要讲究顺序：先捏住花朵一样的饺子褶咬一小口，让里面的热气散一散，然后再大口把下边全咬进去，留下褶花放到盘子里摆好充当“战利品”。仅凭馅料，你基本上就可以判断大饺子的“家乡”：低地地区常用牛肉和猪肉做馅，高山地区则主选羊肉。但不管在哪儿吃，味道肯定很好。肉馅中会用香草与香料提味，做熟之后内有鲜香的浓汁，类似中国的小笼汤包，所以咬第一口的时候，要做好准备。如果一顿能吃下两位数，身边的当地人肯定会向你投来钦佩的目光。

食得其所！ 在格鲁吉亚较大的城市里，几乎任何一家主打传统菜肴的餐厅都有大饺子。

169

法式小馆的经典，库克先生三明治

法国// 把简简单单的火腿奶酪三明治，点化成卖妻鬻子也要吃的极品美味，法国人的手段就是这么高明。这款库克先生三明治（croque monsieur），里面基本上就是火腿、奶酪（一般是格吕耶尔奶酪或者爱蒙塔尔奶酪）、第戎芥黄酱和白汁酱。但巴黎那些法式小馆里的厨师们一经手，就能让你感觉只有口中融化的奶酪才是头等大事，其他世间一切都是浮云。巴黎左岸Café Trama里的库克先生三明治堪称美食传奇，门前街上那些典雅的公寓楼则是巴黎的建筑传奇。他家不用格吕耶尔奶酪，用的是带坚果味、口感香浓的孔泰奶酪（comte），三明治上面还要撒上松露盐，白汁酱在烘焙过程中会在面包片上结成一层轻薄的脆皮，刚出炉的时候最好吃。

☛ 食得其所！ 巴黎任何一家咖啡馆都有，但我们建议你前往气质优雅的圣日耳曼德佩区（Saint-Germain-Des-Prés），到Café Trama（83 Rue Du Cherche-Midi）去品尝。

170

菠萝蜜咖喱：日后必成大器

斯里兰卡// 许多旅行者都把菠萝蜜误认为是奇臭无比的榴莲，对其敬而远之，这实在是可惜。菠萝蜜可谓是水果中的“大怪兽”，一只的重量可达30公斤，不但果肉可以为人类提供丰富的营养，植株其他部分也能制成木材、胶水与染料使用，树叶还能用作牲畜饲料，可以说浑身都是宝——甚至有人计划将其推广种植，未来可能会解决数百万人的饥饿问题。在孟加拉湾中的天堂岛国斯里兰卡，人们发现尚未成熟的菠萝蜜果肉口感像肉，于是便把它做成了菠萝蜜咖喱（polos）。这道菜之所以能在咖喱遍地的斯里兰卡大受欢迎，除了菠萝蜜，里面放的椰奶、刺激的香料以及又甜又辣的辣椒，可能都有功劳。

☛ 食得其所！ 推荐历史悠久、美食迷人的海滨城市加勒（Galle）。除了吃菠萝蜜咖喱，别忘了到乌纳瓦图纳海滩（Unawatuna Beach）上踩踩沙子。

171

意大利餐前小食：让美味再飞一会儿

意大利// 在晚餐前用一款酒水打开胃口，再用若干小吃垫补肚子，好让人在大菜面前不至于狼吞虎咽，无形中延长了口福之享，顺便还能沟通沟通感情——能想出这样的主意，说明意大利人都是爱交朋友的美食家。餐前小食（aperitivo）是意大利的优良传统，想要穷尽其妙，一定在19:00左右找一家当地酒吧，从满满一柜台的开胃小吃里点上几样，再点一杯开胃酒——比如金巴利（Campari）、尼克罗尼（Negroni）或者阿佩罗（Aperol）。不管是名不见经传的村镇广场，还是大名鼎鼎的圣马可广场（St Mark's Square），意大利到处都是欣赏美的胜地，等待服务员把小吃、酒水端上来的时候，不妨欣赏一下眼前的男男女女。虽说花上大约9欧元已经可以让你吃得忘记晚餐，但到了意大利却不吃晚餐，你想什么呢？

食得其所！ 意大利各地都有餐前小食，但在米兰、博洛尼亚和都灵等北部城市体验最棒。

© Getty Images / Masahiro Makino

© Lonely Planet / Matt Munro

172

吃过藏式汤面，挑战喜马拉雅

尼泊尔// 在尼泊尔以及中国西藏的喜马拉雅山区，你都能吃到藏式汤面（thukpa），但尼泊尔的藏式汤面里还会放辣椒、青椒、姜黄和印度什香粉（garam marsala），所以馋嘴指数还要略高一点点。尼泊尔的小扁豆汤配米饭（dal bhat）再好，也有吃腻的时候，此时刚好可以用汤面换换口味。面条是大米面的，蔬菜放了许多，汤汁香浓，而且因为加了鸡块，蛋白质也不缺，用这种方式为明天的登山蓄积能量，你肯定喜欢。

食得其所！ 加德满都博达哈大佛塔（Boudhanath Stupa）周围的餐厅里就有。

173

曼谷冬阴功汤，汤中的超级巨星

泰国// 曼谷哪家的冬阴功汤（tom yum goong）最最好吃，每个人都有自己的答案，但首先你得弄清一件事，你是想喝清汤（nam sai），还是想喝加了炼乳的奶汤（nam khon）。清汤也好，奶汤也好，冬阴功汤肯定是又酸又辣，柠檬草、青柠和辣椒的味道清晰可辨。曼谷爱喝冬阴功汤的人目前已经形成了一个地下粉丝团，在社交媒体上评来选去，“第一”说变就变，你最好提前做点功课。

食得其所！ 奶汤比清汤少见，Mit Ko Yuan（186 Thanon Dinso, Phra Nakhon, Bangkok）的奶汤冬阴功汤值得一试。

174

用香甜的阿里妈妈，消解开罗的喧嚣

埃及// 开罗街头喧嚣不堪，酷热难耐，哪怕是对此习以为常的人也都想躲进空调房里闭门不出。不出来可以，但你最好先到街边咖啡馆里，买上一份阿里妈妈（umm ali），吃到肚子里给自己鼓鼓劲。这种甜甜的糕点外形类似西亚的果仁千层酥（baklava），但味道呈现出鲜明的北非特色。面团浸在水牛牛奶和蜂蜜中，用肉桂和小豆蔻调味，加上烤开心果进行烘焙，最终形成一层蓬松的酥皮。吃完之后干吗？爱干吗干吗！

食得其所！ 开罗的El Malky（28 El Mashhad El Husseiny St, Cairo），当地人和游客都喜欢。

175

吃泥炉烤鸡，感受德里的火辣

印度// 想在德里吃到最好的印度北方料理，可以去潘达拉路市场（Pandara Road Market）里的那些餐厅试一试。那里的东西不但好吃，更便宜得荒唐，比如在Pindi吃泥炉烤鸡（tandoori），一整只还不到35人民币。泥炉烤鸡的名字来自烘烤鸡肉的泥炉（tandoor），鸡肉需要在奶酪或者酸奶中腌制，里面还要放上多种印度香料，其中包括卡宴辣椒（cayenne pepper）以及红辣椒面——烤鸡鲜亮的颜色便来自此处。

食得其所！ 除了泥炉烤鸡，Pindi（16, Pandara Road Market, New Delhi）其他各种鸡肉菜也都很有名。

176

© Lonely Planet / Matt Munro

176

酸麦汤，热啤酒，克拉科夫雪中走

波兰// 冬季来到克拉科夫（Kraków），在白雪皑皑的中世纪古街上漫步，时间长了肯定得吃点东西暖暖身子。不妨到犹太区找家咖啡馆，点一份酸麦汤（żurek），来一杯热啤酒（grzane piwo）。酸麦汤是盛在一块掏空的面包里的，里面的咸火腿、辣香肠和土豆平衡了汤中的酸味。热啤酒里加入了肉桂和小豆蔻提味，还能品出温暖刺激的姜味。

食得其所！ Szynk（Ul Podbrzezie 2, Kraków）主打波兰传统菜，值得推荐。

177

吃香港龙须糖，为商场血拼加油

中国// 龙须糖昔日乃是皇家贡品，现在平民百姓也能吃到，在香港各大商场里的美食车上就能找到。其成分包括玉米糖浆、面粉和白糖，糖团被不断拉扯，越来越细，最终的糖块就像是一个个蓬松的小云朵，里面因为加了花生碎和椰蓉，吃起来不但甜，还有坚果的香味。龙须糖受热受潮后会有些融化，买来边走边吃倒是很合适，还能防止因血糖过低，而影响你的血拼大计。

食得其所！ 香港各大商场内都有龙须糖售卖。不想去商场，香港机场里也能买到。

178

前往墨西哥，撮合"离婚蛋"

墨西哥// 和奇琴伊察这种古玛雅遗址一样，鸡蛋也是墨西哥文化的重要组成部分。当地有一种用鸡蛋做出的食物，名字很有火药味，叫"离婚蛋"（huevos divorciados）。盘子里盛着两份煎蛋，一份用青苹果辣酱调味，一份用红番茄辣酱调味，味道看似矛盾重重，入口却十分融洽，你吃来吃去，也许会让这两口子破镜重圆——不过有些餐厅，故意用炸豆子在盘中隔开两份煎蛋，"复婚"之事再无可能。

食得其所！ 早餐时间前往装潢气派的Café de Tacuba（Alle de Tacuba 28, Centro Histórico, Mexico City），就会遇到这对"问题夫妻"。

179

俄罗斯早餐标配，莫斯科奶酪煎饼

俄罗斯// 大多数俄罗斯人都会做奶酪煎饼（syrniki blinis），而且各有秘方，所以最好能想办法让当地人邀请你去家里做客。里面用到的奶酪在当地叫"tvorog"，又酸又软，类似里科塔奶酪，但质地偏干。奶酪用细砂糖和香草增加甜味，煎炸之后撒一层糖霜，趁热搭配果酱和俄罗斯酸奶油（smetana）享用。奶酪煎饼味道微酸，品相精致，最适合在早上与朋友亲人边吃边聊。

食得其所！ 自家做的最好，但俄罗斯各大城市的咖啡馆里也有。推荐莫斯科的Praga-Ast，他家的奶酪煎饼堪称完美。

© Getty Images / antorti

© REDA &CO srl / Alamy Stock Photo

180

皮卡龙：利马深夜解酒利器

秘鲁// 世界上每一种伟大的文明，总会附带某种油炸甜点，好比美国的甜甜圈，西班牙的吉事果，法国的贝奈特饼，苏格兰的那个油炸巧克力棒（deep-fried Mars bar）。秘鲁人当然不肯落后，他们用自己的热情与才智，为世界献出了皮卡龙（picaron）。制作皮卡龙，需要把甜薯和当地一种叫"macre"的小南瓜做成糊，然后和面粉、酵母与糖混合，做成一个个圆圈，最后过油炸制，直至颜色棕黄，吃的时候要抹上一种甜甜的糖浆（chancaca）。利马Barranco酒吧那些深夜狂欢的主顾，就喜欢到街头美食车那里买些皮卡龙给自己解酒，你也可以加入他们的队伍。

食得其所！ 推荐酒吧Barranco和Miraflores。也可以去美食车Picarones Mary（Parque de la Amistad, Santiago de Surco, Lima）。

181

新奥尔良宿醉偏方：萨尔杜蛋

美国// 到了新奥尔良，你肯定会去花园区（Garden District），到了花园区，不妨找到那家Commander' s Palace餐厅，尝尝"新奥尔良的班尼迪克蛋"——萨尔杜蛋（eggs sardou）。19世纪的法国剧作家维克托利安·萨尔杜（Victorien Sardou）当时遍游美国，当地Antoine' s餐厅的老板安东尼·阿尔夏托雷（Antoine Alciatore）为了招待他，特意新创了这道萨尔杜蛋。看上去和班尼迪克蛋很像，主料也是荷包蛋，但鸡蛋下面铺的不是菠菜，而是洋蓟，上面还会用松露点缀，另外还可能加些火腿。今天，新奥尔良大多数餐厅做萨尔杜蛋时会同时用到洋蓟和菠菜，这种"多多益善"的作风，倒也符合这座乐活之城的气质。

食得其所！ Commander' s Palace（1403 Washington Ave）曾在卡特里娜飓风中受损，修复之后很是漂亮，值得留意。

© Lonely Planet / Kris Davidson

12
94

© wendy connett / Alamy Stock Photo

182

亚萨鸡：塞内加尔的“功夫鸡”

塞内加尔// 一道菜要是能火遍整片大陆，肯定有其独特之处。亚萨鸡（poulet yassa）的美味与成功，离不开对鸡肉进行的长时间腌制——有些厨师认为8小时最佳——所用酱汁由柠檬汁、辣椒、芥黄和洋葱调成，鸡肉入味之后，味道柔和却不乏层次感，辣味很轻。腌好之后的鸡肉，再加花生油烹制，直到洋葱焦化，鸡肉软嫩。

☛ **食得其所！** 达喀尔（Dakar）的凯梅尔市场（Marché Kermel）有几个摊位卖亚萨鸡，但冈比亚南部的卡萨芒斯（Casamance）才是亚萨鸡的发源地。

183

去福建吃颠覆你“三观”的沙县小吃

中国// 虽然沙县小吃横扫全中国，但只有在其发源地福建省三明市沙县才能找到正宗的好味道。只有在沙县才能尝到不耐保存的豉油酱，正是这样的酱料才能让彷如广式水晶虾饺的烧卖活色生香；只有在沙县，本地的豆腐和红菇的结合才是香甜爽滑的；也只有在沙县，扁肉是结实的，拌面是筋道的。你平时吃到的沙县小吃和沙县本地卖的小吃，无论从味道还是品种上都有云泥之别。米冻皮、夹饼、金包银……忘掉你家门口的扁肉、拌面和蒸饺吧，来沙县重塑对沙县小吃的“三观”，在那些肥姐、阿狗和宝珠等名字俗到掉渣的店里才藏着真正能纵横全中国的沙县味道。

☛ **食得其所！** 最地道的小吃聚集在老市区的索桥边，李记（滨河路索桥头）最为出名。

184

前往瓦哈卡，咔嚓咔嚓吃蚂蚱

墨西哥// 想吃墨西哥的烤蚂蚱（chapulines），可以选择的地方不少，但贝尼托·华雷斯市场（Mercado Benito Juárez）绝对排第一。市场位于“我为食狂”的瓦哈卡州首府瓦哈卡市（Oaxaca），这座美丽的山城是墨西哥罕见的生态旅游目的地之一。市场的历史在瓦哈卡称最，食品与工艺品满眼都是，其中就能找到辣辣的烤蚂蚱。蚂蚱肉本身味道较怪，入口厚重，大蒜、青柠汁和盐等调料的滋味从中脱颖而出。大可以买上一杯子，边吃边逛，逛个心满意足。

☛ **食得其所！** 推荐贝尼托·华雷斯市场（Oaxaca, Centro, 68000 Oaxaca）。

185

紧抓扇贝馅饼，游遍塔斯马尼亚

澳大利亚// 塔斯马尼亚（Tasmania）岛内拥有大片大片的肥沃农田，四周纯净的大海里海鲜无数，如今能发展成美食目的地，这个结果不用想也能猜到。在这里吃奶酪，品凉爽气候里酿造出的葡萄酒，喝威士忌，享高端大餐，驾车环游海岛，偶尔到雨林里散散步，拿出一天时间去霍巴特（Hobart）逛逛古今艺术博物馆（MONA），这样的假期，格调不要太高！在做菜方面，塔斯马尼亚人是出了名的"简约派"，他们那道著名的扇贝馅饼（scallop pie）就很简约：先把整只扇贝肉放到咖喱酱里炖好，再当作馅做成贝壳形的酥皮点心。当地产的扇贝肉质肥厚，味道略甜，因为产量丰富，所以在哪里吃，都超级新鲜。咖喱酱汁有带奶油味的，也有带芥黄味的，具体配方每家面包房都不同，但再怎么好，也掩盖不住扇贝的光芒。

☛ **食得其所！** 仔细安排路线，来一场馅饼主题自驾！第一站一定要去Exeter Bakery（104 Main Rd, Exeter, Tasmania），他家做馅饼的手艺，已经磨练了一个多世纪。

© Ben Dearnley / Bauer Media / Camera Press London

© Getty Images / Laura Harker / EyeEm

186

英国猪肉派：馅外有冻，冻外有皮

英国// 英国经典小吃猪肉派，和许许多多带肉的东西一样，最初都是家庭主妇为了略微延长肉类保存时间而想出的办法。咬下一口，你会发现里面的肉馅与外面的酥皮之间还有一层肉冻。这层肉冻不但吃起来更有质感，能与猪肉的软嫩和表皮的酥脆形成口感上的反差，实际上还能让肉馅与空气隔绝，使其不易变质。猪肉派从来都是冷着吃的，可以找一家英式酒馆，搭配一些泡菜或者芥黄酱，再用一杯柔和的英国啤酒画龙点睛。传统的馅饼店也是一个选择，那里除了猪肉派，还有无数种其他馅饼，肉馅、素馅、奶酪馅应有尽有。莱斯特郡的梅尔顿莫布雷镇（Melton Mowbray）拥有全英国最好吃的馅饼，2009年甚至得到了欧盟PGI（地理标志保护）认证。

☛ **食得其所！** 可以试试馅饼店Nice Pie（Gorse Farm, Old Dalby, Melton Mowbray）。

© Shutterstock / Lisovskaya Natalia

187

勃艮第风味蜗牛：潜入14世纪第戎的墓穴，死心塌地地爱上蜗牛

法国// 对于蜗牛这种黏糊糊的小家伙，食客的态度非黑即白——爱吃的爱死，不爱吃的厌死。如果你属于后者，最有可能让你转变看法的一道菜就是勃艮第风味蜗牛（escargot à la Bourguignonne），最有可能让你转变看法的地方就是第戎（Dijon）的La Dame d' Aquitaine餐厅。餐厅由一座14世纪的地下墓穴改造而成，氛围神圣，装潢豪华，哪怕只进来坐一坐，每人就要交30欧元。值吗？我们觉得值。勃艮第风味蜗牛是勃艮第地区的经典前餐，所用蜗牛都是在野外采集的，肉厚味甜，十分珍贵。烹饪讲究水煎，里面要狠狠地放黄油、西芹和大蒜，火候要保证蜗牛肉质实而不韧，充分吸收酱汁的浓香。这道菜总要搭配新鲜酥脆的法国面包，剩下的黄油蒜汁，刚好可以用面包蘸着吃——这种诱惑，谁能拒绝？

☛ **食得其所！** 推荐由地下墓穴改造的华贵餐厅La Dame d' Aquitaine（23 Place Bossuet，Dijon）。

188

在热热的马尼拉，吃凉凉的刨冰

菲律宾// 菲律宾的夏天热得让人没精打采，想要打起精神，最好的办法就是吃一份“哈罗哈罗”（halo-halo）。这种当地特色刨冰五颜六色，天马行空，像是《查理和巧克力工厂》里的食物，甜甜的豆子有红有白，菠萝蜜、椰肉、西米、木薯、甜芭蕉和甜凉粉（gulaman）汇聚一堂，上面盖上刨冰，浇上甜甜的炼乳，再舀一勺紫薯冰激凌就可以吃了，堪称热带酷暑的完美解药。

食得其所！推荐马尼拉热门连锁餐厅Chowking。

189

用哈里萨碰触亚美尼亚的灵魂

亚美尼亚// 哈里萨（harissa）是亚美尼亚一种小火慢炖出来的小麦鸡肉糊，从前只在特殊场合才吃，现在成了国菜，所以埃里温（Yerevan）各家餐厅全年都会做。其制作过程极为耗时，一整只鸡与小麦一同熬制，期间要不断地搅拌，最终浓稠如粥，面目全非。哈里萨味道香醇，营养丰富，体现了亚美尼亚人在困境面前百折不挠的精神。

食得其所！埃里温到处都有主打亚美尼亚传统菜的餐厅，随便找一家都行。

190

广式生滚粥：喧闹中的暖心体验

中国// 在广东很多城市，一天的忙碌就是从一碗温暖的粥开始。广式生滚粥中，家常便粥有皮蛋瘦肉粥、鱼片粥、牛肉粥、滑鸡粥等，而考究功夫的代表作则是艇仔粥和状元及第粥。伍湛记是广式生滚粥的必去之处，粥品制作精良、鲜味可口，粥底以瑶柱、腐竹、猪骨等原料熬制，味道鲜美。伍湛记的及第粥已有40多年的历史，每逢早上和午市，这里都挤满了排队买粥的人。

食得其所！位于广州市荔湾区龙津东路871号的伍湛记。

188

© EyeEm / Alamy Stock Photo

191

圣保罗“准将巧克力球”：源于美貌的美食

巴西// “准将巧克力球”（brigadeiro）这种美食的诞生，竟然与美貌相关。传说在20世纪40年代，巴西有一个人叫伊瓜尔多·戈麦斯（Eduardo Gomez），军衔是准将（Brigadier），生得英俊貌美，迷倒了万千女性，但常年单身，因而引来无数哀怨叹息。女人们伤心了怎么办？当然是求助于巧克力了，“准将巧克力球”因而诞生。这种巧克力软糖由炼乳、黄油和巧克力制作而成，可以一口一个，如今在忙碌的现代都市圣保罗，仍然很容易就能找到。

☛ 食得其所！ 推荐圣保罗的Brigadeiro Doceria & Café。他家在Av Brg Faria Lima、Rua dos Pinheiros和Rua Padre Carvalho上都有分店。

192

去马德里参拜“火腿之王”：伊比利亚火腿

西班牙// 伊比利亚火腿（jamón ibérico）是世界上的极品火腿，口感精妙偏甜，带坚果香。制作这种火腿，用的是牧场中放养的伊比利亚黑猪，饲料就是青草和地上散落的橡果，腌腊时间超过两年。西班牙各地的酒吧餐厅，都会把蹄子黑黑的火腿挂在店里，仿佛是某种造型恐怖、却又令人垂涎的“吊灯”。吃的时候，火腿肉会被片成纸一样的薄片，黑红色的火腿片上可以看到大理石纹路的肥膘，入口即融。你可以把火腿放到吐司上，搭配新鲜番茄和橄榄油或者甜瓜片一起吃，但单吃火腿，感觉最好。

☛ 食得其所！ 去马德里的圣米盖尔市场（Mercado de San Miguel; Plaza de San Miguel, s/n），能吃到现片的伊比利亚火腿。

193

德里油饼巷，油饼随便挑

印度// 德里有条窄窄的油饼巷（Paranthe Wali Gali），仿佛德里城的缩影，是一个人山人海、混乱不堪的“马戏团”，到处都是饥肠辘辘的食客，来此专为寻找一种美味——油饼（paratha）。印度油饼里面有馅，油炸而成，巷子里卖油饼的餐厅和摊位接近30家，每家的油饼都好吃。师傅们干活都在大庭广众之下，不管是塞馅还是过油，速度快得吓人，让你的眼睛根本看不过来。

☛ 食得其所！ 油饼巷（Chandni Chowk, Delhi）里的油饼，馅料既有香辣土豆这种传统风味，也有菜花奶酪这种新鲜创意。

© Getty Images / Westend61

© Shutterstock / casanisa

194

黑森林樱桃蛋糕：藏在黑森林里的“老秘密”

德国// 遮天蔽日的树林，潜藏隐秘的瀑布，冰川造就的湖泊……这样的黑森林（The Black Forest）很像是童话般的存在。森林中间有一座小城叫特里贝格（Triberg），来到这里的游客仿佛童话中的韩塞尔与格蕾特，但吸引他们的并不是糖果屋，而是黑森林樱桃蛋糕（schwarzwälder kirschtorte）。这种蛋糕由打发的奶油和浸过樱桃酒的巧克力蛋糕一层层地垒起来，你只有白天去森林中徒步，拜访过了特里贝格的奇美瀑布，回来才有资格拿它“堕落”。黑森林樱桃蛋糕的发明者是约瑟夫·凯勒（Josef Keller），他当年的那本烹饪书如今掌握在克劳斯·沙菲尔（Claus Schaefer）的手中。克劳斯现在是特里贝格Café Schäefer咖啡馆的糕点师，他的樱桃蛋糕恪守传统，与1915年的做法不差分毫。

☛ 食得其所！ 想来Café Schäefer（Hauptstrasse 33, Triberg）品尝最正宗、最好吃的樱桃蛋糕，一定要趁早，这样才能避开乘坐大巴蜂拥而至的游客。

195

肯尼亚烤肉：天下烤肉，莫过于此

肯尼亚// 世界上有不少国家都在争夺“烤肉第一强国”的头衔，作为其中一位选手，肯尼亚对烤肉的热情分毫不输，只是没有得到世人应有的关注。烤肉在斯瓦西里语中叫“nyama choma”，当地人不管是在家里还是在街上，在路边小馆之中还是在节日庆典之际，只要能凑够几个人，基本上肯定要生起火来，愉快地开始烤肉。山羊肉和牛肉最常见，调味只用盐与油，便能烤出完美的味道，一般要搭配番茄洋葱沙拉（当地叫kachumbari）和玉米羹（ugali）。

☛ 食得其所！ 内罗毕的肯尼亚市场（Kenyatta Market; Mtongwe Rd）里就有烤肉摊，能把你香到忘乎所以，其他地方不去也罢。

196

瑞典圣诞饼干：有颜值，有美味

瑞典// 瑞典圣诞饼干（pepparkakor）是一种又薄又脆的小姜饼，造型天马行空，少了它，瑞典就过不成圣诞节。姜、肉桂、丁香与小豆蔻为饼干带来了一种暖暖的香味，糖和糖浆（当地叫sirap）则是甜味的担当。模具不同，饼干形状也不同，心、星、人、山羊和猪（在古代是生育力的象征）都有，吃的时候最好搭配一杯温酒（glögg），更可以顺着瑞典人的经典套路，在每天小憩的啡咖（fika）时刻和咖啡一起吃。

☛ **食得其所！**在瑞典当地的圣诞市场里就能找到喜庆的圣诞饼干。对了，宜家里也有。

© Shutterstock / Yvonne M. Cornell

197

鱼子泥：古希腊饮食遗产

希腊// 用口袋饼（pita）蘸鱼子泥（taramasalata），这种吃法在希腊不知流传了多少年。当年的斯巴达人对鱼子泥一定不会陌生，说它推动了古希腊的文明进程也不为过。鱼子泥由新鲜鱼子、柠檬汁和橄榄油稍加调味混拌而成，你在本国的超市里也可能见过，颜色粉亮，但正宗的鱼子泥一般应该是米黄色的，味道是奶香中透着酸爽，与其他地方吃到的迥然有别。希腊每家传统餐馆里都有鱼子泥，也都有自家的秘方。

☛ **食得其所！**阿基斯提岛（Agistri）上有一家Taverna Moschos（Ioannou Metaxa），那里做鱼子泥实力超群，不可不试。

198

美食也讲“跨文化”：马耳他兰普卡馅饼

马耳他// 马耳他曾经是英国的殖民地，还与意大利和北非相邻，三地文化在此交融，难分彼此，饮食方面也呈现出了多元性。马耳他的招牌菜叫兰普卡馅饼，可以的话最好到当地人家中享用，但岛上餐厅里做的也很不错。“兰普卡”指的是当地一种鬼头刀鱼，在馅料里扮演主角。从外表上看，这种馅饼应该是从“无派不欢”的英国人那里学来的，但馅料中的葡萄干和薄荷，绝对是黎凡特料理的特色，橄榄、刺山柑与番茄的组合，又明显传自意大利。真可谓“文化交杂，美味如一”。

☛ **食得其所！**推荐Café Jubilee。咖啡馆外有柱廊，氛围惬意，有一种20世纪20年代的感觉，全马耳他共有3家店，各种馅饼都很不错。

199

青柠汤：古玛雅辉煌的缩影

墨西哥// 花了一天时间探索奇琴伊察（Chichén Itzá）的玛雅古迹，晚上不妨到色彩柔美的俏丽小城巴亚多利德（Valladolid），享用一顿源自玛雅时代的晚餐。青柠汤（sopa de lima）是尤卡坦的经典菜，其中两味关键食材都是半岛的特产：一是尤卡坦青柠，二是一种叫“xcatic”的火辣的辣椒。青柠汤又酸又甜，口感刺激，体现了古玛雅人的聪明才智——当然了，和奇琴伊察所体现的那种聪明才智相比，还是“小巫见大巫”。

☛ **食得其所！**尤卡坦州各地都能吃到，但巴亚多利德尤其值得推荐。

200—299

200

在雅典品尝希腊沙拉，接受希腊众神的馈赠

希腊// 如果你对希腊沙拉（greek salad）的伟大还有所疑虑，去世界文明之都亲自点一份尝尝，自会心服口服。丰盛是希腊沙拉给你的第一印象：咸咸的菲达奶酪多多地放，牛至多多地撒，卡拉马塔（Kalamata）产的橄榄颗粒饱满，一加就是一大把，而且每种食材都超级新鲜。有些地方还会放水瓜柳和辣椒，至于最好的搭配，非脆皮面包莫属。有些时候，你只有追本溯源，才知伟大何以如此伟大。

☛ **食得其所！** 推荐Ta Karamanlidika Tou Fani（Sokrates 1, Evripidou 52, Athens）。

201

布列塔尼格雷派：我不是可丽饼，我骄傲！

法国// 奥雷（Auray）毗邻大海，风情万种；卡纳克（Carnac）拥有规模堪称世界之最的新石器时代遗迹；圣马洛（Saint-Malo）用雄伟的城堡展现着古罗马时代的风采。在法国西北角的布列塔尼（Brittany），到处都是这种风景如画的小城，到处也都能吃到布列塔尼格雷派（galette bretonne）。这种煎饼虽然是从法国可丽饼（crêpe）那里取的经，但当地人对自己的改良极为自豪，和面用的是荞麦粉，通常要搭配火腿、奶酪和一个煎蛋。

☛ **食得其所！** 奥雷、卡纳克和圣马洛的格雷派我们都爱吃。

202

只此一地，再无他所：马达加斯加洛马扎瓦

马达加斯加// 马达加斯加的特色炖菜“洛马扎瓦”（romazava），看起来有点像意大利的肉酱，有肉，有叶菜，有浓汁。马达加斯加以外的人总想学着做，但从来都做不好。里面的肉别人就学不来。最正宗的做法，用的是瘤牛肉（zebu），这种牛在当地文化中被视为神牛，吃瘤牛肉是为了庆祝彼此的“相亲相爱”。蔬菜方面也有独到之处，其中有一种叫“anamamy”的叶菜，口感比一般青菜更重。

☛ **食得其所！** 大多数马达加斯加的主菜都会盖在米饭上吃。所以，马达加斯加语说“吃饭”和中文一样，字面意思都是“吃米饭”。

200

203

去珍珠奶茶的故乡，找寻老感觉和新味道

中国// 珍珠奶茶火遍全球，但如果你是万事讲究正宗的顽固分子，那就非去台湾的春水堂喝不可。他家制作的珍珠奶茶，原料品质一流，珍珠保证新鲜，服务员无所不知，口味不下70种，而且每年至少会新推5种口味。荔枝、芒果、百香果等高人气口味肯定得喝到，但像薰衣草、棉花糖、牛油果这种比较另类的口味同样也值得一试。

☛ 食得其所！ 春水堂（台北市信义区松寿路9号信义新光三越百货B1层）。

204

津巴布韦的另类零食：穆帕内

津巴布韦// 生活在津巴布韦南部的人似乎很久以前就发现，吃昆虫是保护地球的一个好办法。虫子富含营养，能为我们提供蛋白质，而且比起吃肉，吃虫子对生态系统的影响要小。津巴布韦雨季之后，便会迎来“穆帕内”（mopane）大丰收。这种虫子是帝王蛾的幼虫，当地人会把它们从树上抓下来，放到太阳下晾干，数量以千计算。味道取决于烹饪方法，但不管怎么做，吃起来都有嚼劲，还能品出蔬菜的滋味。

☛ 食得其所！ 当地市场有人会把这种虫子放到纸杯里当零食卖。在Victoria Falls’ Safari Lodge 度假村也能吃到。

205

去贝鲁特寻找可口的法塔饼

黎巴嫩// 法塔饼（fatteh flatbread）源自黎凡特地区，食材本身很普通，合起来却产生了“一加一大于二”的效果。口感尤其惊艳：面饼本身外脆里韧，上面加了酸爽的酸奶酱（里面用芝麻酱、柠檬、大蒜和孜然提味）以及加热过的鹰嘴豆，从而焕发出新的生命。贝鲁特有些咖啡馆可能会在里面加五香羊肉碎、鸡肉或者茄子，然后在上面撒一些新鲜的西芹以及略加烤制的松子。

☛ 食得其所！ Al Soussi（Chehade St，Zeideiniyye，Aicha Bakkar，Beirut）的做法让本来就好吃的法塔饼更为香脆，值得推荐。

© Getty Images / RenataAphotography

206

在西西里的阳光下吃卡诺里卷

意大利// 巴勒莫背后的丘陵中，有一座小城叫皮亚纳—德利阿尔巴内西（Piana Degli Albanesi），那里每年都会举办节日庆祝一种叫卡诺里卷（cannoli）的美食。这种西西里特色点心又甜又酥，据说最初是阿拉伯面点师用甘蔗和绵羊奶奶酪制作的。小城里Pasticceria Di Noto 面包房的大卫·迪·诺陶（Davide Di Noto）告诉我们："卡诺里卷必须用绵羊奶做的里科塔奶酪。我们当地的里科塔奶酪更好，因为这里的绵羊能吃到更丰盛的野草野菜，所以奶酪的味道更香浓。"

☛ 食得其所！ Pasticceria Di Noto（Via Martiri Portella Della Ginestra, 79, Piana Degli Albanese, Sicily）。

207

查加蛋糕：从蒙德维的亚一家面包房里走出的美味

乌拉圭// 令人口水直流的查加蛋糕（postre chaja）在乌拉圭各地都能找到，种类五花八门，但最正宗的做法却仍然被秘密地保留在蒙德维的亚（Montevideo），所以干吗要去别的地方呢？这种蛋糕是一个叫奥兰多·卡斯特拉诺（Orlando Castellano）的人在100多年前发明的，由他后人经营的甜品店现在就在蒙德维的亚。查加蛋糕有点像帕芙洛娃蛋糕，一层蛋奶霜，一层打发奶油，一层海绵蛋糕，吃的时候要搭配桃子。"查加"指的是当地一种鸟，皮肤下长有气囊，可以浮在水上。

☛ 食得其所！ Postre Chaja Confiteria Las Familias（26 de Marzo 3516, Montevideo）。

208

冬季前往德黑兰，邂逅鸡蛋烤豆子

伊朗// 鸡蛋烤豆子（baghali ghatogh）属于那种梦寐以求的"旅途惊喜"：在当地人的家宴上，你会在一个不起眼的位置注意到这碗普通而又陌生的东西。吃过之后，你唯独对它念念不忘，回家之后，唯有它能勾起你旅途中的种种回忆。好在鸡蛋烤豆子的做法属于"公开的秘密"，你在德黑兰某个温馨的餐厅里就能吃到——最好是在冬季，最好是在白雪覆顶的阿尔波兹山脉（Alborz Mountains）脚下。用鸡蛋、姜黄、藏红花和大蒜，加上用小茴香提味的蚕豆一起烘烤，你也可以重现那种味道。

☛ 食得其所！ Khanjoon（Aftab St, Tehran）做的这道菜无可挑剔。

© Birgit Ryningen / VWPics / Alamy Stock Photo

209

家中自有绝味：阿富汗手抓饭

阿富汗// 手抓饭在阿富汗北部叫“qabili palau”，做得好不好，事关家族荣誉。数百年来，阿富汗的媳妇一直在暗中较劲，想方设法要让自己做的手抓饭超过婆婆，结果可想而知：这道阿富汗国民美食，现在已臻化境。秘诀全在火候。只有小火慢烹，米饭才能充分吸收焦糖洋葱和高汤的滋味。用羔羊肉最好，但用鸡肉做手抓饭也很常见。葡萄干和胡萝卜必不可少，橘子皮和开心果常常也会加进去，还要用各种香料调味。做好之后，手抓饭会被高高地堆到盘子里，端到宴席的中心位置上供家人享用，但愿那种美味不会再次挑起婆媳矛盾！

食得其所！ 参加当地人的聚餐——这样既能吃到美食，也能直观感受当地的习俗文化。

© Shutterstock / hlphoto

210

去葡萄牙南海岸，接受大海的馈赠

葡萄牙// 葡萄牙南部的阿尔加维（Algarve）是一个阳光灿烂的游乐场。奇绝的海岸线串起了一片片美丽的海滩，夏天非常热闹。阿尔加维西边的小城拉各斯（Lagos）魅力最大，古城区源自16世纪，外有城区，景色如画，渔港繁荣兴旺，步行探索很是有趣。走饿了，刚好可以借机尝一尝当地特色菜焖锅海鲜（cataplana de marisco）。焖锅（cataplana）是这一地区特有的一种炊具，上面会扣上一个铜锅盖。蛤蜊、海虾、鱿鱼、龙虾等当天现捕的海鲜，全部都会放到锅里，加上白葡萄酒、番茄和草本香料，盖上盖微微焖烧就可以吃了。地中海之鲜，鲜不过此。

食得其所！ 可以去拉各斯海滩旁的某个咖啡馆，但码头边水产市场二楼的那个餐厅更好。

© Stephane Groleau / Alamy Stock Photo

211

前往魁北克森林，见证枫糖浆甜蜜的丰收

加拿大// 全球超过75%的枫糖浆都产自魁北克。在枫糖浆的丰收季，你也许可以拜访当地某个“制糖小屋”（sugar shack），参观枫树树汁的采集过程——亲眼看到树汁被熬制成稠稠的枫糖浆，那种感觉最是美妙。拉蒙田炼糖厂（Sucrerie de la Montagne）距离蒙特利尔45分钟车程，2月至4月会炼制枫糖浆，那时候过来的游客将享受“特殊待遇”，比如在工作人员的带领下，坐着马拉雪橇，参观枫树林。看着流出的树汁在木火的加热下不断蒸发，最终变成糖浆，这可是世界上最“甜蜜”的一件事。参观结束后，回到炼糖厂的农房，享受传统的加拿大晚餐（甜点里就有枫糖浆煎饼），欣赏音乐演出和舞蹈，晚上就在原木小屋里过夜，早上再去炼糖厂的商店里买些东西。冒牌的枫糖浆现在太多了，能在产地直接购买可是个千载难逢的好机会，一定不要错过。

食得其所！ 去拉蒙田炼糖厂（Sucrerie De La Montagne; 300 Chemin St-Georges, Rigaud, Québec）参加枫糖浆深度体验游。

© StockFood / Hussey, Clinton

212

经典电影自己演：在Whistle Stop Café吃油炸绿番茄

美国// 油炸绿番茄（fried green tomatoes）事实上源自美国东北部，但现在却被看作美国南方的经典，其中一个原因就是热门电影《油炸绿番茄》（*Fried Green Tomatoes*）硬生生把这道菜挪到了佐治亚州朱丽叶市（Juliette）的Whistle Stop Café里。原料既可以用绿番茄，也可以用尚未成熟的普通番茄，关键是番茄一定要紧实，否则切片炸过之后就会软烂不成形。炸番茄片要用黄油，之前要裹上鸡蛋糊和玉米面，炸好之后又香又脆。如果想吃得实在些，可以把炸过的绿番茄片做成三明治，放到沙拉里，或者搭配其他主食。蘸酱方面，可以用番茄酱和蛋黄酱简单一混，也可以选择用卡真风味的香料调制的雷莫拉酱（remoulade）。

☛ **食得其所！** 当然要去《油炸绿番茄》的取景地Whistle Stop Café（443 McCrackin St, Juliette, Georgia）。

213

逛东京便利店，吃美味炸鸡

日本// 东京的美食体验那么多，去便利店买炸鸡有什么稀奇的？其实，说到饮食不能只盯着超乎想象的寿司、天下第一的拉面，偶尔尝一尝平凡的东西也很不错，所以先别急着说不。便利店（コンビニ；konbini）在日本无所不在，仿佛日本消费文化的缩影，探索起来总有奇妙的收获。一样东西要是在便利店里都找不到，那就说明你在日本基本用不上它。在东京那么多便利店里，我们最推荐罗森，原因有且只有一个，那就是里面卖的美味炸鸡。罗森的炸鸡有带骨炸鸡（骨付；honetsuki）、脱骨炸鸡（骨なし；honenashi）和炸鸡块（唐揚げ；karaage）三种可选，哪种都外酥里嫩，哪种都好吃。买好炸鸡，再买一听咖啡，这顿加餐就算有着落了！

☛ **食得其所！** 在东京14,000多家罗森里任选一家。

© Shutterstock / ELBANCO04

214

简单出美味：马略卡烤羊肩

西班牙// 在巴利阿里群岛（Balearic Islands）的马略卡岛（Mallorca）上，有一条不同寻常的朝圣路：沿着弯弯窄窄的公路走不了多久，便能到达美食圣地Es Verger餐厅，他家的那道烤羊肩（paletilla de cordero）便是“圣物”。餐厅好像一个朴素的谷仓，门后却藏着“化繁为简”的烹饪绝学。烤羊肩用的是乳羊羊肩肉，制作时，烤盘里先要放上胡萝卜、洋葱和土豆丁，然后把羊肉铺在上面，浇上啤酒确保羊肉不干，最后放到泥炉里用木火烤制。这道菜足足要烤3个半小时，所以厨师每天早上很早就要起来生火。出炉之时，油汁四溅，切好之后便可上桌，吃起来肉质精妙，味道质朴，羊皮咬下去又有咸香，又酥脆。

☛ **食得其所！** 从阿拉罗（Aláró）步行前往Es Verger餐厅（Camino Del Castillo De Aláró, Mallorca）需要90分钟，正好可以借此开开胃口。

© Lonely Planet / Andrew Montgomery

Ford Fry

福特·福莱

福特·福莱曾荣获詹姆斯·比尔德奖（James Beard Awards；号称“美食界的奥斯卡”）提名，常住亚特兰大，在美国南部经营着12家餐厅，包括JCT Kitchen和The Optimist。

01

在巴黎Du Pain et Des Idees吃牛角面包：精心制作的牛角面包我特别爱吃，这次更是花了50美元专程打的过来。他家的牛角面包，黄油乳化程度精妙至极，酥脆的口感也打动了我。

02

在纽约Minetta Tavern吃炸薯条：他家在油温的把控和油炸的手法上非常讲究，所以炸出的薯条才这么值钱。

03

在洛杉矶Republic餐厅吃面包蘸盐（Bread with Normandy salt）：餐厅开在卓别林故居里，黄油是现场制作的，吃的时候搭配一小堆马尔顿海盐（Maldon sea salt）。我一吃就停不下来。

04

在洛杉矶Mariscos Jalisco吃虾肉黄金塔可（Shrimp Tacos Dorado）：这个塔可餐车卖的这种塔可，是用玉米饼夹上切碎的虾肉，炸至酥脆，再加清脆的卷心菜和鳄梨。吃过之后，我一直在尝试自己动手做。

05

在西雅图的Walrus and the Carpenter吃圣芭芭拉斑虾：只要这种虾到了季节，这家店就会卖。我喜欢冰冰凉地生吃，只加点初榨橄榄油和盐。

215

在里维埃拉吃柠檬挞，飞升柠檬天堂

法国// 芒通（Menton）地处法国里维埃拉的边缘，再往前便是意大利，山坡上的房子色如粉彩，层层落落地向大海延伸，花园造景精美，怡人的气候特别适合种植柠檬。芒通柠檬挞就是对当地美味柠檬的一种演绎。饼皮又薄又甜，里面的柠檬奶油颜色淡黄，质地极其松软，入口若有似无，能品出柠檬汁带来的刺激，味道堪称世界第一。

食得其所！ 不妨在春天来芒通参加“柠檬节”（Fête Du Citron），有游行表演，有烟火秀，还有吃不尽的柠檬挞。

216

米坦吉：身在圭亚那，吃出加勒比

圭亚那// 到了南美圭亚那，却以为自己置身加勒比，这个错误是可以原谅的：卡利普索音乐、殖民风格建筑、板球以及当地饮食，所有这些都赋予了圭亚那浓浓的加勒比风情。把木薯、红薯、芭蕉、秋葵和椰子酱放到一起炖煮，这绝对是最典型的加勒比料理，但你在里面再加上炸鱼和面团子，就成了圭亚那的国菜“米坦吉”（metemgee）。别管这道菜姓“加”还是姓“圭”，反正好吃就是了。

食得其所！ 圭亚那几乎处处都有。

217

口中考鲁派，眼中雅典城

希腊// 来到拥有百年历史的Ariston面包房，你会发现当地顾客络绎不绝，这说明人家的东西肯定错不了。玻璃柜台里摆满了各色点心，让人眼花缭乱，请不要在意这些细节，直接要考鲁派（kourou pie）。这种点心是一种半圆形的酥皮点心，和面要用到酸奶和黄油，里面塞满了咸咸的菲达奶酪。买一个拿到外面，在附近的宪法广场（Syntagma Square）找个地方坐下来，一边吃，一边打量眼前熙来攘往的人群。

食得其所！ 推荐Ariston面包房（Voulis 10, Syntagma, Athens）。

215

© StockFood / Ekblom, Ulrika

215

© Shutterstock / Garsya

© StockFood / Scott, Glenn

218

去新英格兰寻本土风味，在波士顿喝蛤蜊浓汤

美国// 蛤蜊浓汤（clam chowder）最能代表新英格兰地区的气质，就和冬天下大雪、说话“砍儿音”一样——其实，当地人说“chowder”也会砍掉儿音，读作“乔达”。蛤蜊浓汤营养丰富，里面的食材包括土豆、芹菜、洋葱、黄油以及许多蛤蜊肉，都是当年来美国开疆辟土的英格兰人吃的东西。这样做出来的汤，本已浓稠似脂，又因为常常会在最后加一把咸饼干碎做点缀，所以会变得更为浓稠。蛤蜊浓汤不仅是餐桌上的主食，更是文化上的大餐。要是吃到了做法被动了手脚的山寨“新英格兰蛤蜊浓汤”，新英格兰人肯定要发脾气。

☛ 食得其所！ 波士顿能吃到美味浓汤的地方成千上万，但Union Oyster House（41 Union St）久经考验，做的当地菜肴绝对地道。

219

全套英式早餐，全套英伦体验

英国// 刚刚才认识的服务员，非要叫你“亲”，还给你端来了满满一盘子油香四溢的食物，让你开启一天的生活，这种感觉真让人心里暖暖的，昨晚酒喝得再凶，吃下去也肯定会好受些。英国当地的平民咖啡馆，餐桌是富美家的，菜单是简单塑封的，你在这里可以窥见曾经那个英格兰——那个尚未全球化、尚未数码化、菜单尚未用颜色标注食物健康指数的英格兰。所谓“全套英式早餐”（full english breakfast），依据经典的定义，应该包括煎培根、煎蛋、炸土豆、炸蘑菇、黄油吐司（按照这个套路，可能也得过油）、烤豆子和香肠，吃的时候再挤一些棕酱（brown sauce），配一杯茶。某些餐厅还推出了“豪华版”英式早餐，但如果你在乎氛围胜过在乎食物本身，那就一定要找家族经营的小馆子去吃！

☛ 食得其所！ 伦敦的Electric Café（258 Norwood Rd）由家族经营，是传统的英国平民咖啡馆。南伦敦的Terry’s（如图所示）也值得一试。

© Daniel Di Paolo

220

在乌拉圭酒吧吃奇味多，奇味多多益善

乌拉圭// 把各种美味夹到两片面包里吃，这似乎是人类的天性，乌拉圭人也不例外，所以我们才有了这种叫“奇味多”（chivito）的三明治。味道嘛，美得让人没话说，要是能找家很有氛围的当地酒吧（比如El Tinkal），边听现场音乐边吃，那可就更妙了。有趣的是，这种三明治诞生于一场“误会”。当时有位阿根廷人到乌拉圭的酒吧里说要吃山羊肉。阿根廷管山羊肉叫“chivito”，但乌拉圭人不懂，误用牛肉做了一种三明治，结果好吃得让人无法拒绝，所以将错就错，流传至今。奇味多的馅料包含一片略加煎烤的牛排、培根、火腿、一个鸡蛋、橄榄、番茄、洋葱、马苏里拉奶酪、生菜和蛋黄酱。有些地方还嫌不够丰盛，还要再加烤辣椒、甜菜根和腌黄瓜。

☛ **食得其所！** 推荐El Tinkal（Dr Emilio Frugoni 853, Montevideo）。

221

在苏格兰湖畔，用海螯虾下酒

英国// 俏丽的小渔村阿勒浦（Ullapool）坐落在优美的布鲁姆湖（Loch Broom）湖畔，让人初次见识到了夏日群岛（Summer Isles）与外赫布里底群岛（Outer Hebrides）的种种神奇。村子虽小，景色却令人震撼，所以里面涌进了许多游客。饿了不妨找个湖畔餐厅坐下，点一杯啤酒，来一盘新鲜的海螯虾（langoustine），虾上可以浇蒜蓉黄油，也可以简单地挤一点柠檬汁。夏天，正对湖水的露天餐桌人头攒动。店家用的海螯虾都是刚从渔船上卸下来的（你甚至可以欣赏到渔船靠岸的场面），啤酒更是“酒流成河”。一不小心，可就要乐不思蜀了。

☛ **食得其所！** 推荐餐厅The Arch Inn Restaurant（10-11 W Shore St, Ullapool）。

© Lonely Planet / Matt Munro

222

奶酪饼：格鲁吉亚饮食入门课

格鲁吉亚// 先去第比利斯（Tbilisi）的自由广场（Freedom Square）参观著名文化景点，再钻到老城的胡同里，在两旁老房子的木阳台下面七弯八拐，找到一家叫Samikitno-Machakhela的店，进去挑着吃几样奶酪饼（khachapuri）。奶酪饼是格鲁吉亚的传统面点，基本上要用融化的奶酪和将熟的鸡蛋做馅，但具体种类不少，可以加菠菜和奶酪，加羊肉碎，甚至还能加明戈瑞利亚（megrelian）奶酪。是的，双份奶酪。

食得其所！ 记得去Samikitno-Macha-Khela（Freedom Sq, 5/7 Pushkin St, Tbilisi）的露台上，一边吃一边俯瞰老城。

223

在加尔各答吃小糖饼：老甜品店里的甜蜜蜜

印度// 加尔各答号称"欢喜城"，不管是街道上，还是市场里，销售小糖饼（sandesh）的甜品店都随处可见，足见当地人对这种简单的零食有多么着迷。1885年开业的Balaram Mullick & Radharaman Mullick，是城中最古老的甜品店之一，去那里吃小糖饼可谓首选。其原料就是加了糖的奶豆腐（chenna），但口味不计其数，形状可圆可方。

食得其所！ Balaram Mullick & Radharaman Mullick（2 Paddapukur Rd, Jadubabur Bazar, Bhowanipore, Kolkata）。

224

考伯沙拉：好莱坞餐饮界的传奇明星

美国// "浮华城"好莱坞在20世纪30年代的时候，到处都是美式餐厅，其中一个叫鲍勃·考伯（Bob Cobb）的人，一天深夜饿得难受，在冰箱里东拼西凑，由此创造出了这款考伯沙拉（cobb salad）。咸咸的蓝纹奶酪加上培根，拌上脆脆的菜叶、香香的烤鸡肉和甜甜的番茄，再加上煮鸡蛋与鳄梨的醇香以及葱段带来的一丝辛香，让看起来邋里邋遢的考伯沙拉大受欢迎。

食得其所！ 时尚美式餐厅Swingers（8020 Beverly Blvd, Los Angeles, CA）对这道好莱坞经典沙拉进行了创新，味道很好，值得推荐。

225

去古城布拉迪斯拉发喝啤酒，吃奶酪土豆面疙瘩

斯洛伐克// 布拉迪斯拉发城堡脚下的一条石砖窄巷里，藏着一家叫Modra Hviezda的餐馆。里面空间很小，灯光阴暗，氛围惬意。进来坐好之后，应该点一份野猪腰排，搭配斯洛伐克的国菜——奶酪土豆面疙瘩（bryndzové halušky）。这道菜非常解饿，土豆面疙瘩上面盖着一层味道刺激的绵羊奶酪，里面还有一块块煎培根。佐餐的酒水最好选择由旁边城堡里的啤酒厂酿造的Zámocké黑啤。

食得其所！ 在Modra Hviezda（Beblavého 292/14, 811 01 Bratislava）吃饭，要表现得像一位捕猎归来、饥肠辘辘的猎人。

226

带上哥伦比亚农民的胃口，挑战传统乡巴佬拼盘

哥伦比亚// 麦德林市（Medellín）乃至整个安蒂奥基亚省（Antioquia）的人都被称作“paisa”，也就是“乡巴佬”。当地有一道名菜叫“乡巴佬拼盘”（bandeja paisa），既能反映崇山峻岭的壮美，又可回报农民耕耘的辛苦，被当地人视为史上第一餐。这道菜的特点就是分量超足，花样超多，大胃王见了也要头疼。你觉得自己应付得来？且听我一一道来：盘子里有肉碎、炸猪皮（chicharrón）、口利左香肠、血肠（morcilla）、煎蛋、炸芭蕉、猪肉红豆饭、玉米馍（arepa）、鳄梨以及白米饭。祝你好运——千万别勉强！

☛ 食得其所！ 麦德林任何一家做传统哥伦比亚菜的餐厅都有。

227

吃猪排饭，讨好彩头

日本// 站在自动点餐机面前，朝那个有猪排饭（カツ丼；katsudon）的按键按下去，领到餐票后下楼排队，一会儿就能坐下享用这道备受喜爱的美味了。你会发现身边排队的，大多是日本学生族。为什么呢？因为“猪排饭”这个词一语双关，既指裹上面包屑、炸出来的猪排，也有“胜利”的意思。所以很多信心不足的学生，总喜欢在考试之前吃一顿猪排饭，讨个好彩头。简单是猪排饭的另一大魅力，里面除了炸猪排和白米饭，一般只会加一个鸡蛋，再配味噌汤或者浇上用酱油、清酒和葱调制的浓汁。

☛ 食得其所！ 在东京都厅舍（Tocho；即东京都政府大楼；东京新宿区西新宿2-8-1）32层就能吃到猪排饭等当地美味，而且还能俯瞰脚下美景。

Gail Simmons

盖尔·西蒙斯

盖尔·西蒙斯15次担任美国《顶级大厨》（*Top Chef*）节目的评委，刚刚出版了第一本烹饪书《美味到家》（*Bringing It Home*）。

01

在西班牙阿松多（Atxondo）的Asador Etxebarri餐厅吃烧烤鱼子酱：他家的厨师是当地第一批烧烤大师之一，什么都敢烤。鱼子酱烤着吃，感觉有点怪，但他的做法更像是在烟熏。

02

在新加坡吃福建面：福建面（Hokkien noodle）的面条一般有两种，或粗或细，加五花肉、虾和鱿鱼炒制，倒入海鲜汤焖一下，最后再挤一点卡曼橘的橘汁。

03

在日本吃年轮蛋糕：烤制年轮蛋糕（baumkuchen），需要在一个旋转烤叉上不断倒面糊，所以烤好之后一刀切开，可以看见一层层美丽的“年轮”。这种蛋糕实际上源自德国，但我只在日本见过。

04

在牙买加吃抹酱烤龙虾：牙买加的抹酱烤肉（jerk），最常见的是鸡肉。但我们去的那家烤肉摊，老板竟会做抹酱烤龙虾。龙虾都是从大海里现捞的，个个张牙舞爪。

05

在加州棕榈泉吃“棕榈沙漠椰枣奶昔”（Palm Desert date shake）：当地一代代枣农都会制作这种奶昔，就是把香草冰激凌、牛奶和椰枣混到一起。

228

去河内最好的餐厅，自己动手吃煎鱼

越南// 用鱼肉、小茴香和姜黄烹制出来的煎鱼（cha ca），在河内大有名气。到底哪家餐厅的煎鱼最好吃，当地人为此争来吵去，互不相让，但位于老城区的Cha Ca La Vong应该说是做法最正宗、味道最好的一家。餐厅只有煎鱼这一道菜，沿着窄窄的楼梯走上去，里面的装潢较为内敛，塑料卡片上写着煎鱼的介绍。虽是一道菜，却十分丰盛，鱼肉要用姜黄腌制，煎炸之后垫到米粉上，放到大锅里，加上小茴香、薄荷、香菜和葱，撒些花生碎和鲜辣椒就上桌，旁边配上鱼露（nuac cham）、青柠汁和糖做蘸料。锅下生火，让人感觉是在边做边吃，很有意思，享用之后，一定一生难忘。

☛ **食得其所！** Cha Ca La Vong（14 Cha Cá, Hàng Đào, Hoàn Kiem, Hanoi）餐厅是煎鱼这道菜的诞生地，客人总是很多，但等餐绝不会很久。

© Getty Images / Aaron Joel Santos

229

伦敦莫尔特比街市场：铁路桥洞下的美食探险

英国// 面积如此小，美味如此多，这样的地方在伦敦可没有几个。伦敦南部有一条窄窄的莫尔特比街（Maltby St），沿街是一连串砖石结构的铁路桥洞，里面开了许多木艺工坊和杂货店。一到周末，这里就会办起市场，商户打开大门，化身为美食摊和餐厅。不管口味多么挑剔，你总能在此得到满足。可以去St John餐厅或者Walrus and Carpenter牡蛎餐吧，坐下来点几盘东西大家一起吃，但能边走边吃的小吃也很多，比如华夫饼、香浓至极的布朗尼、烤奶酪三明治、格兰特·霍桑（Grant Hawthorne）制作的非洲辣酱牛肉汉堡——“非洲火山”（african volcano）。这里也是柏孟赛（Bermondsey）的“啤酒馆一条街”，桥洞下能找到许多精酿啤酒馆（beer mile），周六下午前去探索美食之前，最好先到Little Bird酒坊，尝尝他家的金汤力。

☛ **食得其所！** 从Bermondsey地铁站或者伦敦桥（London Bridge）步行不远即是莫尔特比街市场。

© Lonely Planet / Issy Croker

230

非典型东南亚家常美味：菲律宾阿道包

菲律宾//东南亚料理向来重料，咖喱酱里什么东西都加，香料粉什么菜里都放一大把，但菲律宾的阿道包（adobo）却是一个另类，外表虽然挂着深色的浓汁，但里面只用了几味调料。“阿道包”一词来自西班牙语中的“adobar”，意思是“腌卤”，这也许说明这道菜受到了西班牙烹饪的影响，也可能是当地人原创的，只是被西班牙人根据做法起了个名字。不管血统如何，阿道包现在已经成了菲律宾的美食名片，每家每户都会做。传统上，主料应选猪五花以及猪肩肉，先用醋、酱油、蒜、姜、月桂叶和黑胡椒腌制，再上锅小火煨炖，直至鲜嫩软烂，吃的时候要搭配松软的米饭。每位菲律宾主妇都对自己做阿道包的手艺感到自豪，想吃地道的猪肉阿道包，一定要争取让某位菲律宾朋友请你到家里吃饭。做不到这点的话，马尼拉的餐馆里也有，味道嘛也说得过去。

☛ **食得其所！** 推荐Aristocrat Restaurant（432 San Andreas St, Malate, Manila）。

231

火遍埃塞俄比亚的组合：英吉拉配鸡肉酱

埃塞俄比亚// 埃塞俄比亚人吃饭讲究“共享”，在当地餐厅里可不要幻想拥有什么“个人就餐空间”。你肯定还会注意到当地人喜欢彼此喂食的细节。这种风俗叫“gursha”，是爱情与友谊的象征，本身就能带给你一种“情意绵绵”的感动，但当地饭菜更会让你感动。埃塞俄比亚闻名世界的一种食物是英吉拉（injera），一种用酸面团摊出来的煎饼，上面全是孔，口感像海绵。不管你点什么菜，店家几乎都会给你端来英吉拉，用来搭配香辣鸡肉酱（doro wat），滋味尤其好。鸡肉酱在埃塞俄比亚地位极高，用鸡肉、煮鸡蛋和洋葱熬制而成，大量使用一种特色什香粉调味——当地叫berbere，里面有辣椒、蒜、姜、罗勒、埃塞俄比亚小豆蔻、芸香、阿育魏实、黑种草和葫芦巴。吃的时候只用右手，先撕下一片英吉拉，再夹上一些鸡肉酱，往自己嘴里放就行（如果之前已经和邻座交了朋友，也可以往他嘴里放）。

食得其所！在亚的斯亚贝巴吃鸡肉酱，Kategna可谓首选。餐厅在城中共有3家分店，其中一家位于Cameroon St。

© dbimages / Alamy Stock Photo

© Lonely Planet / Philip Lee Harvey

232

精品飞机餐，美味飞上天

全球// 我们只要聊到飞机餐，习惯上总会说它难吃。如今，一些航空公司为了提升长途航线的竞争力，打动经常要坐飞机的旅客，正在大刀阔斧地对飞机餐进行改革。菜肴都是由知名大厨设计的，食材不但新鲜，还能反映所在国的地方特色。澳大利亚的澳洲航空公司已与尼尔·佩里（Neil Perry）展开合作，在飞机上推出了中式蚝油蟹肉摊蛋、XO酱龙虾等大菜。你以后可别再抱怨了。

☛ 食得其所！ 高空环境以及机舱压力会影响你的味觉，但经过科学设计的精品飞机餐仍然能确保美妙的体验。

233

北极圈的餐后甜点：面饼奶酪

芬兰// 拉普兰紧贴北极圈，偏远荒凉，一年有好几个月有昼无夜。你坐在餐厅里，正在思量着大自然的怪异，这时候发生了一件事，比大自然还要怪异。服务员给你端来一盘怪模怪样的食物，看着像是一片三角形的吐司，随后说了一句“nauttia jälkiruokasta”。这句话在芬兰语中的意思是“请您享用甜点”，这种食物名叫“面饼奶酪（leipäjuusto）”，其实就是经过烘焙的奶酪，只是形似面饼而已，味道柔和，有面香，传统上要搭配云莓果酱一起吃。

☛ 食得其所！ 在Santa's Salmon Place（Santa Claus Village, Tähtikuja 96930, Rovaniemi），就能吃到面饼奶酪这种拉普兰特色人气美食。

234

在夜市的烟火气中品尝棺材板

中国// 高度观光化让位于台北北部的士林夜市评价呈现两极化，但从规模上看，这里仍是台北之冠，你想吃的每一种路边小吃在这里几乎都能找到。别急着做决定——反正你也吃不过来，先逛一逛，适应一下市场的色彩、气味、拥挤以及摊主的吆喝。但有一种小吃，算是这里的招牌之一，推荐你去尝一尝，那就是“棺材板”：一块炸过的白面包，中间被掏了一个洞，里面塞上奶香鸡、海鲜、鸡杂或者蘑菇，上面再盖上一块炸面包，就做好了。不管吃起来还是看起来都比它的名字可爱得多。

☛ 食得其所！ 士林夜市（台北市基河路101号）的地下美食广场就有卖棺材板的摊位。

233

© Hellapoliisi Oy/Hellapoliisi.fi

© Getty Images / Seagull_l

© Lonely Planet / Philip Lee Harvey

235

艳阳天，青酱汤，法国话叫“c'est parfait”

法国// 头顶法国南部的艳阳天，面朝薰衣草田，吹着凉爽的北风，品着杯中清爽的当地玫瑰红酒（rosé），吃着碗中的青酱汤（soupe au pistou）……梦中的普罗旺斯，此刻也就照进了现实。这道汤需要用到新鲜的蔬菜，所以最适合在蔬菜大丰收的盛夏时节享用。汤中的法国青酱（pistou）由大蒜和罗勒捣制而成，味道独特，为蔬菜的清淡平添了一份刺激。两个字，完美！

☛ **食得其所！** 不妨去法国东南部普罗旺斯的小城瓦尔雷斯（Valréas）附近享用青酱汤。

236

佛得角卡楚帕，拼拼凑凑一大锅

佛得角// 佛得角由非洲西海岸外的若干岛屿组成，20世纪70年代以前由葡萄牙统治，不管是国土还是文化，都有一种“拼拼凑凑”的感觉，国菜卡楚帕（cachupa）走的也是同样的路数，而且同样令人着迷。这道菜的主料是用青柠汁泡发的玉米粒（当地叫“hominy”）、口利左香肠、猪肉和豆子，其他秘方不胜枚举，所有东西放在一起煨炖，直到软烂入味。每个岛屿上的卡楚帕做法据说都不一样，但不管在哪儿，当地人若肯为你献上这道菜，你都应该感到庆幸。

☛ **食得其所！** 这道菜必须要融入深情，所以，只有当地人在家中为你做的卡楚帕才最为珍贵。

237

正愁饿得慌，天上掉下个哈利拉汤

摩洛哥// 哈利拉汤（harira）是摩洛哥穆斯林斋月期间的传统食物，每天日间禁食结束后可以食用，由小扁豆、鹰嘴豆、面条、番茄、洋葱、香菜以及各种香料熬制而成，里面常常还会放羊肉块，所以营养丰富，味道香浓——饿了一天的人吃到嘴里，美妙的感受可以自行脑补。斋月期间，喝哈利拉汤一般会搭配一种蜂蜜芝麻饼干（当地叫“chebakia”）。其实，这种汤在整个马格利布地区（Maghreb）都很受欢迎，但摩洛哥人尤其喜爱，甚至将其定为“国汤”，斋月之外也能喝到。

☛ **食得其所！** 摩洛哥各大城镇的咖啡馆里都能喝到一碗热热的哈利拉汤。

238

© Lonely Planet / River Thompson

238

© Lonely Planet / River Thompson

238

身在里维埃拉，必点尼斯沙拉

法国// 某种食物一旦挑动起了全球食客的想象力，最初的配方常常就会发生变化。尼斯沙拉（salad niçoise）就具有这种常变常新的生命力。这种沙拉诞生于法国里维埃拉的尼斯，经年演变至今，土豆、豆角甚至是大米、鸡肉全部可以加到里面。据说尼斯沙拉本是为了给晨捕归来、饥肠辘辘的渔民填饱肚皮，食材自然随季节而变，无法确定也是难免的。但人们普遍认为，一道美味的尼斯沙拉，一定不能缺少鸡蛋、金枪鱼、凤尾鱼、番茄、叶菜、橄榄和洋葱这几样东西。话说回来，当你在尼斯露天用餐的时候，看着眼前的天使湾（Baie Des Anges），吹着地中海的轻风，还会在乎沙拉里有没有土豆吗？

☛ 食得其所！ Hotel Negresco（37 Promenade Des Anglais，Nice）里面的有一家餐厅叫Brasserie La Rotonde，装潢以狂欢节为主题，值得推荐。

238

© Lonely Planet / River Thompson

© Lonely Planet / Matt Munro

© StockFood / Great Stock!

239

去法国阿尔卑斯山品尝奶酪烤土豆，攀登美食新高度

法国// 萨瓦地区（Savoie）位于法国阿尔卑斯山脉地区，为了犒劳徒步者一日的辛苦，这里给他们准备了一种完美的晚餐，那就是热量高、滋味浓的奶酪烤土豆（tartiflette）。这道菜是从脆皮烤土豆（potato gratin）演变过来的，简单的食物因为加入了瑞布罗申奶酪（reblochon cheese）而被提升到了美味新境界。瑞布罗申奶酪属于水洗软质奶酪，口感半软半硬，由生牛奶制作，传统上要在山洞中陈化发酵（现在也有在农夫地窖里陈化的）。奶酪的坚果味与土豆、洋葱和肥腊肉块汇到一处，彼此相得益彰，这才造就了这道不容错过的菜肴。法国人认为，这道菜的最佳拍档是一杯口感爽洌的萨瓦干白葡萄酒。对此，我们岂敢提出意见？

☛ 食得其所！ 推荐Restaurant Lo Sonails（Rue d' en Bas，Albiez-Montrond）。

240

没了牛奶焦糖酱，丢了巴西世界杯

乌拉圭// 2014年，乌拉圭国家足球队出征巴西世界杯。在通关的时候，他们藏在行李里的牛奶焦糖酱（dulce de leche）被没收了。巴西海关人员给出的理由是奶制品禁止入境，但乌拉圭人认为巴西人是在收缴自己的秘密武器。结果，他们在淘汰赛中被哥伦比亚扫地出门。这两件事有没有联系，你自己琢磨吧。不管是超市、咖啡馆、路边摊还是餐厅，牛奶焦糖酱在乌拉圭无所不在，不管是抹在吐司上吃，还是加在煎饼上吃，体验都无比美妙。

☛ 食得其所！ 什么地方、什么时间、搭配什么都能吃。

241

赶澳大利亚乡村大集，吃最好的澳新军团饼干

澳大利亚// 周六早上，澳大利亚维多利亚州路斯格兰（Rutherglen）地区的某个乡村小镇，金色的阳光温暖着大地，喜鹊的欢鸣回荡在空中，一场农贸大集正当其时。主街两旁全是摊位，当地人全家出动，一个接着一个地逛。和其他大集一样，这里也会举行某种活动，庆祝当地某种特产。因为路斯格兰是葡萄酒产区，滚酒桶比赛自然会有。当地乡村妇女协会（Country Women's Association）每次都会在这里摆摊，卖的东西除了蛋糕和果酱，一定还有澳新军团饼干（anzac biscuits）。当年澳新军团赶赴"一战"战场，当地妇女就会做好这种不易变质的饼干，装在锡铁盒里送给前方战士。饼干本身很简单，就是用燕麦、面粉、糖、椰子、黄油和糖浆烘焙而成的，每年4月澳新军团日那天常常要吃，但乡下赶大集的时候也一定不能少。

☛ 食得其所！维多利亚州曼斯菲尔德镇（Mansfield）的乡村妇女协会，每个月都会摆摊售卖蛋糕和工艺品。

© Shutterstock / AS Food Studio

© StockFood / Dobránska, Renáta

242

老酒馆里找张桌子，感受匈牙利人对卷心菜包肉的热爱

匈牙利// 匈牙利有句老话叫"肉和卷心菜是匈牙利的勋章"，足见匈牙利人对于卷心菜包肉（töltött káposzta）这道美食的自豪之情。这两种普普通通的食材，匈牙利人祖祖辈辈对其热爱始终不减。几乎每个家庭都有自己做卷心菜包肉的方法，全国各地的餐厅里也都有这道菜，但肉馅（猪肉、牛肉最常见）、酸菜、卷心菜和辣椒必不可少，有些菜卷里还会加入米饭、洋葱、鸡蛋、泡菜甚至是肥腊肉。大多数菜都会用番茄酱来烹制，上面还会加酸奶油。卷心菜包肉为匈牙利人带来了滋味、满足与活力，做法再怎么变，这一点数百年来从未改变。

☛ 食得其所！推荐传统酒馆Csarnok Vendéglő（Hold Utca 11, Budapest）。

243

罗宋汤：俄罗斯美食界的“红”星

俄罗斯// 罗宋汤（borscht）常被归为俄罗斯菜，但其起源却可以追溯到东欧许多地方，而且做法之复杂多样堪比斯拉夫语。因为主料是甜菜根，所以汤色总是红如宝石，而且里面的食材非常丰盛，又烫又稠（有些人甚至说，只有稠到碗里能立住勺子的罗宋汤，火候才叫到位），所以最适合在隆冬时节食用，吃过了才好去面对室外的冰天雪地。

食得其所！ 莫斯科历史悠久的酒店Hotel Metropol（Teatral' nyy Proyezd，2）就有罗宋汤，被旅行美食家奉为仙品。

244

印尼肉丸汤，千岛一家亲

印度尼西亚// 全东南亚到处都有的肉丸汤，在印尼叫“bakso”，是国内最受欢迎的一种街头小吃，餐厅里也卖，路边摊也卖，还有人骑着餐车沿街卖，吃完保证上瘾。汤汁泛着肉香，丸子内里紧实，外表蓬松，碗里一般还有米粉，并用青菜作点缀。各地的差别难以计数，不管是炸丸子、鱼肉丸子、网球那么大的丸子还是切成块的丸子，总有一款适合你。

食得其所！ Bakso Titoti（Jln Hon-ggowongso 42，Solo 57141）被雅加达的肉丸汤发烧友奉为圣地。

245

中亚大冒险，饱餐肉馒头

吉尔吉斯斯坦// 肉馒头这种东西，中国、俄罗斯乃至土耳其都有，在中亚地区被称为“manti”，没人知道到底是哪里发明的。但可以肯定的是，当年马背上的那些热血男儿——以及巾帼英雄——长途驱驰之时，身边一定会带上肉馒头做口粮，所以才会流传如此之广。不管你去哪个“斯坦”，肉馒头绝对是当地饮食中的王者，想要充分体验肉馅的鲜美多汁，最好一口吞下。

食得其所！ 比什凯克Chaikhana Navat（114/1 Kievskaya，Kyrgyzstan）的肉馒头味道最好，块头最大，一定先拿它下嘴。

© Lonely Planet / Mark Read

© Getty Images / Alan Keohane

246

在雅典吃穆沙卡，别当自己是外人

希腊// 穆沙卡（moussaka）属于希腊的情怀美食，用一辈辈传下来的家族秘方做出来的穆沙卡，味道肯定最好。所以，如果有幸被希腊人邀请到家中做客，一定不要拒绝。没人请也不怕，雅典就有许多地方能吃到家常风味的穆沙卡。论地道，论氛围，有两家餐厅最值得推荐。一家是卫城博物馆（Acropolis Museum）旁边的God's Restaurant，他家的穆沙卡里面有切碎的土豆和西葫芦。另一家是卫城北边的Aleka's Taverna，他家可以室外用餐，适合打望。穆沙卡一般都以炭烤茄子片为主料，里面加上番茄羊肉酱，上面是一层奶油一样的白汁酱（béchamel sauce）。

☛ **食得其所！** 推荐God's Restaurant（Makryianni 23）和Aleka's Taverna（Thrasivoulou 2）。两家都在希腊的大都会雅典。

247

去马拉喀什的市场里吃鸽子馅饼

摩洛哥// 摩洛哥的鸽子馅饼（Pigeon Pastilla）是咸甜两种味道的惊艳组合，诱惑无法拒绝，可以作为餐前精致美妙的开胃菜，也是下午游览马拉喀什德吉玛广场（Djemaa El Fna）时的完美零食。过去，鸽子馅饼属于节庆食品，只有在婚礼、生日等特殊场合才能吃到。现在，摩洛哥各地的面包房都会做，几乎任何一家传统料理餐厅也都有。馅料由鸽肉丝、鸡蛋、烤杏仁、肉桂和糖精心调制，外面要包上薄如纸的面皮（当地叫warqa），并撒上糖霜。

☛ **食得其所！** 去Pepe Nero餐厅（17 Derb Cherkaoui, Douar Graoua, Marrakech）的花园里吃。

© Getty Images / Lisovskaya

248

盛在碗里的西班牙历史

西班牙// 西班牙有句俗话叫“冷汤吃不够”（de gazpacho no hay empacho），意思是好事再多也不嫌多。这种蔬菜冷汤很有夏季的气质，要是能在安达卢西亚某个海滩酒吧或是城中某家传统餐厅里吃到，那绝对是一件美事。一道冷汤，融汇了罗马、摩尔和奥斯曼的饮食文化，在西班牙的历史远超千年。

食得其所！ 一定要在8月，去安达卢西亚的村庄阿尔法纳特乔（Alfarnatejo），参加西班牙冷汤节。

249

一个尤卡坦，百种烤乳猪

墨西哥// 墨西哥尤卡坦半岛从西班牙那里学来了烤乳猪（lechón al horno），并且信心满满地将其推广，使之成为无数美味的主料。不管你身处哪里，总可以吃到熏香的烤乳猪。单吃肉也行，加米饭和豆子也行，搭玉米饼也行，配法式面包也行，夹在塔可里当然也行……小心选择困难症发作！

食得其所！ 去梅里达的卢卡斯·德·加尔维兹城市市场（Mercado Municipal Lucas De Gálvez），品尝烤乳猪玉米饼（torta de lechón）。

250

健康美食，舍我其谁：津巴布韦小沙丁鱼

津巴布韦// 津巴布韦有一种身材小小的淡水沙丁鱼叫“kapenta”，鲜鱼和鱼干都可以做菜，但鱼干更适合没有冰箱的家庭储存，而且蛋白质和卡路里含量更高。津巴布韦人经常吃这种小鱼，一般是把整条鱼放到锅里，加上香料和洋葱煎炸。吃的时候，用手抓一团浓稠的玉米羹（sadza），包上鱼肉直接进嘴，味道浓烈，堪称终极健康小吃。

食得其所！ 推荐豪华酒店Meikles Hotel（哈拉雷市3rd St和Jason Moyo Ave交叉路口）的自带餐厅。

© Peter Tsai Photography / Alamy Stock Photo

© Lonely Planet / Susan Wright

251

在风景如画的普利亚，享用猫耳面

意大利// 普利亚（Puglia）在意大利的"靴子跟"那里，面朝亚得里亚海，阳光灿烂，区内尽是美丽的白色小镇和历史长达数百年的农场，地中海海岸沿线风光优美。当地饮食道道称奇，其中最特别的就是猫耳面（orecchiette）。制作这种面条只需要3种便宜的原料——小麦粉、水和盐（和其他意面不同，揉面时不加蛋液，因为鸡蛋在过去是当地人消费不起的）——但最终细密的口感却是其他意面无法比拟的。煮熟的猫耳面，加上新鲜的西洋菜（当地叫cime di rapa），浇上橄榄油，最后在上面放些罗马诺干酪碎（pecorino romano），这就是最地道、最纯粹、最应季、最美味的一种吃法。要是能去中世纪古城奥斯图尼（Ostuni），找家山顶餐馆，坐在橄榄树下，手拿一杯普里米蒂沃葡萄酒（Primitivo）享用猫耳面，你一定会收获一段独一无二的意大利美食回忆。

☛ **食得其所！推荐经典老店Taverna Della Gelosia（26 Vicolo Tommaso Andriola, Ostuni, Puglia）。**

252

在贝鲁特刷夜，用鸡肉串助力

黎巴嫩// 烤鸡肉串在黎巴嫩叫"shish tawook"或者"shish taouk"，是国人最喜爱的街头小吃，有些餐厅里也卖，但不配面饼，而是配米饭和泡菜，雅致但略显无趣，最好还是在贝鲁特夏夜的街头享用，吃一个粗犷爽快。海滩派对归来之后吃，可以缓解宿醉；彻夜泡吧间歇吃，可以让你为下一轮狂欢做好准备。黎巴嫩料理向来以创意精致著称，在炭火上烤出来的鸡肉串则属于其中的另类，吃的时候邋里邋遢，吃过之后满嘴大蒜味，但不管是最爱挑剔的美食家，还是最不讲究的普通人，所有人都对它爱不释手。各家在香料香草的选择上略有不同，但基本上都要把鸡肉切成块，用柠檬汁、大蒜、酸奶、番茄酱、胡椒和盐腌制，烤好之后放到夹饼里，加上蒜酱、新鲜番茄、泡菜和薯条一起吃。如果想在当地交几个新朋友，大蒜咱就少放点儿。

食得其所！推荐Tabliyit Massaad（Gouraud St, Gemmayze, Beirut）。城中另有6家分店。

© Shutterstock / ValerioMei

© Art of Food / Alamy Stock Photo

© Getty Images / ramzihachicho

253

吃烂肉香饭，感受孟买的“柔软”

印度// 几百年前，游牧民族的做饭师傅想出了一个办法，能把又瘦又柴、最不好吃的肉，变成软烂的美味。他们对肉先腌后炸，然后铺上一层层大米和五香粉，小火慢烹，结果鲜嫩多汁，令人生津。这就是这道“烂肉香饭”（raan biriyani）的由来。今天的厨师制作这道菜，为了保证鲜嫩，用的是精挑细选出来的羊腿肉，但香饭的做法并没有太大变化。美味的秘方通常不会外传，腌肉用了什么香料，肉上面要淋多少酥油，你问了人家也不会告诉你，闷头享用那份柔软就是了。

食得其所！ 孟买的Shalimar餐厅1970年开业，做的烂肉香饭在当地首屈一指。

© Antonio Violi / Alamy Stock Photo

© Getty Images / FiledIMAGE

254

拜访Café Schober，品味巧克力永恒的魅力

瑞士// 走进苏黎世老城里的Café Schober咖啡馆，感觉一下子迈进了维多利亚时代的某座大宅。闪烁的彩灯、厚厚的红丝绒靠垫加上镀金吊顶线，7月里来也会让你感觉像是在过圣诞。苹果薄酥卷饼（apfelstrudel）和空心圆蛋糕（gugelhupf）都是这里的招牌，点哪个都行，但一定别忘了来一杯热巧克力。瑞士人每人每年平均会吃掉25磅巧克力，巧克力品质自然称雄中欧。尚未融化的巧克力浮在表面，如膏似脂，上面还会加上厚厚的无糖打发奶油。咖啡馆自19世纪末营业至今，凝聚了一代代苏黎世人甜美的童年回忆。来过之后，你也绝不会忘记。

食得其所！ 冬天来Café Schober（Napfgasse 4, Zurich），你还能看到圣诞的主题装饰，欣赏现场音乐演出，但等位在所难免。

255

去加泰罗尼亚，品尝加泰炖鱼

西班牙// 加泰罗尼亚地区紧守地中海海岸，当地饮食受其影响，常将鱼肉入菜，加泰炖鱼（suquet de peix）就是一道集数百年烹饪传统于一身的完美菜肴。其主料除了鱼，也可以是任何一种其他海鲜，里面必须要放蔬菜，但碎酱（picada）才是点睛之笔。碎酱为加泰地区所独有，传统上由坚果碎和陈面包碎过油之后加高汤调制而成，在制作加泰炖鱼的最后一刻才会放到锅里。

食得其所！ 巴塞罗那的La Taverneta（Francesc Pujols 3）餐厅，装潢极具氛围感，是享用这道加泰经典菜肴的首选去处。

256

去美国东海岸，开啤酒，吃蒸蟹

美国// 每年4月至11月，无数蓝蟹会涌入马里兰州的切萨皮克湾（Chesapeake Bay）。因为蓝蟹肉质鲜美，当地人会把它们抓来，用辣椒调味，整桶进行蒸制。去壳吃肉很费功夫，但同时也很有乐趣，不妨趁此机会，和朋友聊聊天，喝几瓶冰凉的National Bohemian牌啤酒（当地简称“natty boh”，是马里兰州巴尔的摩市最有代表性的啤酒）。当地人把蟹黄蟹膏诙谐地叫作“芥黄酱”（mustard），在吃蟹达人眼中是最好吃的部位，一定要试试。

食得其所！ 安纳波利斯（Annapolis）城外的Cantler's Riverside Inn（458 Forest Beach Rd）是马里兰州最好的螃蟹餐厅之一。

257

吃饱“旧衣菜”，闲逛哈瓦那

古巴// 如果非要选出一种古巴人最爱吃的家常美味，那一定是“旧衣菜”（ropa vieja）。旧衣菜由牛侧腹肉切成的肉丝炖制而成（有时也会用羊肉丝），番茄、辣椒碎和焦糖洋葱必不可少，其他常见的配料包括黑豆、黄米、芭蕉乃至炸木薯。足足的分量体现了古巴人的热情好客，吃过之后，最好到哈瓦那老城里散散步，消消食，再有事没事地停下来，喝上一两杯清爽的莫吉托。

食得其所！ 推荐哈瓦那的Dona Eutemia（Callejón Del Chorro No 60c）。店家会告诉你“旧衣菜”和旧衣服有什么关系。

258

去牙买加，“腻牙”传统咖喱山羊肉

牙买加// 牙买加人管“吃”叫“腻牙”（nyam）。想吃“腻牙”咖喱山羊肉（curry goat），最好是想方设法让当地人邀请你参加家庭聚会，办不到的话就去南海岸，在珍宝海滩（Treasure Beach）沿线的某个路边摊上吃一碗。嚼着满嘴火辣的山羊肉，喝着冰啤酒，顺便痛痛快快地打望眼前男女，以这种方式打发午后时光，配得起“完美”二字。不管是生日、婚礼、亲人团聚还是朋友胡闹，特殊的场合里总少不了这道咖喱山羊肉，上桌时一定是大张旗鼓。制作时讲究小火慢烹，里面会放许多辣辣的苏格兰帽椒，加上烤过的咖喱粉，直至羊肉软烂入味。与其他羊肉相比，山羊肉偏瘦，膻味与咖喱粉的香辛相得益彰，佐餐常用烤熟的面包果。

食得其所！推荐比利海湾（Billy’s Bay）上的小店Strikie-T’s。他家的厨师克里斯·贝奈特（Chris Bennett）喜欢根据独门配方制作当地时令菜肴，咖喱山羊肉就是其中一道。其实，珍宝海滩上的餐饮体验整体上都非常好。

© Daniel Di Paolo

© Shutterstock / outkast85

259

北马其顿椭圆饼：拥有专属节日的美味

北马其顿// 斯提普市（Štip）每年都会举办一个节日，纪念一种备受喜爱的当地特色比萨——椭圆饼（pastrmajlija）。能让人设节欢庆的食物，味道总不会差，椭圆饼也不例外。这种烘焙馅饼的名字来自“pastrma”一词，指的是一种用盐腌制的羊肉干（但有些地方也会代之以猪肉干）。把肉干切成丁放到面饼上，再加两个鸡蛋和辣辣的泡椒，放到炉子里烘烤。别的不说，鸡蛋烤好之后的口感就十分完美。马其顿的许多餐厅都有椭圆饼，在馅料选择上越来越大胆，首都斯科普里（Skopje）更是如此，但全都比不过传统口味的椭圆饼。这种东西又便宜又好吃，最适合与家人朋友一同分享。

食得其所！每年9月去斯提普过椭圆饼节。其他时间来，推荐Pastrmajlija & Grill House（Jane Sandanski, 1000, Skopje）。

© Getty Images / bonchan

260

© Getty Images / Eliane29

260

掉渣饼：贝鲁特早餐的正确打开方式

黎巴嫩// 早餐时间走在贝鲁特街头，手里拿着一份刚刚烤好、表皮酥脆的掉渣饼（manoushe），闻着饼里的牛至、百里香、马郁兰和漆树果散发出的迷香，以这种独特的方式开启一天的生活，令人久久难忘。贝鲁特的烤饼店叫“fern”，当地人早上总会聚到中意的烤饼店里，聊八卦，谈时事，吃东西，然后再去工作。城中的烤饼店无所不在，许多都已由同一个家族经营了数代，对自家掉渣饼的配方守口如瓶。大多数地方午餐之后就不做了，所以想吃掉渣饼，一定别拖太晚。

食得其所！在贝鲁特街头闲逛，闻着香味，肯定能找到烤饼店。

261

261

椰浆饭：包在班兰叶里的新加坡

新加坡// 狮城效率至上：坐上地铁，瞬间即可到达全岛各地。狮城也精彩纷呈：你可以坐地铁去滨海湾金沙酒店的天台泳池里游泳，去新加坡植物园里寻找绿意，去殖民区逛美术馆，去小印度，去牛车水，去阿拉伯街……要是看来看去看饿了，你还可以坐上地铁，找个地方，吃一盘源自马来、火遍狮城的椰浆饭（nasi lemak）。要是急着赶地铁，那就把做椰浆饭用到的班兰叶当成“餐盒”，卷起来边走边吃。椰浆饭吃法重效率，味道口感精彩纷呈，就像……就像新加坡。

食得其所！樟宜村（樟宜路）那些美食摊上就能找到美味的椰浆饭，其他地方也有无数选择。

262

里窝那鹰嘴豆煎饼：海景与小吃的碰撞

意大利// 里窝那（Livorno）是托斯卡纳地区繁忙的港城，交织成网的运河连接着各个仓库与港口，建筑不拘一格，悠久的历史依然留存于当下。在城中徒步游览时，不妨到位于海滨的马斯卡尼广场（Terrazza Mascagni）休息一下，尝尝当地最热门的小吃鹰嘴豆煎饼（torta di ceci）。面饼很薄，用鹰嘴豆粉和面制成，制作时要放在大大的圆形锡铁锅里用旺火煎烤酥脆，然后切成片，传统吃法是放到面包里吃。

☛ **食得其所！** 里窝那马斯卡尼广场一带的街头小贩就卖鹰嘴豆煎饼。

263

卡帕多基亚的陶罐烤肉：香在嘴里，更香在眼中

土耳其// 舌尖上的美味，最好有视觉上的挑逗做铺垫，土耳其中部的卡帕多基亚（Cappadocia）就深谙此道。在这个风光无限好的地方，有一种食物叫"testi kebap"，意为"陶罐烤肉"，也就是把肉放到陶罐里，封口上火烤。有些地方会用面团封口（多数用锡纸），但不管用什么，吃的时候总要启封。那一瞬间，罐子里的香味会一下子爆发出来。食客先是惊讶，随即狂喜，很像邂逅当地著名的"精灵烟囱"（fairy chimneys：当地奇特地貌）时的感受。

☛ **食得其所！** 餐厅Sofra（Atatürk Cd, Avanos/Nevşehir）的陶罐烤肉用自制酱料调味，最正宗，最好吃。

264

一盘打抛肉，吃遍泰王国

泰国// 泰国上下，曼谷内外，街边小吃打抛肉（pad ka pao）人气何以如此之高？想象一下这个画面，你就明白了：小贩面前一口热热的炒锅，身边香气萦绕；锅中下鸡肉碎或者猪肉碎，放辣椒和豆角，接着撒上一大把罗勒——那是一种芳香的灌木树叶，肆无忌惮地生长在东南亚各地；不断翻炒之后，叶片萎缩，香气却已融入肉中，把简单的食材幻化成珍馐；最后盖到米饭上，再搭配一个煎蛋。什么时候吃，都是无敌美味。

☛ **食得其所！** 在泰国，有街头小吃的地方就有打抛肉，言外之意：哪儿都有！

© Getty Images / Joel Carillet

266

265

河滩旁边煮小龙虾，路易斯安纳享闲暇

美国// 在路易斯安纳州的卡真（Cajun）地区，煮小龙虾可是一场盛会。朋友邻居，奶奶姥姥，还有那些八竿子打不着的亲戚，全都会挤在后院里，一边喝啤酒，一边支起大锅，成袋成袋地往里面倒小龙虾。小龙虾看着小，实际上属于淡水甲壳动物，路易斯安纳那些泥泞的河滩里就长着许多。煮好之后调好味，在野餐桌上铺一层报纸，把龙虾往上面一放，就可以吃了。传统搭配包括玉米和土豆，但啤酒也不能停。

☛ 食得其所！冬季到春末是吃小龙虾的季节，那时候一定要去卡真地区，在河滩边交几个当地朋友。

266

埃及塔米亚：蚕豆做的法拉费

埃及// 所有人都知道法拉费（Falafel）是用鹰嘴豆做的，不对吗？不完全对。法拉费在埃及叫“塔米亚”（ta'amiya），里面不用鹰嘴豆，而是用世界上最古老的一种作物，蚕豆。因为这一点，塔米亚比一般的法拉费要更轻更蓬松，酥脆的外皮点缀着芝麻，丸子里面能看出绿色的草本香料。埃及人认为法拉费是他们发明的，其实谁发明的不重要，做得好吃最重要。

☛ 食得其所！推荐Mohammed Ahmed（17 Sharia Shakor Pasha, Alexandria），他家的塔米亚该有的花样一应俱全，而且现炸现卖，热得烫嘴。

267

古巴炸猪皮：肥肉，肥油，肥美

古巴// 走在哈瓦那的街头，你会发现古巴人吃炸猪皮（chicharrones）就像我们吃薯片一样，一口一口没个停。这东西是在猪油里炸出来的，除了皮和肥膘，偶尔还会带一点点猪肚子上的瘦肉。本身就油腻，还要过油炸，有点儿下不去嘴是吗？其实，火候到位的炸猪皮，蓬松酥脆，瘦肉非常筋道，而且香味十足，吃的时候再撒一大把盐。此等小吃，足以傲视全球。

☛ 食得其所！古巴到处都有卖炸猪皮的路边摊和零食柜台。

© Brett Stevens / www.superstock.com

268

马来西亚牛肉冷当：从路边吃到餐厅，让味蕾跃动不停

马来西亚// 牛肉冷当（beef rendang）是众多咖喱菜肴中毋庸置疑的王者，为了展现出牛肉的鲜嫩与浓浓的椰香，制作需要好几个小时，本身源自印尼，如今在马来西亚和新加坡随处可见。之所以推荐你来马来西亚吃冷当，是因为当地的路边摊有一手绝活，那就是竹筒饭（lemang）。摊位前摆着一个小烤炉，上面放着一根根竹筒，拌上椰奶的糯米被塞在里面烤制。你点好之后，摊主就会拿来一张盘子或是一片蕉叶，把竹筒饭倒在上面，旁边再舀一勺冷当。那种口感与味道上的对比实在是非同凡响。如果对就餐环境要求更高，全马来西亚的餐厅和美食广场里也都能吃到牛肉冷当。这并不奇怪，浓郁香辣的咖喱酱，入口即化的牛肉，除了当地信奉印度教的印度人，敢问谁人不爱？其实不论在哪儿吃，味道总归不会差。

☛ **食得其所！马来西亚各条主干道路边休息区，一般都有卖冷当的摊位。**

269

奥地利炸肉排，维也纳才地道

奥地利// 炸肉排（wiener schnitzel）是一道走遍全球、处处生根的菜肴，只要有奥地利或者德国风味餐厅，你总能在餐单上见到它。不过，外部地区的生硬解读，怎比得过故乡的正宗地道？要去就去维也纳的Am Nordpol 3餐厅。店内装潢不拘一格，但这道炸肉排却是恪守传统。一大片嫩牛肉排裹上面包屑，在植物油里微微炸熟，放在盘子里占去了大半片地方，旁边放一片柠檬和一些叶菜什锦沙拉，就可以上桌了。没有花样，没有噱头，只有传统炸肉排该有的样子。如果想去个格调更高的地方，不妨选择清一色白桌布的Skopik & Lohn 。他家的炸肉排也很好吃，配菜是一道黄瓜沙拉，附带小茴香酸奶或者经典土豆沙拉。不管是这两家，还是维亚纳任何一家敢拿炸肉排做招牌的餐厅，店家在你用餐结束后都会奉上荷兰杜松子酒。维也纳人说这种酒能够给炸肉排解腻——解不解腻不重要，反正真的很好喝。

食得其所！ 推荐维也纳的Am Nordpol 3（Nordwestbahnstrasse 17, 1020 Wien）和Skopik & Lohn（Leopoldsgasse 17, 1020 Wien）。

© Shutterstock / Jorg Hackemann

© StockFood / Schardt, Wolfgang

© Getty Images / stefanocar75

270

天妇罗：面糊之下，足见匠心

日本// 日本人与天妇罗（tempura）的姻缘，起于16世纪。当时的东京人发现，城中的葡萄牙商人每到不能吃肉的季节，便会用面糊裹住豆角油炸，权当作肉来过瘾。因为四季节在拉丁语中叫“tempora”，日本人便以此命名这种烹调方法，称之为“天妇罗”。自从学会了这招，日本人一直忙着改进完善，现在，从海鲜到香菇，几乎什么东西都可以裹上薄薄的面糊炸着吃。天妇罗要想做到极致，炸出来的面糊必须轻薄如无物，每口都有酥脆感。观看厨师制作天妇罗，简直像是在欣赏一出烹饪好戏。

食得其所！推荐京都的川辰（Kawatatsu；京都市南区久世川原町65号）。他家每桌配有一位厨师，在食客面前现场烹制。

271

去拉巴斯品尝登峰造极的藜麦乱炖

玻利维亚// 你也许认为，玻利维亚的拉巴斯（La Paz）既然是全世界海拔最高的首都，城中的餐饮档次也应该很高。放心，到Gustu餐厅来一次，保证你不会失望。那么该点什么呢？推荐藜麦乱炖，一道历史悠久、惊喜不断的玻利维亚家常菜。这道菜的主料当然包括藜麦，但也有青菜和蚕豆，还会用香叶、西芹、盐和胡椒提味。餐厅掌勺更对其进行了创造性解读，加入了红茶菌、豆子和味噌，使其精妙无比，配得上五星好评。

食得其所！在Gustu(Ave Costanera 10, La Paz)吃藜麦乱炖，能带给你前所未有的感觉。

272

圣地亚哥杏仁挞，食客快来参拜

西班牙// 西班牙加利西亚地区的圣地亚哥-德-孔波斯特拉，作为圣地亚哥朝圣之路的终点可谓大名鼎鼎，但城中还有一个东西值得我们朝拜，那就是圣地亚哥杏仁挞。这种果挞在当地已有数百年的历史，但其最大的特征，却在大约100年前才出现：当地一位面点师为了纪念耶稣门徒圣雅各，便在果挞表皮糖霜上留下了一个圣雅各十字架的图案，至今已成传统。

食得其所！Pastelería Mercedes Mora (Rúa Do Vilar 46, Santiago De Compostela)是圣地亚哥杏仁挞的“圣殿”。

273

牧羊人塔可：黎巴嫩的传统，墨西哥的经典

墨西哥// 19世纪的黎巴嫩移民把家乡的转炉烤肉带到了墨西哥，几经演变，当初的牛肉和羊肉被替换成了猪肉，直立的烤肉叉常常还会顶上一个凤梨。店家把猪肉片下来，夹在玉米饼里，再在上面放上香菜和洋葱，挤些青柠汁，最后放几块烤熟的凤梨，一份牧羊人塔可就做好了。在墨西哥中部，每一家餐厅的牧羊人塔可几乎都很好吃。

食得其所！推荐墨西哥城的El Huequito (Ayuntamiento 21)，他家自1959年起一直在做牧羊人塔可。

© Lonely Planet / Justin Foulkes

272

272

272

274

吃兰州牛肉面，欣赏精彩的拉面表演

中国// 在兰州吃面，可不要提“兰州拉面”，那是容易被嘲笑的外行人的叫法，当地人一般都叫“牛肉面”，也有称呼“牛大”的，意思是“大碗牛肉面”。在这里吃面，看着厨台前的拉面师傅又拉又扭，又折又拍，听着面条砸在案板上的啪啪声，感受独一无二。师傅们拉面时的那种灵巧与严肃，很难用言语传达。面团拉折的次数，决定了面条的长短与粗细，制作过程既需要技术，又带有一丝表演的成分，让食客对即将到来的美味充满期待。兰州的牛肉面，因“汤镜者清，肉烂者香，面细者精”而闻名，口感多元平衡，味道浓郁复杂，加上辣椒油，满口香浓。

☛ 食得其所！ 兰州那些高人气的牛肉面馆，人气真的很高，要做好等位的准备——马子禄牛肉面（兰州大众巷86号）也不例外。

Tessa Kiros

苔莎·吉罗斯

苔莎·吉罗斯是一位生活在伦敦的作家，将自己在旅行中的感悟写成了10本畅销烹饪书，其中包括《从普罗旺斯到本地治理》（*Provence to Pondicherry*）以及《落下的悬钩子》（*Falling Cloudberries*）。

01

在亚速尔群岛圣米高（San Miguel）吃葡式乱炖（cozido）：这道葡萄牙经典菜有点腻，里面有猪耳朵、血肠、猪五花以及口利左香肠，但我吃的这道，是用火山地热炖出来的，不管味道如何，感觉总是很魔幻。

02

在希腊吃西瓜配菲达奶酪：这是我美妙的夏日回忆。不管是在海滩吃，还是在雅典某个阳台上吃，这对又甜又咸的组合都能给人奇妙的感觉。

03

在拉普兰吃野生三文鱼：拉普兰温度极低，这里的三文鱼自有一种风味，无须复杂烹饪便成奇味。

04

在留尼汪吃香草鸭：在这座离马达加斯加很近的海岛上，香草长得很美，至今回味起来，我眼前总会浮现出岛上绽放的美丽香草。

05

在葡萄牙阿尔加维吃沙丁鱼：我们来的时候碰巧赶上了当地的沙丁鱼节。吃的时候只需搭配一块绝妙的面包和一杯绝妙的葡萄酒。

275

会安白玫瑰：无法山寨的美味

越南// 越南中部城镇会安有一种精致的春卷叫“白玫瑰”（bánh bao vac），在其他地方绝对吃不到。这主要是因为：第一，米皮在和面时据说一定要用会安古镇中心一口井里的井水；第二，配方牢牢地掌握在会安当地一个家族手中，外人不得而知。这种春卷的馅并不大，或用猪肉，或用虾肉，外皮摊开，仿佛一朵白色的玫瑰花，所以才叫白玫瑰。吃的时候要撒上脆脆的炸蒜末，蘸上一种用辣椒和鱼露调成的汁。

☛ **食得其所！** 推荐地道正宗的White Rose Restaurant（533 Hai Ba Trung, Cam Pho, Hoi An）。餐厅紧邻游客聚集区之外。

276

炸饭团：西西里街头小吃中的“太阳”

意大利// 巴勒莫的Antica Focacceria San Francesco餐厅自1834年开业至今，被视为西西里地方美食的“标杆”，他家的炸饭团（arancini）就值得一试。制作时，要把饭团子包上馅，裹上面包屑过油炸，直至外皮黄中透红——“arancini”意为“小橙子”，说的就是颜色。据说，炸饭团在10世纪时传入当时被阿拉伯人统治的西西里岛。饭团里加的藏红花，大概也是当初随着商船从东方传过来的。每年12月白昼最短的那天，西西里人会用炸饭团庆祝圣露西亚节，纪念这位在17世纪饥荒之际解救小岛的“光明圣徒”。当然了，你会发现炸饭团的魅力，全年任何时间都无法抵挡。

☛ **食得其所！** Antica Focacceria San Francesco餐厅（58 Via Alessandro Paternostro, Palermo）的厨师杰赛普·迪·茅洛（Guiseppe Di Mauro）每天都会现炸饭团。

© Shutterstock / Boris-B

277

茶摊喝茶：印度人民喜闻乐见的业余活动

印度// 印度人喝茶成“疯”，路边几乎每走一步就能遇到一位吆喝卖茶的“茶老板”（chai wallah）。印度人再忙，总有时间停下来快饮一杯。印度的茶（chai）属于奶茶，牛奶和糖要加很多，非常浓稠。茶老板熟能生巧，动作华丽，茶壶上先铺一层棉布作滤网，茶水从天而降，不偏不倚，随后再盛到小玻璃杯或是铁杯里供客人饮用。老板不同，地区不同，茶的配方也不同，但里面通常都会加生姜、肉桂、丁香和小豆蔻。有些茶老板还会卖小吃，吐司、鸡蛋、素食汉堡（vada pav）以及各色炸货。许多人守着一个地方摆茶摊，一摆就是几十年，任凭城市在身边不断发展变化，仿佛过眼云烟。

☛ **食得其所！** 不管是在火车站、水果市场还是徒步小道旁边，只要看到茶老板，一定要过去试试，试得多了，才知道自己最爱喝哪口儿。

277

278

278

贝伦食品市场那么大，一份巴西莓甜碗少不了

巴西// 贝伦的维罗比索市场占地54亩，摊位超过2000个，但之所以在巴西被视为国家遗产，主要是因为其地段（正对瓜加拉湾，紧守亚马孙河）与建筑的美妙组合。不过一路逛下来，你印象最深的还是市场巨大的规模，当然，还有这里的食物。迷人的“铁架市场”区里都是卖鱼的摊位，售卖农产、自制酱料、牲畜、熟食等各种商品的摊位也是应有尽有。其中更有一整片区域专门销售巴西莓。这种水果如今可是网红爆款，号称“超级食品”，富含抗氧化物，能量值超高。当地人会把这种东西做成巴西莓甜碗当早餐，你要是没吃过，在这里正好可以试试。碗里放上捣碎的巴西莓和瓜拉纳糖浆，上面放上即食麦片和香蕉就可以了。吃过一碗，逛遍54亩的市场也不会累。

☛ **食得其所！** 除了贝伦，巴西东北部沿线海滩上都能找到卖这种东西的美食亭和果汁吧（当地叫sucos bar）。巴西莓甜碗当地话的发音大致是“阿赛依纳提哥拉”。

279

去热门的清迈，吃冷门的清迈面

泰国// 泰国有一种面条叫“khao soi”，中文常称为“清迈面”，做法受到了邻国缅甸的影响，在泰北各地都很常见，但目前尚未现身国外泰国餐厅的菜单。所以，这让你下次来泰国度假又多了一个理由：没吃过清迈面的不妨前来猎奇，吃过的不妨再过一次瘾。在清迈吃清迈面，选择不要太多：你可以去摆着塑料椅子的路边摊，也可以去挤满幸福食客的露天咖啡馆，还可以去某些高档餐厅——当然了，去那里并不是因为味道更好，主要就是冲着空调。不管去哪里吃，一定要选人最多的地方，人多就说明面好。清迈面一般带有熏香和椰香，还能品出小豆蔻、姜、肉桂和姜黄的滋味。面条用鸡蛋和面，碗中还会放上鲜嫩多汁的鸡肉块，最后加些青柠、辣椒和芥菜咸菜就可以吃了。

☛ 食得其所！清迈夜市周边有不少露天餐馆可选。也可以选择Khao Soi SamerJai（Wat Fah Haam; Mueng Chiang Mai District, Chiang Mai, 50000）。

© Lonely Planet / Matt Munro

© Lonely Planet / Matt Munro

© StockFood / Shippen, Mick

Courtesy of Giraffe Manor / The Safari Collection - thesafaricollection.com

280

前往内罗毕市郊，与一群脖子长长的朋友共进早餐

肯尼亚// 位于内罗毕市郊的Giraffe Manor是一家很不寻常的庄园酒店，服务员总喜欢提醒你一定要早早地来吃早餐，倒不是担心你的鸡蛋会变凉，而是因为某些特殊的“客人”喜欢早早地从森林深处出来进餐，你来晚了就遇不到他们，遇不到他们你肯定后悔。找个临窗的桌子坐好，用不了多久，眼前就会出现神奇的一幕，让你感觉自己突然走进了电影《怪医杜立德》：慢慢地，森林中出现了一群罗氏长颈鹿，迈着优雅的步伐朝酒店走来，高贵得不可思议，仿佛拥有魔力，脚步不紧不慢，一直走到你的窗边，然后弯下长长的脖子，伸出长长的舌头，隔着玻璃舔舔你桌上的甜品，用温柔的眼神扫视一下你们这些奇怪的人类，最后转身离开，重返森林。

食得其所！酒店位于内罗毕Gogo Falls Rd公路旁，记得伸长脖子留神找。

281

品尝章鱼小丸子，打量东京潮流前线

日本// 原宿是东京最时尚、最先锋、最卡哇伊、最不真实的地方。除了形形色色的前卫男女，那里还汇集了街头艺术、cosplay商店、古着店、高端精品店、咖啡馆和酒吧。想充分沉醉其间，最好到小吃车那里买一小盒章鱼小丸子（たこ焼き；takoyaki），找个地方坐下，边吃边看浮世绘。章鱼小丸子每个有高尔夫球大小，肉质软嫩，里面能吃出章鱼肉丁，外面会浇上蛋黄酱、木鱼花和一种照烧酱，要用牙签挑着吃。虽然很烫，但却很上瘾——就像原宿一样！

☛ 食得其所！ 在东京的话，推荐连锁店銀だこたこ焼き（Gindaco Takoyaki；东京涩谷区神宫前Toshikazu Bldg）。其他地方，留心寻找章鱼图案的小吃车就行。

© Shutterstock / VICHAILAO

© 500px / Jeff Ehlers

282

阿拉斯加帝王蟹配奶酪通心粉？这种吃法，可以有

美国// 一个是地球上最尊贵的食材，一个是司空见惯的奶酪通心粉（美国叫"mac & cheese"）。两种东西搭在一起吃，总感觉有些不太对劲。你之所以会觉得好吃，可能是因为没有节操的土豪做派，但一部分原因肯定来自蟹肉本身。帝王蟹大大的蟹腿肉鲜嫩多汁，柔软香甜，与通心粉中的格吕耶尔奶酪和帕尔马奶酪对比美妙。想要试试这种混搭吃法，最好去安克雷奇找家海鲜餐馆——那里距离帝王蟹的产地白令海不远，蟹肉肯定新鲜。

☛ 食得其所！ 推荐Orso（737 W 5th Ave, Anchorage, Alaska）。

283

去多巴哥的海滩，吃贯通国际的咖喱蟹

特立尼达和多巴哥// 多巴哥的饮食传统，师从全球。国菜“咖喱蟹配面团”(curried crab and dumplings)就是用来自印、非、欧、亚以及南美的香料打造成的一道加勒比特色咖喱。想吃这道菜，千万别耽搁：海滩小餐馆的师傅们早上就会做上一大锅招待食客，东西卖没了就关门。

食得其所！皇冠角(Crown Point)附近的鸽子角遗产公园(Pigeon Point Heritage Park)里有一片海滩，那里既能吃到美食，也有现场音乐演出。

284

去澳大利亚达尔文抓螃蟹

澳大利亚// 澳大利亚达尔文(Darwin)地区有一种特殊的梭子蟹(当地叫mud crab)，体形非常大，味道非常好，数量非常多。大规模商业捕蟹在这一带基本禁止，但渔民小规模捕蟹并不违法。一些渔民还会带游客亲身体验，感觉很有意思，捕到的螃蟹当然可以成为你的盘中餐。当地旱季期间(5月至10月)可以找到梭子蟹。

食得其所！在达尔文港就能找到渔民带你去捕梭子蟹。烹饪时要煮12分钟。

285

辛佳拉：请不要叫我咖喱角

孟加拉国// 我们许多人都会把孟加拉的“辛佳拉”(shingara)误当成咖喱角(samosa)，这是可以理解的。但对孟加拉人来说，这两种带馅点心的区别显而易见：辛佳拉分量更大，馅里不放肉，而是用土豆、豌豆、菜花甚至是花生，形状更像金字塔。和咖喱角一样，辛佳拉也要用五香粉调味，吃的时候要搭配蘸酱，但咖喱角只是零嘴，辛佳拉却是简餐。

食得其所！从路边摊位，到大众餐厅，辛佳拉很容易吃到。

286

塔希提生鱼糊：才入海滨天堂，又入美食天堂

塔希提// 生鱼糊（poisson cru）制作简单，味道精妙。主料是生的金枪鱼肉块，只在青柠汁里经过短暂腌制，味道酸爽，口感软滑。在鱼块上面倒上纯椰奶，再加上黄瓜和胡萝卜碎，还可以放些洋葱和番茄，最后撒些盐和黑胡椒，一道生鱼糊就做好了，搭配白米饭，可作午餐，可作晚餐。看着眼前的大海，感受着脚趾间的沙粒，品尝口中的生鱼，你一定会上瘾。

☛ **食得其所！** 传统的生鱼糊到处都能吃到，但塔希提许多国际餐厅里都对其进行了创意解读，值得一试。

287

拉贾斯坦邦红羊咖喱：火辣辣的宫廷御膳

印度// 首先声明，红羊咖喱（laal maans）不适合口味轻的人。这道菜的做法，是从拉贾斯坦邦（Rajasthan）的御膳房里传出来的，最初用的是野生鹿肉，为了遮住腥膻，需要重辣重料。现在，主料改用羔羊的腿肉，口感自然鲜嫩，但调味方法却没有变，仍然要放五花八门的香料，辣椒和大蒜更是敞开了放。这样一道小火炖出来的咖喱，一定能让你吃到流泪——可能是因为香，也可能是因为辣！

☛ **食得其所！** Jaipur's Restaurant 1135 AD（Nr Sheela Mata Temple, Amer Palace, Amer）装潢华丽似宫殿，主打拉贾斯坦邦风味。

288

米兰烩饭 米兰吃

意大利// 米兰烩饭（risotto alla milanese）在所有意式烩饭中名气最大，美味的原因，在于"地利"。水稻在中世纪时传入意大利，种植条件最理想的地方在波河河谷，而那里恰好靠近意大利美食之都米兰。经过数百年的试验改良，米兰人在19世纪时终于创造出了这种做法：选择卡纳诺利大米（carnaroli），在黄油中煎烩，然后再加一些用藏红花调出来的牛肉浓汤。像阳光一样灿烂的米兰烩饭，如今在世界各地都深受喜爱。

☛ **食得其所！** 推荐Trattoria Da Abele（Via Temperanza, Milan），口味家常地道，氛围低调朴实。

289

缅因龙虾卷：街头小吃也能大有品位

美国// 在新英格兰，就连街头小吃也很“高大上”。缅因人做热狗，什么油腻的奶酪炸货、平平无奇的熟食香肠，一概不用，而是用新鲜的龙虾肉，做成所谓的“龙虾卷”（lobster roll）。沿着这片荒凉嶙峋的海岸线随便走，不管是海鲜小馆、外卖小摊、平民食堂还是超级市场，你总能找到这种简单却又奢华的美味。做法方面几乎没有什么差别，因为所有人都知道龙虾肉乃是极品食材，无须调味。一般就是把龙虾虾尾、虾钳、虾足中的肉各取一部分，高高地堆在一块烤面包上，然后浇上黄油，撒些盐和胡椒。有的地方可以加选蛋黄酱，抹在面包上也行，单独蘸着吃也行。贵是一定的，但我们打赌你一定会回来再吃一份。

☛ 食得其所！推荐老字号餐馆Red' s Eats——位于缅因州美丽的小城维斯卡塞（Wiscasset）水畔。

© Joe Schmelzer / Alamy Stock Photo

© Lonely Planet / James Bedford

290

小龙虾派对，北欧的一把火

芬兰、瑞典和挪威// 到了北欧，一定不要错过当地的小龙虾派对（kraftskiva）。小龙虾在北欧叫“rapu”，颜色红艳艳的，让人不禁想到夏日，再加上当地其他季节缺乏日照，所以每逢一年一度的小龙虾派对季，每个北欧人都会显得有些癫狂。他们打扮齐整，带着傻乎乎的帽子围在桌边，一边不怕脏、不停嘴地吸溜小龙虾，一边一杯接一杯地干烈酒、喝啤酒，同时还会放声高歌，好不快活！当地小龙虾的做法也有很多种，除了烧烤、加香料炒制，还会夹在面包里做成三明治或汉堡。吃时还会有配套的餐具，不过经常在国内吃小龙虾的你，相信有更快捷的方法把它们吃进嘴里。

☛ 食得其所！在8月某个温暖的夜晚，找一群朋友，来一大盆小龙虾，备好足够的酒，开动！

291

一勺焖蚕豆，法老也动心

埃及// 如果说金字塔是埃及的国宝，焖蚕豆(ful medames)就是埃及的国菜，两者同样历史悠久，同样令国人无比自豪。焖蚕豆在当地简称“fūl”，从平民百姓的早餐桌，到开罗、亚历山大城的高档餐厅，几乎随处可见。各地做法虽有差别，但里面一般都少不了孜然、大蒜、柠檬汁、西芹和橄榄油。吃的时候当作酱，主食是在石板上烤出来的焦香馕饼，舀一勺抹在饼上，再拿煮鸡蛋、番茄黄瓜沙拉当配菜。一嘴下去，又有温度又有滋味，如此开启在埃及的一天，感觉妙不可言。有人说在埃及法老的坟墓中就发现过焖蚕豆存在的证据，美味如此，难怪法老也爱。

食得其所！在El Tabei El Domiaty 就能吃到很不错的焖蚕豆。这家连锁快餐店遍布全国。

© Boaz Rottem – www.superstock.com

292

加入英国名厨约塔姆·奥托兰基的粉丝团

英国// 以色列裔英国名厨约塔姆·奥托兰基(Yotam Ottolenghi)，通过开餐厅、写烹饪书和上电视，在英国掀起了一场餐饮运动，其宗旨是通过食物给人们带去幸福。他和他的团队在伦敦卡姆登(Camden)打造了一家“试验厨房”(test-kitchen)，专门用来创造新菜。其烹饪技法、灵感来自世界各地，小而精的食材供应商遍布英国与欧洲。一道道新奇美味为他赢得了越来越多的粉丝，其中用到的许多种原料，都可以通过他的网店购买。他在伦敦有4家餐厅，身在伦敦的话可以到店享用，也可以让店家送菜上门——在家吃大餐，这对任何人来说都是一种幸福！

食得其所！推荐伦敦的Ottolenghi Islington(287 Upper St)。那里融熟食店和餐厅于一体，设有一大张共享餐桌。

© Courtesy of Ottolenghi / Issy Croker

293

一碗炖牛肉，越法不分家

越南// 越南许多以牛肉为原料的食物，最容易显示出法国饮食文化的影响，但和著名的越南牛肉粉（pho bo）相比，炖牛肉（bò kho）的法国范儿似乎没有那么足。虽说名叫炖牛肉，但里面还要放上胡萝卜和土豆，更要用鱼露、柠檬草这种东南亚特色调料提味，最后再点缀一些草本香料，通常搭配米饭食用，真可谓法中有越，越中有法！

食得其所！ 推荐大叻Lien Hoa（15-17-19 Duong 3/2）的炖牛肉，吃起来暖身暖心，会让你有种回到家的感觉。

294

赞岐乌冬面：最好的味道，需要自己动手

日本// 日本香川县（Kagawa）旧称赞岐（sanuki），当地人吃面已有数百年历史，一向平安无事，但在20世纪80年代，媒体却对这里展开了狂轰滥炸，将赞岐乌冬面（sanuki udon）评为"乌冬之王"。这种面条软中带韧，如今在日本各地备受推崇，仅香川一地就有数百家面馆。在里面吃面，需要自己动手，得自己用热水泡软面条，自己选择配菜和浇头，体验非常有趣。

食得其所！ 推荐はりや（Hariya；香川县高松市乡东町587-174 ）。面馆特别火爆，吃起来特别仓促，但仍然值得一试。

295

在苏里南庆生，吃鸡肉焙盘

苏里南// 苏里南人有句俗话，叫"无焙盘，不成生日宴"，足见这道菜在当地人心中的重要地位。当地的鸡肉焙盘叫"pom"，里面除了柚子，还会用到一种当地特产的植物根（pomtajer）。这道菜的起源不太清楚，有人说传自荷兰殖民者，有人说传自犹太人，但不管谁对谁错，想吃的话一定要去苏里南，争取参加某个当地人的生日派对。

食得其所！ 在当地生日派对上（或者煞有介事地告诉大家今天是你的生日）。

294

© Lonely Planet / Myles New

© Lonely Planet / Matt Munro

296

去经典美式餐厅，用全天供应的早餐实现美国梦

美国// 传统的美式餐厅（diner）什么样，不管你去没去过，似乎都很清楚。也许是看了太多好莱坞的电影电视，只要一闭上眼睛，那个画面自然就来了：不分昼夜，总是开门，里面设有仿皮卡座，女服务员肯定是嚼着口香糖，慢吞吞地走到你的桌前，从耳朵上面拔下铅笔，等着你从一张塑封菜单上点东西。美式餐厅又惬意又便宜又方便，经过美国人的多年打磨，已经形成了一套完美的经典菜式。菜单上全是最火爆的美国家常美食：汉堡配薯条、肉派配土豆泥、培根配煎蛋、华夫饼配煎饼、咸牛肉碎什锦、肉饼、炸鸡、柠檬蛋奶霜派、奶昔……种种名目，不胜枚举。但一上来，必须先点咖啡。美国人管咖啡叫“cup of joe”，从过滤咖啡机里接出来直接端上桌，杯子超大，深不见底。点过了咖啡，再慢悠悠地筛选，看今天早上你想品尝哪几种美式特色。

☛ 食得其所！ 小到小城镇，大到大都市，全美各地都有美式餐厅。身在洛杉矶的话，我们推荐Pann’s（6710 La Tijera Blvd）。

Ben Shewry

本·舒瑞

本·舒瑞是墨尔本Attica餐厅的厨师兼老板，曾与其他5名厨师一同亮相Netflix的美食纪录片《主厨的餐桌》（*Chef's Table*）。

01

在墨西哥城的Restaurant Quintonil吃莫莱酱（Mole）：餐厅地方小，有激情，大厨豪尔赫（Jorge）制作的莫莱酱，既令人心满意足，又有些出人意料。

02

在墨尔本Lune面包房吃冰激凌三明治：他家制作面点，恰似僧人修行。这款三明治用牛角面包做胚，表皮亮得像是贴了膜，夹在里面的那块冰激凌也堪称完美。

03

在法国勃艮第吃伯迪耶黄油（Bordier butter）：由让·耶夫·伯迪耶（Jean Yves Bordier）首创，味道比我吃过的任何一种奶酪都好，想买到不容易，但不是不可能。他当年用的奶牛，肯定是神牛！

04

在索诺玛El Molino Central餐厅吃波希米亚啤酒糊鱼肉塔可：一家路边小馆，菜单写在黑板上，用的都是当地无公害食材，老板娘对墨西哥菜了如指掌。

05

在墨尔本Tipo00餐厅吃红鲣意面（red mullet tagliatelle）：一家"意面馆"，经营时间相对较短，却在当地掀起了一场不大不小的革命。这道意面烹制精美，面条讲究现做，里面还加了一点藏红花。

297

匈牙利红烩牛肉：名满天下，暖破寒冬

匈牙利// 匈牙利的红烩牛肉（goulash），字面意思是"牧民吃的肉"，原先不过是牧牛人在营火上做出来的炖菜，出身并不高贵。但在中欧凛冽的冬季，吃一顿浓香的红烩牛肉，让温暖传遍全身，你肯定可以想象当年牧民心中的欣慰。匈牙利南部平原盛产辣椒，红烩牛肉在制作时就会放入许多辣椒面，因此才有了那种独特的红褐色。土豆等块根植物的加入造成了汤汁的浓稠，吃的时候常常还会搭配一种鸡蛋面疙瘩（当地叫"csipetke"）。从源自中世纪时代的老酒馆，到超级时髦的创意餐馆，匈牙利每个地方都能吃到红烩牛肉。

食得其所！霍尔托巴吉国家公园（Hortobágy National Park）里有一家漂亮的路边小酒馆Hortobágyi Csárda，历史可以追溯到18世纪，那里的红烩牛肉会盛在小铁壶里端上桌。

© StockFood / Gräfe & Unzer Verlag / Schardt, Wolfgang

© Lonely Planet / Junichi Miyazaki

298

东京饭团：一握在手，完美在口

日本// 饭团（お握り；onigiri）在日本无所不在，每家便利店里都有。东京的饭团一般是三角形的，在其他地方可能是圆形或是椭圆形的。想要获得最棒的体验，别去便利店，而要找家专门卖饭团的商店，比如おにぎり 浅草 宿六。他家自1954年便已开业，历史之久，东京第一。饭团的好坏，全在于米。宿六的师傅三浦阳介（Yosuke Miura）首选越光大米，这种米产自新潟，香气四溢。他说："如果当季所产品质欠佳，我也会选择其他品种，一定要保证黏度和香味恰到好处。"饭团里面的馅，包括泡菜、小凤尾鱼以及味噌生姜等。东西虽然司空见惯，制作仍需精益求精。

☛ **食得其所！** 推荐おにぎり 浅草 宿六（东京台东区浅草3-9-10）。

299

马来西亚云吞面：不玩虚的，只捞干的

马来西亚// 你很可能吃过云吞面，但来到马拉西亚，走在槟城小吃之都乔治市的街头，你肯定会注意到当地云吞面的与众不同。马来人管云吞面叫"wantan mee"，面条用鸡蛋和面，烧好之后捞干盛到碗中，拌上一种神秘的黑色酱汁，上面再加上肉馅云吞和叉烧肉，用些许蔬菜作点缀。哪家的云吞面最好吃，这个问题总能引起大家的口舌之争，主要是因为大家对拌面的酱汁感受不同。酱汁里一般都会用到菌菇，但家家都有秘方，你只有一一尝试，才有资格评判优劣。除了这种干捞云吞面，你也能找到别处更为常见的浇汤云吞面，汤头一般用鸡肉或猪肉熬制而成。

☛ **食得其所！** 槟城好几家最火爆的面馆都在Chulia St。日落时分就要立即前往，准备排队吃面。

300—399

300

实实在在的健康：在冰岛吃热狗

冰岛// 冰岛饮食中，不乏煮海鹦鹉、腊鲨鱼肉这种别处没有的特色，但也有中规中矩的美食，比如摊位随处可见的热狗。热狗里面夹的香肠，当地叫“pylsa”或“pulsa”，一般是用绵羊肉、猪肉或牛肉制作的。所用绵羊是在冰岛山地中放养的，饲养猪牛的农场，污染指数也算是世界最低了。香肠肠衣同样讲究“全天然”，一嘴咬下去，会发出“噗”的一声，非常有意思。

☛ 食得其所！ 雷克雅未克的Bæjarins Beztu Pylsur曾经招待过美国前总统克林顿，他吃过的那款“克林顿热狗”（The Clinton），你也可以试试。

301

去古城京都，吃萌萌的和果子

日本// 日本的茶点叫“和果子”（wagashi），身材小，颜色俏，制作极尽精细，似乎既是为了入口，也是为了悦目。其中的樱花饼（sakuramochi）是一种粉色的米糕，里面裹着红豆馅，外面包一张樱花树树叶，春天里一定要咬一口。11月按照阴历属于亥月，而“亥”即是“猪”，所以那时候应该试试长相酷似小猪的猪仔饼（inokomochi）。或像水果，或像动物的日本馒头（manjū）也值得推荐。当地人还喜欢买上成盒的羊羹（yokan），送给老板做礼物。

☛ 食得其所！ 京都的键善良房（祇园町北侧264号）自江户时代便开始制作和果子。

302

漓江鲤鱼+啤酒=阳朔啤酒鱼

中国// 阳朔到处都是美丽的喀斯特山峰，漓江从中蜿蜒而过，江中就盛产鲤鱼。其中体形最大的，才会被选来做成啤酒鱼，一顿肯定让你吃饱。鲤鱼先要用茶油烹炸，随后倒入附近桂林产的啤酒，加上辣椒和新鲜蔬菜一起烧煮。辣辣的汤汁越烧越稠，鱼肉烂成蒜瓣，但因为开始时经过烹炸，吃起来仍有酥脆之感。据说啤酒鱼离了阳朔就不好吃了，你不妨用味蕾去探寻一番。

☛ 食得其所！ 阳朔西街一带有很多家做啤酒鱼的店，味道大都不错。最好坐在室外，欣赏灯火，打望男女。

© Getty Images / Cheryl Chan

303

去基多过巧克力节

厄瓜多尔// 厄瓜多尔很可能是世界上最先种植可可豆的地方，巧克力的高产量和高品质今天仍然高居全球之首，这样一个国家专门举办一个巧克力节（Salón de Chocolate），想必没有人有异议。巧克力节每年5月于基多（Quito）开幕，这期间你可以了解可可豆变身巧克力的整个过程，结识包括农民、商家、专家在内的形形色色的业内人士，还能找到迷恋巧克力的同好。排队品尝众多精美的巧克力，自然是节日中最诱人的环节。

☛ 食得其所！ 如果到基多的时候没赶上5月，可以去Calle de La Ronda街中间位置的Chez Tiff品尝巧克力。

304

地坑焖烤：让毛利文化薪火相传

新西兰// 新西兰的毛利人，过去喜欢把食物埋到地下的灶坑（hangi）里进行焖烤。他们先要在坑里放上滚烫的石头，然后把肉类和植物根茎等食材包在亚麻叶里，放到石头上，再盖一层湿布，把土盖好等待变熟。不同食材焖烤时间不同，最长要4个小时。这种传统的烹饪方式现在仍然存在，不过只能在特殊场合才能见到，塔马基毛利村（Tamaki Maori Village）就是体验地坑焖烤最好的地方之一。这个村子属于专门打造的旅游景点，能带给你浸入式的文化体验。你在里面能学习毛利人的古代仪式和传统艺术，了解当年毛利战士的生活，甚至还可以学跳哈卡战舞（haka）。晚上的亮点就是一顿地坑焖烤：大家围着篝火坐下，从地坑取出软烂的肉菜，分而食之，主人家同时为你讲解烹饪的各道仪式。以这种独特的方式见识自豪而又兴旺的毛利文化，肯定会让你心满意足。

☛ **食得其所！** 地坑焖烤是塔马基毛利村（1220 Hinemaru St, Rotorua City, Rotorua）令人震撼的旅游体验的一部分。

305

火山口上品鸡尾酒，享当地美食

坦桑尼亚// 坦桑尼亚的恩戈罗恩戈罗火山口是世界上最大的完整火山口（caldera）。几百万年前，这里的一座火山爆发后塌溃，在地面上形成了这个260平方公里、610米深的大坑。火山口内的地面，大多已是开阔的草原，有狮子、斑马、角马、鬣狗以及难得一见的黑犀牛出没，游猎旅行团全年不断，所以相当热闹。火山口西南沿上方，有一家Ngorongoro Crater Lodge，在那里吃饭，风景绝对不会被游客挡住。菜肴主打当地元素，食材取自周边——绵羊肉、山羊肉将是你获得蛋白质的主要来源，而且服务专业，日落时会先给顾客献上鸡尾酒。餐厅奢华得有些夸张，但在令人错愕的自然面前，再怎么夸张也不为过。

食得其所！ 位于恩戈罗恩戈罗火山口外沿的Ngorongoro Crater Lodge。

306

去澳门吃“混血”土生葡人菜

中国// 澳门土生葡人混合了葡萄牙、南洋诸国以及中国和日本等多国血统，中西结合的文化带来了多元的饮食习惯。伊比利亚半岛的橄榄、印度的咖喱、马来西亚的椰浆也融入了广式的食材和烹饪技法中，慢慢便形成了土生葡人菜。最具代表性的是葡国鸡，鸡块与各种调料一起焗烤，浓郁的酱汁口有着层次丰富的调味，“马介休”（盐腌鳕鱼）也是土生葡人家宴必备。即便葡萄牙本国人吃到土生葡菜，其似是而非的口感可能也会让他们有一种相见不相识的恍惚。

食得其所！ 利多餐厅（澳门半岛土多纽拜斯大马路69号）是澳门土生葡人菜的鼻祖，也是当地土生葡人的“饭堂”。

© NG K.W / Alamy Stock Photo

307

伊斯兰堡吃烤串，变身古代突厥人

巴基斯坦// 巴基斯坦常见的烤肉串（seekh kebab），应该是当年中亚地区游牧部落的发明，后来随着南征北战的突厥战士传播开来。当年的士兵不过是把肉串在刀剑上，在营火上烤熟。“seekh kebab”这个词也来自突厥语，前者指剑，后者至肉。当地最经典的烤肉串，用的是切碎的羔羊肉，腌肉用的作料是用刚刚捣碎的姜、蒜、香菜籽和孜然调成的。肉块严丝合缝地串在铁签子上面，好像一大根香肠。幸好现在烤肉不再用营火了，而是把肉串放到泥炉里，用焦炭去烤。走遍巴基斯坦，你会发现各地用的作料不尽相同，而且只要不是猪肉，哪种肉都可以用来穿串。

☛ 食得其所！推荐Monal餐厅（Pirsohawa Road，Islamabad）。坐在餐厅的露天就餐区，看着伊斯兰堡闪烁的灯火，你会恍惚以为那是当初突厥人烤肉时用的营火……

308

一份教会卷，美墨不分界

美国// 墨西哥美食在加州的人气由来已久——加州很大一部分当初就是墨西哥的领地，再加上美国人向来以“大”为美，墨西哥卷（burrito）在这里也被玩出了“大”花样，成了“教会卷”（得名自旧金山教会区）。里面的馅除了肉馅或者豆馅，还有奶酪、西班牙大米、蔬菜和萨尔萨酱，因为东西实在太多，一张玉米饼根本卷不进去，必须要用两张。教会卷还分干、湿两种吃法，如果你说要“湿的”，店家还会在卷饼上浇满红辣椒酱以及融化的奶酪，小心吃起来一塌糊涂。墨西哥卷现在和苹果派一样，都是美国范儿的代表，但辣辣的味道仍体现出墨西哥的饮食渊源，所以要吃这种东西，最好找一家朴实无华的墨西哥小馆，给自己一种离美赴墨的错觉。

☛ 食得其所！推荐旧金山的El Farolito（2779 Mission St）。他家的教会卷在当地有口皆碑，门口一般都有人在排队。

© Shutterstock / Giulia M

© ABaarssen Fokke / Alamy Stock Photo

© Oleh Kosyy / 500px

309

踏野闻香寻草莓：荷兰麝香草莓

荷兰// 麝香草莓（musk strawberry）的香味，离着一百米都能闻到，走过路过，肯定不会错过。这种草莓身材比一般草莓要小，要是不靠香味招引你，你哪会知道人家竟是草莓中的极品呢？麝香草莓学名叫“fragaria moschata”，经常会被当作常见的野草莓（alpine strawberry），仔细品尝还能品出树莓与凤梨的滋味，可将味蕾瞬间燃爆，而且因为特别娇嫩，不适合批量种植，想吃只能去野外采摘。

食得其所！在乌特勒支岭国家公园（Utrechtse Heuvelrug National Park）展开一场心旷神怡的徒步，其间记得跟着鼻子走，也许在路旁灌木丛中就能找到。

310

去印度旧德里，吃印度奶油鸡

印度// 世界上任何一家印度餐厅，菜单上大概都会有印度奶油鸡（murgh makhani）这道菜，但如果可以的话，一定要去印度旧德里的Moti Mahal尝一尝。这家传奇餐厅已经传承了六代，依然保留着美妙的旧日风貌。印度奶油鸡的鸡块要用酸奶腌泡，浸在用黄油调和的浓稠的番茄汁里煨煮，肉质软嫩无比，因此奶油鸡成了印度人最喜爱的菜肴之一。和许多名菜一样，其“出身”众说纷纭，但大多数人认为是20世纪50年代德里的一位餐厅老板，根据家乡旁遮普邦的料理手段发明了奶油鸡。吃的时候除了印度香米（basmati rice），还可以搭配刚从泥炉里出来、鼓着小包的馕饼，记得蘸一点薄荷酱，用蘸酱的刺激弥补奶油鸡的柔和。吃到嘴里，热乎乎，奶滋滋，还能品出一丝焦焦的香辣，绝对受用。

食得其所！全球都能吃到，但Moti Mahal餐厅（3704 Netaji Subhash Marg, Old Delhi）的最好。

311

经典法式前餐熟肉酱：将爱“抹”遍人间

法国// 从法棍上切下一片，抹上厚厚一层有肥有瘦的肉酱送到嘴里，还有比这更“法兰西”的吃法吗？我们这里说的肉酱，并不是多数人熟知的肝酱（pâté），而是熟肉酱（rillettes）。熟肉酱传统上以猪肉为主料，放到猪油里小火熬至烂熟，最后做成肉泥，口感咸香腻滑。法国中部的法式小馆，常会把这种酱盛在小罐子里端上桌作为前餐，也许还会搭配芥黄酱和法式酸黄瓜（cornichon）。除了猪肉，你也会遇到用鸭肉、兔肉甚至海鲜做成的新派熟肉酱。

☛ 食得其所！ 法国中部城镇图尔，是全国最容易吃到熟肉酱的地方之一。

312

去加拿大纳奈莫，吃脆脆的纳奈莫椰糕

加拿大// 纳奈莫椰糕（nanaimo bar）是加拿大献给世界甜品界的一份礼物，共分3层，甜蜜美妙，如今全国都爱吃，到处都能吃，但想吃一个地道，那就该去这种蛋糕的诞生地，温哥华岛的纳奈莫市（Nanaimo）。前往那里，需要从温哥华市的高豪港（Coal Harbour）乘坐水上飞机或渡轮跨越乔治亚海峡。一落地应该马上找个地方吃椰糕，只有这样才能延续途中无敌美景带给你的那种感官兴奋。

☛ 食得其所！ 纳奈莫椰糕上层是巧克力，中间是蛋奶霜，下层是坚果味的饼干。推荐去Bocca Café，点杯卡布奇诺，边喝边品。

313

吃荔枝果配咸鱼，享加勒比海骄阳

牙买加// 牙买加的珍宝海滩（珍宝海滩是牙买加四个海滩的统称）宁静悠然，像极了你梦中的加勒比，白天当然要一个海滩接一个海滩地玩耍，晒太阳、游泳、浮潜轮番上阵，但一定要先去Jake's餐厅吃顿早餐，尝尝著名的荔枝果配咸鱼（ackee and saltfish）。荔枝果原产非洲，最有特色的吃法就是和煮熟的咸鱼一起当早餐，配菜还包括炖辣椒、番茄、洋葱和火辣的苏格兰帽椒（scotch bonnet）。有了这种早餐助力，你才好去享受牙买加“阳光灿烂的日子”。

☛ 食得其所！ Jake's（Jake's Hotel, Calabash Bay, Treasure Beach, St Elizabeth）。

© Lonely Planet / Matt Munro

© Daniel di Paolo

314

前往鹭梁津水产市场，看海鲜、吃海鲜

韩国// 鹭梁津（Noryangjin）水产市场，规模首尔第一，位于汉江江畔，有成吨的海鲜，有嘶吼的鱼贩，也有目瞪口呆的游客，满地是水，满眼混乱，满满的乐趣！和东京的筑地市场不同，这里的商贩除了批发，也很乐于零售，买东西之前，最好先逛逛。里面有许多稀奇古怪的水产，尤其是海肠——粗粗的，长长的，很像……你懂的。大多数韩国人都会买片好的鲜鱼（当地叫“hew”），即使你说不了几句韩语，摊主也很愿意为你效劳。去皮，掏内脏，片鱼，三下五除二，几秒钟就能搞定。市场里就有不少餐厅，买来的鱼可以直接拿过去做成菜。天亮之前，市场会举行水产拍卖，商家都会到此抢夺最最新鲜的海鲜。

食得其所！ 鹭梁津水产市场（674 Nodeul-ro, Noryangjin 1, Dongjak-gu）。地下一层和二层设有餐厅。

© Shutterstock / Nelson M S Silva

315

尼泊尔莫莫：高原上走来的饺子

尼泊尔// “莫莫”（momo）听起来像是某个卡通人物的名字，实际上是尼泊尔的一种特色饺子，身材小，汁水足，据说源自中国西藏的崇山峻岭间，后来经商贩之手传遍世界。且不管美味的出身如何，年轻的尼泊尔人就是吃不够莫莫。莫莫的形状犹如新月，漂亮不容置疑，吃的时候要把酱汁倒在上面，在饺子褶之间形成一汪汪“池塘”，看着就让人流口水。馅料可用猪肉，可用水牛肉，但一般都是肥多瘦少，满口油汁才叫好。蒸莫莫和炸莫莫都应该试试。

☛ **食得其所！** 推荐尼泊尔的Station、The Food Club和Sausage Park三家餐厅（Niva Galli, Pokhara）。

316

南非的玉米羹加肉：两种肤色一盘菜

南非// 种族隔离结束后的南非被称为“彩虹之国”，而玉米羹加肉（pap en vleis）这道菜恰恰反映了南非这种平等和谐的气质。盘子里似粥似冻的玉米羹，长久以来一直是南非底层人民的口粮，代表了南非黑人的饮食传统。肉（vleis）指的是当地一种用牛肉和猪肉制作的辣味香肠，也叫农夫香肠（boerewors），是南非白人的主食。一羹一肉，一黑一白，无间无隙，不分你我。

☛ **食得其所！** 在餐厅Mzoli（Gugulethu, Cape Town Central）就能吃到令人叫绝的传统南非菜。

317

尼日利亚一锅饭，聚会吃饭一锅端

尼日利亚// 今天的塞内加尔和冈比亚，原来是沃洛夫人（Wolof）的领地，一锅饭（jollof）据说就是他们的发明，几百年后却成了尼日利亚人引以为傲的美食模“饭”。一锅饭透着浓浓的番茄香味，是尼日利亚人聚会时的大爱，做法倒是很简单，就是用番茄酱或是番茄汤煮出来的米饭，但番茄酱里的作料组合滋味诱人，而且你有你的秘方，我有我的秘方，一家一个花样，让你每次吃起来都有不同的感觉。

☛ **食得其所！** 聚会之时，庆祝之际，总能吃到。

© Lonely Planet / Susan Wright

© Getty Images / Johner Images

318

推车旁边嚼甘蔗，吸吮利马街头的甜蜜

秘鲁// 要是下午在利马街头感到疲惫了，一定要找个卖甘蔗的推车小贩。甘蔗在当地叫“caña de azúcar”，一根有一米来长，你可以让小贩用砍刀削掉甘蔗外皮，砍成小截，放到嘴里咀嚼，品味唇齿间略带青草味的甜汁。大多数小贩都有五颜六色的手动甘蔗榨汁机，你当然能直接买甘蔗汁来喝。省去了麻烦，但也失去了一大半乐趣。

食得其所！ 秘鲁各大城市都有卖甘蔗的小贩。

319

提拉米苏：美味入九霄

意大利// 城墙包围中的特雷维索（Treviso），运河之交错不输威尼斯。传说在20世纪60年代，城中有一位餐厅老板叫阿尔多·坎皮奥，老婆艾达有一次希望他做一种能让人打起精神的甜品当零嘴，提拉米苏由此诞生，如今已是火遍全球。提拉米苏最初要用浸泡过咖啡的海绵饼干、马斯卡彭奶酪、糖、可可粉和鸡蛋黄，现在有时也会加入马沙拉葡萄酒或者朗姆酒。

食得其所！ 推荐定位高端却又可爱温馨的Le Beccherie（Piazza Ancilotto 9, Treviso）。

320

用奶味十足的萨姆拉，和瑞典朋友一起“啡咖”

瑞典// 萨姆拉（semla）是一种用小麦做的小面包，胖乎乎、甜滋滋，里面塞满了奶油。这东西本是“忏悔星期二”那天的传统节庆食品，但许多瑞典人爱它爱到发狂，在他们的力逼之下，圣诞节刚一结束，面包房的橱窗里就会出现萨姆拉的身影。萨姆拉应该在什么场合吃呢？当然要在啡咖（fika）的时候吃啦！啡咖就是瑞典人的“茶歇”，朋友同事聚在一起，边喝咖啡边聊天，在许多工作场所被看作一种“社交义务”。

食得其所！ 圣诞节至复活节期间，瑞典乃至整个斯堪的纳维亚半岛上的面包房都有萨姆拉。

© Lonely Planet / Mylles New

321

不时不食：
夏季去英格兰乡间品尝农夫午餐

英国// 做人做事，最讲时机。去英格兰罕布什尔（Hampshire）的The Harrow Inn用餐，一定要挑5月里某个阳光明媚、花开飘香、鸟跃树篱的日子来，那样才叫有福气。酒馆的历史可以追溯到17世纪，门口十分低矮，多数人都得弯腰才能进去，1929年迈克卡钦（Mccutcheon）家族接手这里，并经营至今。菜肴朴实无华，下午在花园里找张摇摇晃晃的桌子坐下，伴着周围那些虞美人、香豌豆和玫瑰花，最应该点一份农夫午餐（ploughman' s lunch）——主食是一大块自家烤制的面包，配菜包括切达奶酪、泡菜和沙拉，再点一大杯当地的艾尔啤酒。眼中所见，鼻息所闻，道不尽英格兰夏日的美妙。农夫午餐在过去是给田地里劳作的庄稼汉准备的，但现在的你肯定不用着急回去干活，吃过之后，不妨散散步，去看看那条山脚下的小溪。

☛ 食得其所！酒馆位于罕布什尔东北部，夹在斯迪普村（Steep）和希特村（Sheet）之间，靠近一个板球场和网球俱乐部。

© 500px / Зоряна Ивченко / zoryanchik76

© Lonely Planet / Mark Read

322

碗中黑漆漆，海水亮晶晶：克罗地亚黑烩饭

克罗地亚// 克罗地亚的达尔马提亚海岸（Dalmatian Coast），美景冠绝欧洲，曾几何时，这里只是少数幸运儿才知道的“人间秘境”，后来消息不胫而走，现在几乎人所共知。海岸旁立着一道惊艳的白色峭壁，下方海水清澈得犹如水晶，上面建着一片片村庄，里面的房子头戴红屋顶。小半岛一个接着一个，隐秘的海湾数也数不清，顽强的橄榄树林几乎就在大海边上安了家。这里可以让你纵情狂欢，也可以让你避世归隐，种种享受，应有尽有——别急，我们还没说到这里的美食呢。地处地中海国家，海鲜自然不缺，白天守着蔚蓝的海水晒足了太阳，游够了泳，不妨点一杯爽洌的“吉米斯”（gemist；当地一种用汽水和白葡萄酒调成的饮料），来一份盖着鲜鱿鱼的黑烩饭，体验一次“舌尖上的涅槃”。黑烩饭的黑，来自醇厚浓稠的墨鱼汁，上桌之前才会拌到饭里。上面的鱿鱼是刚从海里捞上来的，又鲜又嫩。烩饭上还会撒一点点帕尔马奶酪碎，使得入口的质感与嚼劲恰到好处。当你是朋友才和你说的。够意思吧？

☛ **食得其所！**推荐Konoba Matejuška（Ul Tomića Stine 3, Split）。

323

看得见、吃得着的热带风情：鱼配椰肉碎

马尔代夫// 马尔代夫群岛地处热带，国内超过90%的面积都被大海占据，当地人做饭，总离不开鱼（mas）和椰肉碎（huni）。而这道鱼配椰肉碎（mas huni）更是马尔代夫的人气早餐。按照传统，鱼要用腊制的金枪鱼，里面放上椰肉、洋葱、辣椒和青柠，搭配椰肉饼一起吃。过去，人们通过沸煮、烟熏、日晾这三个关键步骤对金枪鱼进行腊制，主要是为了保存食物。现在，这样做则是为了赋予鱼肉鲜香刺激的味道。

☛ **食得其所！** 在哪儿住，在哪儿吃。大多数酒店的早餐里都有鱼配椰肉碎可选。

324

饱过眼福，再饱口福：伦敦Rex Whistler餐厅

英国// 一般情况下，要是你兴奋过头了，就应该喝杯茶，躺一躺，静一静。但要是你酷爱艺术，而且刚刚在泰特不列颠美术馆经历了一众世界艺术瑰宝的狂轰滥炸，此时就该去Rex Whistler Restaurant餐厅坐一坐，缓缓神。餐厅面积超大，四周墙壁上可见巨幅水彩壁画——壁画绘于1927年，创作者就是活跃于两次世界大战之交的艺术家雷克斯·惠特勒（Rex Whistler）。菜单延续英格兰饮食传统，切片鹿肉、时令野味冷盘皆在列。

☛ **食得其所！** 餐厅位于伦敦米尔班克地区的泰特不列颠美术馆——全英伦最有英国气质的美术馆。

325

总统级午餐：河内烤肉粉

越南// 几年前，当时身在河内的美国总统奥巴马，趁着会议间隙，走进了一家叫Bún Cha Huong Liên的餐厅，尝了那里的烤肉粉（bún cha），结果让这种河内美食闻名全球。对于忙碌的河内人来说，烤肉粉堪称至尊午餐：盘子里铺上一层白白的米粉，上面放上一些烤熟的猪肉，配上各种草本香料和酱汁，统统搅拌到一起，就可以细细品味了。河内狭窄的街道上，到处都有卖烤肉粉的小店，每家用的肉和酱汁都不一样。

☛ **食得其所！** 推荐Bún Cha Bach Mai（Lane 213, Bach Mai St, Hai Bà Trung District, Hanoi）。他家的烤肉是串在竹签子上，在炭火中烤熟的。

326

去东京酒吧一条街，喝清酒，吃美味无敌的鸡肉串

日本// 东京新宿有一条小巷叫“小便横丁”，听起来不是那种让人很有食欲的地方，但在那里大吃日式鸡肉串（焼き鳥；yakitori），体验超级有趣。这条小巷本叫“思い出横丁”（意思是“回忆小巷”），在20世纪40年代是一个地下酒吧一条街，小小的酒吧一家挨着一家，除了鸡肉串，也卖廉价酒水，因为内外都没有厕所，主顾只好“就地解决”，这才有了“小便横丁”这个外号。1999年，小巷被火烧毁，当地舍易求难，根据原貌仔仔细细地将其重建起来，今天看起来几乎与70多年前一模一样——只不过这回加了厕所。巷子里的酒吧千人一面，几乎每家都用自己的炭火小烤炉烤制鸡肉串，所以哪家有空座就进哪家。坐下来不要着急，先喝些啤酒，再来一两杯日本清酒，等闻够了满屋子烤肉的香味，再点鸡肉串开撸，那种滋味，保证是你一辈子都没遇到过的。

☛ 食得其所！回忆小巷（东京新宿一丁目2番）里的哪家酒吧都可以。其中的大黑屋（Daikokuya）更有超过150种清酒可选，感兴趣的话不妨一试。

327

不吃炸米棒，白来罗马一趟

意大利// 罗马有一种街头小吃叫炸米棒（suppli），和意大利其他地方的炸饭团（arancini）属于“近亲”，只不过是圆柱形的，带奶酪香，很有嚼劲。炸米棒是用意大利大米加一种香浓的番茄酱做成的，里面要么放肉，要么放马苏里拉奶酪，在蛋黄液里一泡，再在面包屑中一滚，炸好就能吃。掰开炸米棒，里面的奶酪软软滑滑，藕断丝连，很是让人惊喜，而“suppli”这个词在法语中的意思就是“惊喜”，真可谓名副其实。

食得其所！想吃传统工艺制作的炸米棒，就去La Gatta Mangiona（Via Federico Ozanam 30-32，Rome）。

329

328

在布达佩斯咖啡馆用多波斯蛋糕唤醒贵族气质

匈牙利// 早上逛过了布达佩斯纸醉金迷的盖勒特温泉浴场，应该找一家富丽堂皇的咖啡馆，买一块多波斯蛋糕，轻咬慢品。这种海绵蛋糕夹着一层层薄薄的巧克力奶油糖霜，最上面浇着一层油亮的焦糖，散发着19世纪奥匈帝国特有的奢靡。多波斯蛋糕由糕点师约瑟夫·多波斯创制，1885年首次被送到布达佩斯，献给皇帝弗兰茨·约瑟夫品尝，从此一鸣惊人，至今仍是高端餐厅糕点柜里的“常客”。

食得其所！推荐Café Gerbeaud（Vörösmarty Tér 7-8）。咖啡馆装潢富丽，为布达佩斯上流社会供应多波斯蛋糕已有一百余年。

329

莫莱酱：七酱之乡，七酱皆香

墨西哥// 瓦哈卡与墨西哥莫莱酱（mole）的关系密不可分，以至于这座城市竟被人称作“七酱之乡”。所谓“七酱”，指的是当地莫莱酱常见的七种口味。其中的“黑莫莱酱”（mole negro）名气最大，由巧克力、辣椒、水果、黑胡椒和肉桂调制而成。里面的巧克力至关重要，制作时要用瓦哈卡当地的一种可可豆，颜色独特，红中透黑，做成的莫莱酱因而甜中带苦。想知道自己最喜欢哪种口味，就把七种统统试一遍。

食得其所！瓦哈卡十一月二十日市场有许多卖莫莱酱的摊位，试试Comedor María Teresa。

330

给焦糖布蕾破皮，寻找电影中的小确幸

法国// 2001年的电影《天使爱美丽》告诉我们，用茶匙敲碎焦糖布蕾（crème brûlée）上面焦脆的金色糖皮，是人生中的“小确幸”之一。糖皮下浓稠顺滑的蛋奶糊，吃起来同样令人感动。要是能去取景地蒙马特高地，在美丽的街道上敲破焦糖布蕾的脆皮，感觉一定更美妙。焦糖布蕾是法式小馆的经典甜点，传统上一个小盅一份，吃过了韭葱果挞或者牛排配薯条后，最适合用它来收尾。

食得其所！拉丁区有一家浪漫的餐厅叫Le Coupe-Chou（11 Rue De Lanneau），他家的香草焦糖布蕾加了金万利利口酒，值得一试。

331

能把肚皮撑破的“小姑娘”：波尔图葡式三明治

葡萄牙// 葡萄牙北部大西洋沿岸可谓大浪滔天，要是在那里冲浪消耗了你数千卡路里，不妨用一份葡式三明治（franceshina）补充体力。这种三明治源自波尔图，块头足以撑破肚皮，原料之丰富让人难以置信，且听我们娓娓道来：两片面包做胚，中间夹的东西有火腿、猪肉腊肠、熟食香肠、牛排和烤牛肉；夹好之后，面包片上还要放一个煎蛋；然后整个裹上奶酪进行烤制；最后还要浇上一种用番茄和啤酒做的酱汁——对了，吃的时候通常还要搭配一份炸薯条，生怕你吃不到从而心脏病发作。“franceshina”在葡语中意为“法国小姑娘”，这样一个“巨无霸”却取了如此娇小的名字，想来真是有趣。细看之下，葡式三明治倒是与法国库克太太三明治（croque madame）有几分相像。

☛ **食得其所！** 推荐Café Santiago（R. de Passos Manuel 226, Porto）。对付这头“巨兽”，一定要双手抓牢。

332

用白香肠和蝴蝶脆饼，迎接慕尼黑啤酒节

德国// 两根经过水煎的白香肠（weisswurst），里面的嫩牛肉鼓鼓囊囊，旁边一块蝴蝶脆饼（pretzel），大小和你的脑袋差不多，蘸上甜甜的芥黄酱咬一口，再用大杯冰啤酒顺溜下去……怎么样，听到这里，肚子是不是已经咕咕叫了？那就快来巴伐利亚过个瘾吧！白香肠用嫩牛肉和猪肥肉做馅，以柠檬皮、西芹和小豆蔻提味，不用腊，不用熏，因为不易保存，老规矩是要在制作完成后的当天正午，教堂钟声敲响前吃掉，这样才最新鲜。用来搭配白香肠的蝴蝶脆饼，当地人在中世纪就会做，之所以表皮金黄且有嚼劲，是因为里面放了一种可以食用的碱水。这对组合作为早餐，巴伐利亚人一般不会每天都吃（真可惜！），但在啤酒节（Oktoberfest）开幕之时，菜单上绝对少不了它们的身影。

☛ **食得其所！** 慕尼黑的Gaststätte Grossmarkthalle餐厅（Kochelseestr 13）每天早上7:00开始供应早餐，他家的白香肠被许多人视为周边第一。佐餐不妨选择美妙的白啤酒（Weissbier）。

© Travis Huggett

Wylie Dufresne

威利·杜夫雷斯内

威利·杜夫雷斯内是曼哈顿Du's Donuts餐厅的厨师兼老板，也是“分子料理”运动的先驱之一。

01

在罗德岛普罗维登斯Nice Slice餐厅吃比萨：比萨的馅料组合几乎无穷无尽，但我最喜欢他家的“平行宇宙”比萨，里面包括里科塔奶酪、葱、黑胡椒、培根、马苏里拉奶酪和切达奶酪。

02

在哥本哈根的Hija de Sanchez餐厅吃鱼皮塔可：他家的牛舌塔可一向靠谱，但只要鱼皮塔可（fish skin taco）有卖，我肯定要吃。

03

在西班牙巴斯克地区的Asador Portuetxe餐厅吃焦洋葱鱿鱼仔：在一个历史比我们国家还要早150年的地方吃饭，这已经足够震撼了。

04

在新泽西斯托克顿的Curiosity Doughnuts吃“超级蛋糕甜甜圈”：超级蛋糕甜甜圈（super cake doughnut）是你第一次来的原因，而那款奶冻甜甜圈（custard doughnut）则是你第二次来的原因。

05

在加州希尔兹堡的Single Thread吃套餐：店主夫妻发现希尔兹堡与日本的季节更替相仿，于是随季而动，把加州与日本元素统统融汇到了套餐之中。

333

斯里兰卡Ministry of Crab餐厅：螃蟹味道好，花钱不心疼

斯里兰卡// 名厨达尔善·穆尼达萨（Dharshan Munidasa）创办了餐厅Ministry of Crab，并凭一己之力，正把斯里兰卡料理推向世界美食之巅。餐厅所在建筑拥有400年历史，为荷兰殖民时代的风格，此前曾是一家医院。螃蟹是这里的至尊，各种用螃蟹做成的菜肴五花八门，融汇了各国元素。其中那道蒜辣蟹（garlic chilli crab）极具匠心，借鉴了意大利与日本的餐饮文化。当地传奇吃法也是不胜枚举，比如在斯里兰卡特色咖喱酱中慢煎而成的咖喱蟹。蟹肉虽然香甜，蟹壳却很棘手，所以最好的吃法是去壳取肉，凉了之后搭配温热的黄油酱一起享用。更妙的是，餐厅的氛围并没有那么高端拘谨，舔手指并不会丢人。

☛ 食得其所！ Ministry of Crab（Old Dutch Hospital，Colombo）。

© Lonely Planet / Matt Munro

334

去阿德莱德中央市场逛吃逛吃

澳大利亚// 1869年的一天，离天亮还有3小时，阿德莱德周边的一群小农户来到城中，沿着歌治尔街（Gouger Street）摆开临时摊位，准备向城里人兜售自己的农产品。随后，数百名顾客在黑暗中杀到现场，刚到早上6点，所有摊位都被抢购一空，这场市集一炮打响，慢慢演变成了今天的阿德莱德中央市场。现在的中央市场开在一栋漂亮的红色砖石建筑中，常驻商户超过70家，是南半球规模最大的室内市场之一。从特色餐馆到传统的蔬果摊位，口味再挑剔的人也能在这里找到心仪的美味。

☛ 食得其所！ 去中央市场（Gouger St，Adelaide），一定要先去第69号摊位。他家的字号叫“Jamu”，卖的思慕雪（Smoothie Bowl）号称“Healthier than a hipster on a health-kick”（“比养生达人还健康”）。买上一碗，攒足能量，再去逛。

© Southern Australia Tourist Board / Josie Withers

335

得墨经典，辣椒配肉

美国// 美国有种东西叫“chili con carne”，意思是“辣椒配肉”，看名字像是西班牙或是墨西哥传来的异域风味，实际上诞生于19世纪中叶的圣安东尼奥（san antonio），和夸张的腰带扣一样都是如假包换的“得州特色”。从路边餐馆到烧烤店再到农贸大集（北美叫“county fair”），处处都能吃到。各家做法和味道虽有差别，但戴上一顶得州特色的Stetson牌大号牛仔帽，吃着得州特色的辣椒配肉，好像自己也慢慢变成了得州人，那种感觉，妙不可言。

食得其所！ Molina's Cantina 是休斯顿最老牌的得墨风味餐厅，一碗传统辣椒配肉加饼干不到10美元。

336

没完没了的奶丸子

印度// 套用一句糖果广告常用语，奶丸子（rasgulla）“只融在口，不融在手”。用粗粝小麦粉掺入一种印度奶酪（当地叫chhena）和成面团，再滚成一个个小球，然后放到糖浆水里沸煮，让糖浆渗透进去，这样做出来的奶丸子，颜色白皙，甜味微妙。西孟加拉（West Bengal）与奥里萨（Odisha）这两个邻邦，都说自己是奶丸子的发源地，两地政府为此已经吵了几十年。这也不奇怪：如此美味，怎能任其落户他乡？

食得其所！ 印度各地都有卖奶丸子的路边摊和甜品店。为了尽量提升对于味觉的冲击，一定要把勺子里的奶丸子一口吞下。

337

蔬菜杂烩：盘子里的普罗旺斯

法国// 散发着勃勃生机的各种蔬菜，透着青草味道的橄榄油，仿佛油画一般明亮的色泽，这些都赋予了蔬菜杂烩（ratatouille）浓浓的夏日气质。除了主料番茄，这道菜一般还会用到茄子、西葫芦、大蒜、辣椒、罗勒和百里香，样样都是普罗旺斯乡间的宝贝。各种食材有时被分层拼放，好似艺术作品，有时不过胡乱放到盘子里，凸显乡土气息。不管品相如何，搭配热乎乎的烤面包片一起吃，都是夏季露天午餐的不二之选。

食得其所！ 推荐La Rossettisserie（8 Rue Mascoïnat, Nice）。餐厅由家族经营，氛围美妙，任何一道主菜都用蔬菜杂烩做配菜。

335

© Lonely Planet / Myles New

337

© Getty Images / Olives for Dinner

© Thomas Schauer

© Thomas Schauer

© Brent Herrig

338

牛角甜甜圈，迷倒纽约城

美国// 不管雨天晴天，早上8:00之前，纽约Dominique Ansel面包房门前总会排起长队。大多数人都抱着一个目的：买一份牛角甜甜圈（Cronut®），避免遗憾终生。牛角甜甜圈是牛角面包与甜甜圈的合体，外皮起酥，内裹奶油，炸制而成，味道香甜，发明者是面点奇才多米尼克·安塞尔。排这么久的队，值吗？能和众多同好边等边聊，还能吃到此等美味，当然值了。事实上，你也可以在每周一11:00预订面包房的点心，这样一来，排队是不用了，但乐趣也没了。

☛ **食得其所！** Dominique Ansel面包房（189 Spring St, New York City）。

339

无所不包的科威特家常菜：阿拉伯鸡肉饭

科威特// 科威特料理受到了阿拉伯、印度、地中海和伊朗的多重影响，再加上当地人大方好客，饮食文化世界一流。最让国人引以为傲的一道菜是阿拉伯鸡肉饭（machboos ala dajaj），里面有肉有饭，又香又辣，作料五花八门，不胜枚举，阖家庆祝时都会吃，全国餐厅里都会卖，每个科威特人都会做。

☛ **食得其所！** 去科威特人家中享用，或是去科威特城的Freej Suwaileh Salmiya餐厅。

340

去苏黎世，寻找梦中的“巧克力工厂”

瑞士// 可可树来自美洲，但如今风靡世界的巧克力却诞生于瑞士：把可可豆做成光滑的巧克力块是瑞士人的主意，均匀混合可可脂的巧克力研拌机也是瑞士人的发明。苏黎世有一家超大的商店兼咖啡馆叫Confiserie Sprüngli，历史悠久，里面除了咖啡点心，还有无穷无尽的自制巧克力，巧克力迷可以去那里了解巧克力的历史和Confiserie Sprüngli的各款产品。因为瑞士的人均巧克力消费量位居世界之首，所以你在身边肯定能找到同好。

☛ **食得其所！** Confiserie Sprüngli（Bahnhofstrasse 21, Zürich）。

© Mariano Garcia / Alamy Stock Photo

341

智利海鲜大杂烩，一锅端掉太平洋

智利// 南美洲太平洋沿岸的智利，仿佛一个故意拉长身体的瘦高个，从南至北竟超过4000公里。海岸线这么长，海鲜自然特别多，智利终极“硬菜”海鲜大杂烩（cazuela de mariscos）的诞生，自然也是意料之中的事。这道菜与西方的焙盘菜类似，但一般不是烘焙出来的，而是要从底部加热。做法并不重要，材料才是关键：将白鱼、虾（常常不去壳）和贻贝等放到锅里，倒入高汤，加上洋葱、番茄这类蔬菜，盖上盖炖上许久，直至各种滋味彼此融汇。海鲜大杂烩最适合在周末与家人一起享用，吃的时候绝不可以心急。依照老规矩，一定要先喝汤，再吃软软的海鲜和蔬菜。

☛ 食得其所！智利的艾森（Aisén）和麦哲伦（Magallanes）地区靠海吃海，在当地很容易吃到海鲜大杂烩。

©Douglas Peebles Photography / Alamy Stock Photo

342

烤肉日里吃烤肉，南非朋友齐动手

南非// 烤肉在南非叫“braai”，不仅是一种烹调方法，更与南非文化、南非生活方式息息相关，密不可分。烤肉在南非人心中非同小可，有些人甚至提议，把每年9月24日举行的“南非遗产日”更名为“南非烤肉日”。这个主意很有道理：亲友齐聚一堂，生明火，烤美食，以此庆祝南非文化与传统的多元，这样过遗产日，岂不妙哉？开普敦美丽的环境本就相当迷人，更何况当地人对于食材品质一丝不苟，对于烹饪技法勇于创新，这里的烤肉，绝非烤架上放根香肠那么简单。自制的南非农夫香肠（boerewors）、鸵鸟肉、用啤酒腌泡的臀尖肉等花样皆可领略。想收获最正宗的南非美食体验，烤肉可谓难以超越的选择。

食得其所！ 叫上哥们儿，一起去开普敦荣恩堡（Wynberg）地区的荣恩堡公园（Wynberg Park）里烤烤肉。

343

来自墨尔本的问候：鳄梨吐司

澳大利亚// 有一种食物，诞生于新千年，却在短短的时间内传遍全球，刷爆朋友圈，那就是鳄梨吐司（avocado on toast）。你家旁边的咖啡馆里可能也有，但想吃到最好的，自然要认祖归宗，到澳大利亚去找。墨尔本的里士满（Richmond）有家咖啡馆叫Top Paddock，那里的鳄梨吐司超级“华丽”，会搭配豌豆、小葱、薄荷、山羊奶酪、辣椒盐和一个荷包蛋。想吃得简单，就去The Kettle Black，那里用的是“时令”鳄梨，取一半抹在一片吐司上，加些当地产的海藻盐就可以吃了。

☛ **食得其所！** 推荐墨尔本的Top Paddock（658 Church St）以及The Kettle Black（50 Albert Rd）。

344

西安有“汉堡”，历史两千年

中国// 肉夹馍源自陕西，有时也被外国人称为“中式汉堡”，论资历，可要比西方的汉堡早两千年。宝鸡西府肉臊子夹馍中加了陈醋，西安的腊汁肉夹馍讲究用老汤卤肉，潼关肉夹馍使用与白吉馍不同的面饼，各种类型的肉夹馍味道都香美多汁，且正宗的肉夹馍一般都不会放香菜或青椒。在回民聚集区以外，肉夹馍里用的常常是猪肉，但在爱吃这口的人看来，只有牛肉或者羊肉肉夹馍才算是人间极品。

☛ **食得其所！** 西安的回民街，晚上摊贩如海，除了肉夹馍，也能吃到其他当地特色。

345

下加利福尼亚冲浪客的大爱：鱼肉塔可

墨西哥// 鱼肉塔可（fish taco）看似简单，实则不然，下加利福尼亚（Baja California）的冲浪客之所以爱吃，原因显而易见。鲜鱼片成薄片，炸过之后和生卷心菜一起放在两张热乎乎的玉米饼上。鱼肉的油脆与卷心菜的清脆一荤一素相得益彰。调味用的奶油酱，由蛋黄酱、酸奶油和墨西哥辣椒（jalapeños）制作而成，辣得非常刺激。最后再在上面挤些青柠汁，只觉种种滋味在舌尖上掀起了朵朵浪花——说到浪，下加利福尼亚半岛拥有1200多公里的海岸线，你在这里能很容易地找个地方冲他个痛快。

☛ **食得其所！** 半岛上的恩森纳达（Ensenada）和圣费利佩（San Felipe）都说自己是鱼肉塔可的发源地，两个地方都有许多卖鱼肉塔可的美食车。

345

Elena Arzak

伊莲娜·阿尔扎克

伊莲娜·阿尔扎克是西班牙圣塞巴斯蒂安米其林星级餐厅Arzak的创始人兼大厨，2012年被*Restaurant*杂志评为全球最佳女厨师。

01

在西班牙哥塔利亚（Getaria）吃烤多宝鱼：Elkano餐厅做的是整烤多宝鱼，调味时除了用盐，还用了一种混有天然凝胶的独特香醋汁。

02

在地中海吃米饭：只要是大米做的东西——不管是意式烩饭，还是西班牙铁板烩饭，我都超爱吃。米饭看似简单，做起来却很需要功夫。

03

在巴斯克地区的伊迪阿扎巴尔（Idiazabal）吃奶酪：我非常喜欢当地这种可以生吃的绵羊奶酪。

04

在西班牙吃伊比利亚火腿：一流的伊比利亚火腿，用的都是西班牙西部圣栎森林中散养的猪，喂的都是橡果，味道独一无二。

05

在巴塞罗那吃寿司和刺身：寿司和刺身看起来非常简单，味道却千变万化，精妙无比。

346

霍基蒂卡野味美食节：奇食怪味，需要钢肠铁胃

新西兰// 参加霍基蒂卡野味美食节，你需要张开大嘴，放下成见。霍基蒂卡位于新西兰南岛西海岸——埃丽诺·卡顿创作的布克奖获奖小说《发光体》(*The Luminaries*)讲的就是这里发生的故事，原是一座淘金小城，如今每年3月都会举办野味美食节。节日为期三天，摊位不下50个，有现场音乐演出，有“野性时装比赛”助兴，更主要的是，你可以体验到种种野味，种种稀罕的味道与口感。银鱼炸饼(whitebait fritter)、兽肉、毛利地坑焖烤(hangi)这种西海岸的特色，这里自然不缺。嫌不够“野”，还可以试试炸猪耳、“高山牡蛎”(mountain oysters，其实是……山羊睾丸)或者胡虎甲虫幼虫(huhu grub……活的)，要是感觉逛累了，可以用一剂“骏马蛋白针”(stallion protein shot)给自己补充能量——那东西就是马的精液！

☛ **食得其所！** 美食节以霍基蒂卡卡斯广场(Cass Square)为中心，摊位沿Weld St分布。现场开辟了3个营地供游客过夜。

347

种种新鲜，不分彼此：哥斯达黎加人气美食夫妻盖饭

哥斯达黎加// 哥斯达黎加有一种营养平衡的家常盖饭叫“casado”，大盘子里都是当地最新鲜的食材，从热带海滩上朴实的小店，到首都圣何塞(San José)喧嚣的市中心，到处都能吃到。“casado”在西语中意为“已婚”，称为“夫妻盖饭”再恰当不过了。吃的时候虽然没人放烟花庆祝，但味道总是不差，而且常常非常健康。夫妻盖饭有饭有菜，主食属于标配，包括米饭、豆子、芭蕉、沙拉和一张玉米饼，配菜可以自选，常见的有鸡肉、鱼肉、牛肉或者猪肉。调味用的萨尔萨酱是用新鲜番茄和辣椒制作的，并没有拌到饭菜里，而是放在一边，所以不管是口味挑剔的小孩，还是来者不拒的大人，总能随意添加，做到咸淡适口。

☛ **食得其所！** 除了去当地人家中吃，哥斯达黎加几乎每家餐厅也都有这种盖饭，各家做法略有不同。

348

去The Fat Duck餐厅吃蜗牛粥

英国// The Fat Duck开在英国小村布雷(Bray)，依偎在泰晤士河(River Thames)旁边，环境浪漫犹如童话，经常入选全球最佳餐厅，菜肴仿古而不泥古，往往似是而非。比如那道喝起来又热又冷的汤，比如那款配有木薯粉“沙滩”和海鲜“浪沫”的刺身，又比如蜗牛粥(snail porridge)。大厨赫斯顿·布鲁曼塔尔(Heston Blumenthal)手段独到，食客眼中所见与口中所尝总有反差，如乘感官旋风直上九霄。餐厅每天午餐和晚餐的餐位只有42个，一年中只有特定时间段才接受预订，预订成功后常常需要等上4个月才能轮到——趁着等待的时间好好攒钱吧，因为一顿饭要300英镑！而且还不含酒水。

☛ **食得其所！** 在The Fat Duck(High St, Bray, UK)吃饭，真的能让人脑洞大开，舌尖着魔。

349

在巴黎的公园里野餐，怎能缺少洛林咸派？

法国// 洛林咸派(quiche lorraine)堪称法国经典，最好在巴黎某个公园里或者法国乡间某条河岸上野餐的时候享用。一定要坐下来，细细品味每一口。里面的两种主料是鸡蛋和培根，此等组合，几乎是怎么做怎么好吃。较真的人认为，地道的洛林咸派决不能用奶酪，必须用全脂奶油加一点点肉豆蔻，烘焙后必须起酥，而且不能放洋葱或是韭葱，否则便沦为普通咸派了。可事实上，法国许多面包房和咖啡馆都有自己的做法，用格吕耶尔奶酪(gruyère)或者爱蒙塔尔奶酪(emmental)做出来的洛林咸派，也完全值得一试——放什么都是小事，但吃的时候绝对不能狼吞虎咽，敷衍了事。

☛ **食得其所！** 在法国找个公园或者“桃花源”，野餐享用。非要在室内吃的话，推荐The Smiths Bakery(12 Rue De Buci, Paris)。

346

349

348

350

乔卢拉的炸玉米饼：吃完这张，再来一张

墨西哥// 普埃布拉炸玉米饼（pueblan chalupa）出自墨西哥乔卢拉（Cholula），在乔卢拉的圣莫妮卡圣殿（Templo de Santa Monica）面前，你就能看到制作这种煎饼的小贩，一个个身手敏捷，速度飞快。炸玉米饼是墨西哥中南部的特色，煎饼用玉米面和面，煎炸过后里面会放上萨尔萨酱、奶酪和撕碎的生菜，看上去邋里邋遢，但街头小吃怎能以颜值论英雄？一嘴下去，只觉辣香满口，一张肯定不够吃——幸好2美元就能买下5张。

食得其所！ 普埃布拉乔卢拉的某个街头摊位。

351

好吃不贵的工作餐：夏威夷午餐便当

美国// 20世纪30年代，夏威夷出现了许多移动午餐餐车，餐盘被设计出了一个个小格子用来盛放不同菜肴，招待当地种植园里的工人（因为当时多数工人都是日裔，不习惯三明治这种美式午餐）。近一个世纪过去了，这种“夏威夷午餐便当”现在仍然流行，而且延续传统，价格亲民。便当里的菜肴多是当地特色，比如卡鲁阿烤猪肉、浓汁肉饼配煎蛋，以及午餐肉紫菜包饭。在檀香山（Honolulu）的怀基基（Waikiki）海滩一带，很容易找到卖这种便当的地方。

食得其所！ 夏威夷檀香山怀基基一带的某家小店。

352

咖椰吐司：返璞归真的马来早餐

马来西亚// 马来料理向来以“多”著称：一种食物要放进许多香料，用到许多食材，味道层次多，调味方法多。但作为国内早餐的主力，咖椰吐司（kaya toast）偏偏以“少”取胜，基本上就是两张烤过的白面包片，抹上咖椰酱（kaya jam）就完了。咖椰酱由椰奶、糖和鸡蛋制成，甜得很微妙。吃的时候除了一颗溏心蛋和一杯甜甜的黑咖啡，还要搭配冰冻的黄油，让吐司的热度慢慢将其融化。

食得其所！ 吉隆坡各家早餐店都有。

© John Elk III / Alamy Stock Photo

353

参加塞尔维亚烧烤节，亲自拜会烤肉大师

塞尔维亚// 烧烤是肉与火的美妙结合。莱斯科瓦茨（Leskovac）作为塞尔维亚的烧烤名城，每年都会举办为期七天的烧烤节（Grill Festival），塞尔维亚极具代表性的塞式汉堡（pljeskavica）也诞生于此。塞式汉堡并没有面包胚，而是一张用牛肉碎烤成的肉饼（在其他地方，也会加入猪肉），肉碎中用洋葱和香料调味，烤好之后色如焦糖，焦香扑鼻，搭配奶酪、沙拉和面饼即可食用。在烧烤节上，你就能吃到这种化繁为简的美味。

食得其所！ 莱斯科瓦茨烧烤节每年8月末或9月初举行。若其他时间来，你在全国各地的外卖快餐亭里也能吃到。

354

巴西甜点，葡式布丁

巴西// 葡式布丁（pudim）是巴西最有特色的一种甜点，餐厅、面包房和咖啡馆里全有，最适合与当地人一同享用，要是在朋友家中做客时能够吃到，那就再妙不过了。里面不过是鸡蛋、炼乳、牛奶、糖和水，凝冻后再加上稠稠的焦糖酱就能吃了。因为原料易得，很多人都喜欢在家里自己做，但如果你在当地谁也不认识，全巴西的餐馆也都能让你过瘾。吃过豆子炖肉（feijoada）再吃葡式布丁，感觉更好。

食得其所！ 巴西各地的传统餐厅里都有。

© Bob Henry / Alamy Stock Photo

355

去斯里兰卡，吃一“碗”薄饼

斯里兰卡// 碗形薄饼（英文叫“hopper”）是一种用发酵面糊做成的煎饼，因为煎锅的底是凹进去的，所以做出来的薄饼也像碗一样，四周镂空，中间筋道。薄饼不但吃起来好吃，做起来也好看，路边小贩手法飞快，一会儿就能煎出厚厚一摞——这倒是好事，因为一张肯定不够吃。薄饼是南亚地区早餐中的常客，但斯里兰卡的吃法比较另类：会在上面打一个鸡蛋，做成鸡蛋薄饼（egg hopper），而且大多数时候是在晚上吃。也有摊主会在薄饼上加一种辣辣的椰子参巴酱（sambal），或是在鸡蛋上加些奶酪，味道都不错。

食得其所！ 应该找个路边饼摊，吃现做的薄饼。

356

令人愉“粤”的云吞面

中国// 在香港，不管是酒后宿醉、分手心痛还是深夜小饿，没什么事是一碗热腾腾的云吞面不能解决的。面条用鸡蛋和面，口感筋道，面汤用鱼肉熬制，芳香扑鼻，上面还漂着几个饱满的虾肉云吞。云吞面美味的关键是什么——比如云吞该大还是该小，虾肉中该不该掺猪肉——每个人都有自己的定义。但记住，最好吃的云吞面都是路边摊卖的，那些塑料椅子仿佛在提醒客人们吃完赶快走，给后面等位的人腾地方。

食得其所！ 推荐遍布香港的麦奀（音同“恩”）记。

357

新瓶装老酒：古巴三明治

美国// 火腿奶酪三明治本是平淡无奇的美国小吃，佛罗里达的古巴移民工人将其重新演绎，在面包片里加了芥黄酱、火腿、泡菜、瑞士奶酪以及至关重要的烤腌猪肉，古巴三明治（Cuban sandwich）由此诞生。这种三明治现在火遍四方，但要吃到最好的，还是该去佛罗里达找，比如坦帕湾（Tampa Bay）的约伯市（Ybor City）。城中有许多古巴人聚集区，在当地找个地方吃古巴三明治，会让你产生“飘飘欲仙，魂归哈瓦那”的幻觉。

食得其所！ 在佛罗里达州吃古巴三明治，除了约伯市，也可以去奥兰多市（Orlando）的Zaza New Cuban Diner。

358

印度北部五彩节庆小吃：玫瑰奶球

印度// 玫瑰奶球（gulab jamun）是印度北部最完美、最有代表性的街头小吃，看起来像是一个个圆圆的面团，上面裹着玫瑰糖浆，颜色橙红油亮，不但甜得诱人，看起来也喜庆，所以在开斋节（Eid）、胡里节（Holi）、排灯节（Diwali）、九夜节（Navratri）等节日里尤其常见。传统的玫瑰奶球，要用当地一种奶酪（khoya）和面，做起来特别耗时耗力，所以你在印度旅行时，应该能吃多少就吃多少——想回家自己动手呈现那种味道和口感，这几乎是不可能的。

☛ **食得其所！** 印度北部任何一家甜品店都有好吃的玫瑰奶球。

359

伦敦St John餐厅的髓骨吐司

英国// 伦敦的St John餐厅由"从头吃到尾"（nose to tail）餐饮运动的发起人——厨师弗古斯·亨德森（Fergus Henderson）开设于1994年，餐厅建筑则是由史密斯菲尔德（Smithfield）地区的一座废弃熏肉厂改造而成。自开业之始，菜单上便有髓骨吐司（marrow bone on toast）这道菜。一根烤过的大骨棒被斩成几段，放在盘子上，旁边配上一片乡村风味的烤酸面包片，再放一些简单的西芹沙拉，在粉白墙壁与质朴装潢的映衬下，更能让食客眼前一亮。亨德森深知"细节决定成败"，主料只用小牛的大骨棒，都是他从街上不远处的那家鲜肉市场里采购来的；酸面包都出自他开在隔壁的面包房；沙拉中的西芹、洋葱和刺山柑必须要保证口感脆嫩。餐厅中也有其他类似菜肴，如小茴香羊舌、脆烤猪脸配蒲公英，以及鸭心配吐司，但髓骨吐司才是首选——用亨德森的话说，"为骨头欢呼！"

☛ **食得其所！** 想去St John位于法灵顿（Farringdon）地区的老店（26 St John St, London）就餐，一般需要预订，不过工作日的午餐时间常常是例外。

360

© DDP / Camera Press London

360

玻利维亚灌汤饺，吃的时候轻轻咬

玻利维亚// 脆饺子（empanada）身材不大，外皮金黄酥脆，馅料有肉有菜，又辣又香，无所不在而又无法抗拒，堪称拉丁美洲头号人气小吃。玻利维亚的脆饺子叫"salteña"，与常见的阿根廷脆饺子相比，味道略有不同，因为皮里包的不是肉馅，而是肉冻，烘烤之后，也就成了香浓的"灌汤饺"。也正因为这一点，你在咬的时候一定要小心，否则，烫伤了舌头要去看病，弄脏了衣服也得花钱洗。最好从顶部先咬开一个小口，让热气散一散，然后小口把汤嘬出来，等凉得差不多了，再大口开嚼。

☛ **食得其所！** 全国各地都有，当地人喜欢当街享用，吃的时候小心被烫。

© Jonathan Player / Alamy Stock Photo

361

全球芒果哪家强？迈阿密找“海顿芒”

美国// 公元前300年左右，芒果种植借缅甸僧人之手开始在世界上传播，至今品种多到无可计算。1902年，一位名叫海顿的美国退伍陆军上尉开始在迈阿密培育芒果新品，一年后不幸离世，工作由其妻子佛罗伦斯·海顿（Florence Haden）接手，大名鼎鼎的海顿芒（haden）最终问世，其品质傲视全球，肉、香、皮三绝，堪称芒果中的极品。

☛ **食得其所！** 每年夏天，迈阿密都会上演“我为芒果狂”。你可以一手拿着鲜芒果，一手端着芒果玛格丽特酒，左啃右喝。

362

前往帕帕糖果店，见证糖果的诞生

日本// 在某家帕帕糖果（papabubble）店里欣赏糖果制作的过程，看着那一块枕头大小的彩色糖团被扭扯成带，盘绕成环，敲砸成片，你好像走进了一本苏斯博士写的童书。帕帕糖果是从巴塞罗那走出的品牌，定位是“糖果实验室”，店内设有开放式制作间，装潢极简，各种糖果都被装在玻璃罐和试管里对外销售，奇异果、百香果、抹茶等口味都有。你甚至可以为了庆祝某个特别的日子来这里“定制”糖果，工作人员会为你在上面刻上字母或图案。

☛ **食得其所！** 东京车站的大丸百货里面就有一家帕帕糖果分店（东京千代田区丸之内，大丸百货B1F 1-9-1），看起来像是一个玻璃盒子，设计很有未来感。

363

吃完巴尼饭，玩德班海滩

南非// 巴尼饭（bunny chow）简称巴尼（bunny），也就是把一块四四方方的白面包掏空，里面倒上咖喱，据说是德班（Durban）一位聪明的厨师，为了满足当地那些印度工人午餐想吃咖喱的愿望而发明的一种“盒饭”。巴尼饭品相古怪，吃的时候用手就行，你不妨买上一份，带到德班某片美丽的海滩面前，邋里邋遢、津津有味地享用一番。

☛ **食得其所！** 推荐CaneCutters（53-55 Helen Joseph Rd, Bulwer, Berea, Durban）。

© Shutterstock / DayOwl / Toronto-Images.com

364

前往北部地区，用美味的金目鲈犒劳钓捕的艰辛

澳大利亚// 在澳大利亚的最北端（Top End），要是捕到身长接近1.5米的鱼，人们就会欢呼庆祝，这既是因为钓捕的艰辛，也是因为鱼肉的鲜甜。在阿纳姆地（Arnhem Land）的度假村Barramundi Lodge，你可以体验到“连捕带吃”的双重享受——白天钓金目鲈，钓到的话，厨师可以为你加工成晚餐。金目鲈在澳洲叫“barra”，被许多人视为鱼中之王，是北部地区（Northern Territory）各家餐馆的“头牌”，因为需求量实在太大，你在这里吃到的金目鲈许多都是从亚洲进口的。所以，不管是在简朴的酒馆，还是在超高档的餐厅，在品尝鱼肉白皙的金目鲈之前，一定要查明产地。

食得其所！ 可以去Barramundi Lodge度假村（Arnhem Land, Maningrida, Northern Territory）的水畔木板露台上享用。

364

© Getty Images / Brett Stevens

365

费城牛肉干酪三明治：只需闷头开吃，别去细想差别

美国// 20世纪30年代，费城一个小贩突发奇想，把切碎的牛肉夹到热狗里面卖，费城牛肉干酪三明治（philly cheesesteak）就此诞生，现在已是当地的招牌辣味美食。不过对于这种三明治，大家不问出身，只论英雄。从出租车站点到教堂，你到处都能看到费城人激烈地争辩哪家的三明治最好吃，论战之火，大有燃遍宾州之势。实话实说，各家的做法都差不多，馅料都是以切成薄片的肋眼肉为主，上面放上客人爱吃的融化干酪，最后加上煎洋葱这种配菜。切记，在寒冷的午夜街头，买好三明治之后最好闷头开吃，千万别质问老板他的东西到底和别家有什么区别，因为周围肯定有一群死忠——他们为了小事都能抡拳头，何况是此等大事！

食得其所！ 吃了Geno's的牛肉干酪三明治，你会瞬间被当作费城人。随后再到旁边的Pat's King of Steaks试试，比比高下——这种三明治的发明者据说和老板来自同一个家族。

365

© RosaireneBetancourt 3 / Alamy Stock Photo

366

去摩洛哥，逛苏克，游海滨，与沙丁鱼结“姻缘”

摩洛哥// 摩洛哥财大气粗，食材极其丰富，饮食方面反倒遭遇了“过犹不及”的尴尬：肉、海鲜、豆类、坚果等这里全有，根本无从选起。哪怕是街头小贩卖的东西，拿到其他国家的高档餐厅里，也完全不掉价。其中一款小吃，被摩洛哥人称为“姻缘沙丁鱼”（sardines mariées），之所以名字如此浪漫，是因为做的时候，的确要让沙丁鱼“喜结连理”：小的沙丁鱼片做馅，大的沙丁鱼片折起来做皮。摩洛哥那些海滨城镇卖的鱼最新鲜，去那里吃当然最好，不过在其他地方也很容易找到。沙丁鱼先要片成片，彼此间用北非特色辣酱夏默拉（chermoula）粘在一起，外面再包上一层夏默拉，最后裹上面粉下锅油炸。炸好之后，挤点柠檬汁，旁边配上青椒就可以吃了。不管是要去当地苏克（souk，即市场）淘宝，还是想离开海滩活动活动，这种小吃都可以为你补充体力，不过一次起码吃三个，因为一两个肯定不过瘾。

☛ 食得其所！ 摩洛哥漫长的海岸线上有许多油炸摊，要吃就吃那里现炸的姻缘沙丁鱼。

© Lonely Planet / Philip Lee Harvey

© Lonely Planet / Michael Heffernan

© Michael Ventura / Alamy Stock Photo

© Sean Pavone / Alamy Stock Photo

367

斐济消暑良方，考考达配啤酒

斐济// 考考达（kokoda）是斐济群岛的一道开胃菜，很像酸汁腌鱼生，主料就是一条厚实的白鱼——可以用西班牙鲭鱼，可以用鲯鳅（mahi mahi）——放到青柠汁里腌泡几个小时就算是"熟"了。鱼身上再放些柿子椒丁、洋葱、芹菜，撒些辣椒，倒上至关重要的椰奶，最后全部盛在椰壳里就可以上桌了。在湿热的天气里，吃着爽口提神的考考达，再开一瓶凉凉的斐济苦啤（Fiji Bitter），两个字，完美。

☛ 食得其所！ 斐济几乎每家餐厅都有考考达，用的都是当天现捕的鱼。

368

切萨皮克湾的经典蟹肉糕

美国// 切萨皮克湾（Chesapeake Bay）位于美国大西洋海岸中部，因为那里的蓝蟹（blue crab）实在太多，当地人只好变着花样地吃。把蓝蟹蟹肉掺上蛋黄酱做成饼过油炸，做成所谓的蟹肉糕（crab cake），就是其中一种花样。一些高端餐厅会把蟹肉糕放到芝麻菜沙拉上供客人享用，巴尔的摩（Baltimore）的大众酒馆则会为其搭配撒盐饼干和柠檬。关于蟹肉糕，每家店都有自己的做法，而在要不要放面包屑这个问题上，争论尤其激烈。

☛ 食得其所！ 推荐Faidley's（203 N Paca St, Baltimore）的蟹肉糕加冰啤酒。

369

一边"赖命"，一边喝特立尼达玉米汤

特立尼达和多巴哥// 特立尼达人的绝活就是啥也不做，只和朋友们吃喝玩乐侃大山——当地称为"赖命"（liming）。派对结束后，尤其是在狂欢节期间，他们在"赖命"的时候特别喜欢喝玉米汤（corn soup）。这种东西虽然叫汤，但里面加了许多饱腹的原料，所以完全可以当饭吃。玉米穗、玉米糊、碎豌豆等美味熬成一锅汤，咕咕冒着泡，将其盛到一次性纸杯里边走边喝，这样的"赖命"方叫圆满，方显出特立尼达人的特立独行。

☛ 食得其所！ 特立尼达哪里有庆祝活动，哪里就有卖玉米汤的摊位。

370

禅意饮食，精进料理

日本// 中国僧人在13世纪来到了日本，也把自己对于饮食之道的理解传到了这里，其影响至今仍在。斋饭在日本被称为“精进料理”，普通人可以在寺庙中吃到，烹调过程旨在引导精神层面的觉悟，处处有禅机，在味道、颜色和营养方面也讲求平衡，而且十分可口。

☛ 食得其所！ 可以去高尾山（东京八王子市高尾町2177号）上的佛寺，与僧人一起享用斋饭。

371

先煮后打的博茨瓦纳肉糜

博茨瓦纳// 博茨瓦纳以自然资源著称，当地饮食名气不大。但哪里的人都要吃饭，而且都想尽可能地吃好。博茨瓦纳人发现，想吃好，最简单的方法就是生起明火，上面放一锅水烧开，把带骨肉放到里面慢炖，加盐以便让肉质变软，再取出打成肉糜（seswaa）。你在博茨瓦纳几乎任何一个重要场合上，都能看到肉糜，吃的时候要搭配硬硬的玉米羹（pap）。

☛ 食得其所！ 哈博罗内（Gaborone）的手工艺品中心Botswanacraft有一家Court-yard Restaurant餐厅，那里常会制作好吃的肉糜。

372

巴厘岛什锦饭，混搭才有滋味

印度尼西亚// 什锦饭是印尼巴厘岛的特色，妙处就是你不用非得从菜单上挑一道菜。吃的时候，要在盘子中间先舀上一勺米饭——最好是用巴厘岛当地大米做的——然后你就可以在旁边随意添加自己爱吃的食物了，比如几串沙嗲肉串、辣辣的印尼天贝（tempeh：也就是印尼的豆腐干）、炒青菜、烤鱼、煮鸡蛋和辣椒酱，洗好手之后，就着虾饼抓着吃。吃完这一盘，就再换一盘花样。

370

© Kirchgessner / Laif / Camera Press London

© Lonely Planet / John Laurie

372

373

派对不停，吃饭不误：巴西鳕鱼丸子

巴西// 吃饭和社交在巴西密不可分。为了正经吃顿饭而扫兴离场这种事，许多爱玩爱闹的巴西人可不愿意做。鳕鱼丸子（bolinho de bacalhau）刚好可以让他们两全其美。这种炸丸子想做好非常耗时间，所以巴西人一般都不会在家做。丸子炸得酥脆，里面的鳕鱼馅透着奶香，旁边配上青柠，再点一杯冰凉的扎啤（chope），一个丸子一口酒，吃饭聊天两不误，一个晚上优哉游哉地就过去了。

☛ **食得其所！** 巴西几乎每个城市的酒吧都卖鳕鱼丸子，20:00欢乐时光开始之后就可以吃到。

374

去赫尔辛基的Jurri餐厅，品芬式餐前小食

芬兰// 赫尔辛基的Ravintola Juuri餐厅一直在创造饮食新概念，“芬式餐前小食”（当地叫sapakset或sapas）就是从这里流行开来的。餐厅的想法是借助这种时髦而又好玩的形式，复活芬兰许多被人遗忘的饮食传统。一个个小盘子里，可能盛着甜菜苹果鲱鱼、多宝鱼（这可是冰冷的芬兰海域的特产）或者辣根虹鳟鱼。店内装潢连当地的骄傲——现代主义建筑大师阿尔瓦·阿尔托也点头称赞。

☛ **食得其所！** Ravintola Juuri（Korkeavuorenkatu 27）位于赫尔辛基市中心，午餐和晚餐时间营业。

375

乌兹别克斯坦手抓饭：无所不在的“大”餐

乌兹别克斯坦// 乌兹别克斯坦的手抓饭看似简单，却令全民迷恋不已。油汪汪的米饭、胡萝卜、洋葱和肉块满满一锅（当地叫kazan），一般会高高地堆到一张大盘子（当地叫lagan）里，大家在吃的时候再用勺子盛到各自的餐盘中享用。

☛ **食得其所！** 在塔什干（Tashkent）的Central Asian Plov Centre（Abdurashi-dov和Ergashev交叉路口；仅午餐时间营业），你可以吃到全国各地的风味手抓饭。

376

征服威尔士高山，享受果味斑点面包

英国// 威尔士的斑点面包（bara brith）有果香，有人气，一到茶歇时间，在威尔士各地的老式咖啡馆里都能吃到。徒步穿越了布雷肯比肯斯国家公园（Becon Beacons），攀登过了威尔士大美雄峰，斑点面包正是你需要的东西。斑点面包的历史已有数百年，有些人也将其归为蛋糕一类，面团由面粉、酵母和黄油制成，发面时间长达两小时，随后拌入茶叶、香料和果干，最后进行烘焙，口感水嫩无比。

☛ **食得其所！** 威尔士到处都有。在卡马申（Carmarthen）Jacksons Lane上的Y Pantri就能品尝经典的味道。

377

在法属圭亚那，用扑腾鱼解宿醉

法属圭亚那// 圭亚那气候闷热，气质逍遥。一夜狂欢之后，你此时赖在床上，蒙眬中突然听到鱼被扔到锅里发出的"扑腾"声，原来是厨师正在制作"扑腾鱼"（blaff）。这道菜是加勒比地区的家常美味，主料选用新鲜的鲷鱼、金枪鱼或者鲭鱼，加辣椒、大蒜、青柠汁腌泡，最后水煎烹熟，肉嫩汤浓，可解宿醉。法属圭亚那受到了欧洲文化的影响，当地的扑腾鱼比加勒比其他地区更为精致。

☛ **食得其所！** 推荐卡宴（Cayenne）和圣洛朗-迪马洛尼（St-Laurent-du-Maroni）的当地小餐馆。

378

核桃蛋糕：读不出名字，也能吃出美味

法国// 世界上大多数食物，一旦用法语读出来就会显得可口许多（甚至还会性感许多）。核桃蛋糕（gâteau aux noix）就是一个例子。好在就算你不会讲法语，核桃蛋糕的美味总能欣赏得来。几百年来，平淡无奇的核桃已经融入了法国西南部多尔多涅当地人生活的方方面面。他们不但用核桃油做出了这种妙不可言的蛋糕，还能酿造核桃酒。核桃在他们看来，不仅拥有来自大地的味道，还是保持健康活力的秘方。

☛ **食得其所！** 在核桃油作坊Moulin à Huile de Noix（Route de SaintCéré, Les Landes, 46600 Martel）里就能吃到。

377

© Hemis / Alamy Stock Photo

378

© Lonely Planet / Andrew Montgomery

379

一项多汁多味的“美食投资”：新奥尔良洛克菲勒牡蛎

美国// 新奥尔良是一座音乐之城。在酒吧里，一个陌生人可能会请你喝杯饮料，只因为你长得像是他家乡某位不知名的独立音乐人；大名鼎鼎的Dr John（Malcolm John Rebennack）可能会突然进门，即兴弹起钢琴——这些可都是我们的亲身经历！但新奥尔良也是一座美食之城，一座享乐之城，更是一座牡蛎之城。牡蛎可以炸过之后夹到穷汉三明治（po' boy）里吃，可以撒些塔巴斯哥辣酱（tabasco）生吃，可以炭烧，可以用伏特加泡着吃，吃法不要太多。但最有名的吃法，非洛克菲勒牡蛎（oysters rockefeller）莫属。这种烹调手法源于Antoine's，一家诞生于19世纪的老字号餐厅。原料要用墨西哥湾中的本地牡蛎，牡蛎要裹上一种用黄油和香草调制的酱汁，上面放些面包屑，烘焙后即可食用。至于为什么要以石油大亨洛克菲勒命名，发明这道菜的儒勒·阿尔恰托雷（Jules Alciatore）说：“在我知道的人里面，只有他财力的雄厚，最能比拟牡蛎味道的浓厚。”

食得其所！ 先去Antoine's（713 Rue St Louis St）吃洛克菲勒牡蛎，再去Felix's Oyster Bar（739 Iberville St）尝尝炭烧牡蛎。两家店都在新奥尔良。

© Lyudmila Zotova / Alamy Stock Photo

© Ariadne Van Zandbergen / Alamy Stock Photo

380

吃南非肉干，为南非冒险补充体力

南非// 今天在南非旅行，路上总不至于饿着，但如果你打算挑战花园大道（Garden Route）、林波波河的瓦特贝格（Limpopo Waterberg Meander）这种长途路线，行李里不放上一包南非肉干（biltong）可就大错特错了。南非肉干类似我们常吃的牛肉干，但没有那么甜，原来是当地原住民保存肉类的一种手段，后来却被欧洲殖民者兴致勃勃地收为己用。肉干的盐腌、调味以及干化方法多年来基本没有变，肉干原来用的是野兽的肉，现在一般改用牛肉，因为价格便宜，易于获取。当然了，也有鸡肉肉干和鱼肉肉干，而且既然身在非洲，用跳羚和角马肉做的“另类”肉干也不是不能吃到。肉干好吃不贵，特别适合胃大钱少的旅行者。

食得其所！ 兴致来了就去超市买一些，如果你的旅途还很长，还可以买多一点囤着路上吃。

© J Marshall / Tribaleye Images / Alamy Stock Photo

381

去巴基斯坦北部，体验丰收的“杏”奋

巴基斯坦// 吉尔吉特（Gilgit）地处巴基斯坦北部的高山地区，那里出产的杏甜美多汁，世间少有，当地人自然为杏痴狂，平均每个家庭都拥有15棵杏树，种植历史没有上千年，也有几百年。每个村庄市场里都能找到不同品种的杏，每年3月开始收获，冬季只能吃到杏干。

☛ **食得其所！**罕萨山谷（Hunza Valley）被誉为人间天堂，那里的杏也是天堂级的美味。

382

去Osteria Enoteca Ai Artisti餐厅，在意大利再续良缘

意大利// 在浪漫之都、建筑名城威尼斯，藏着一家叫Osteria Enoteca Ai Artisti的餐厅。那里氛围私密，一直致力于延续威尼斯美食传统。大厨本间真弘生于日本，推出的菜单常变常新，只选当地应季食材。不管是烤多宝鱼配洋蓟汁，还是凤尾鱼罗克福奶酪饺子配豌豆泥，你都能见识到他在调配酱汁方面的大师手法。

☛ **食得其所！**Osteria Enoteca Ai Artisti餐厅（Fondamenta Della Toletta 1169/A）位于托勒塔运河之上，极富威尼斯风情。

383

伯明翰走出的火辣美食：巴尔蒂咖喱

英国// 根据伯明翰巴尔蒂协会给出的定义，“巴尔蒂”（balti）是一种以鸡、鱼、肉或菜为原材料，经快速烹饪制成的咖喱菜肴。该协会没能给这道菜赢得欧盟原产地命名保护，但出了英格兰的西米德兰兹，这种味道的咖喱肯定吃不到。制作时，先要对所用肉类进行长时间烹制，使其肉烂脱骨，然后把各种食材放到滚烫的“巴尔蒂”锅里收汁，最后连锅端上桌。

☛ **食得其所！**Shabar Restaurant（Arden Oak Rd）是伯明翰历史最悠久的咖喱餐厅之一，获誉无数。

© Lou Linwei / Alamy Stock Photo

384

重庆五万火锅店，总有一家适合你

中国// 有人认为，入夜后坐上长江江船，在霓虹点燃的夜空下打望高楼林立的超级都市，才能看到重庆最美好的一面。其实，真实的重庆存在于高楼之下、小巷之间，存在于辣椒红油的香气与闷热的空气包围之中，存在于挤满当地食客的重庆火锅店之内。

在其他地方吃火锅也许是为了抵御冬季寒冷，但重庆人吃火锅全年无休，湿热的夏季也不例外，甚至还以此为傲。餐桌正中央摆上火锅，辣椒花椒咕咕冒泡，食客围坐一圈，边涮边吃。涮菜以牛肉、猪肉、鱼肉、豆腐和藕片最为常见，也有猪脑、猪腰、牛肚、鸭肠等下水可选，而重庆火锅经久不衰的头牌则是毛肚，几乎每家火锅店都以当天屠宰运来的毛肚招徕顾客，只有新鲜的进货，才能保证毛肚的爽脆感，当然你也得有“七上八下”的娴熟开涮手法，才能不负美味。

蘸料则由香油、蒜泥和葱花调制而成，让食材的味道“更上一层楼”。你可以要求店家把汤底做成微辣，但重庆的“微辣”仍然相当霸道。重庆啤酒属于拉格啤酒，吃火锅时很多人都爱点，酒精的作用加上这种“亲朋共享、自夹自涮”的吃法，难怪火锅店的氛围会那么欢乐热闹。重庆号称拥有5万多家火锅店，加到一起，辣椒得用多少！蘸料得用多少！欢乐热闹又得有多少！

食得其所！ 邓记莽子火锅（中兴路王爷石堡10号）藏在鲜花市场的一条小巷里，是重庆最香、最辣、最热闹的火锅店之一，就餐好比一场美食探险。

385

去墨尔本板球场，看澳式橄榄球，吃烫嘴的肉派

澳大利亚// 肉派是澳大利亚的美食名片，肉馅烫得好似岩浆，吃起来很不容易，需要动作灵活，多加练习。要是夹在9万名吵吵嚷嚷、推推搡搡、气气哼哼的澳式橄榄球球迷中间吃肉派，难度可就更大了，所以一定要听从我们的指导。第一，买肉派要等到第一局快结束时去，这样回来的时候，正好能赶上中间休息，身边的球迷不会朝球员或裁判一通乱比画，肉派也就不会被他们不小心打翻在地。第二，打开塑料包装袋，先轻轻地咬掉一个角，让派里面的热气散一散，否则可能导致三级烫伤——无论如何，都不要从底部开吃！等过了一小会儿之后，每一口可以咬大一些，但同样需要小心被烫到。千万别用手去碰里面的肉馅，也千万别让肉馅掉到裤子上，否则，牛仔裤也要被烫出一个窟窿。吃到一半的时候，差不多就没有危险了，你也终于可以回归到正常人的吃相了，在第二局比赛战号吹响之前赶紧吃完。

食得其所！墨尔本板球场（Melbourne Cricket Ground）到处都有卖肉派的快餐亭。吃的时候要是不配冰啤酒“灭火”，那你真是疯了。

© Shutterstock / Neale Cousland

386

赫尔辛基开胃菜，元帅吃了也点头

芬兰// 芬兰有一种用肉碎做的开胃菜叫“vorschmack”，肉碎包含牛肉、鲱鱼、洋葱和凤尾鱼，通常要搭配土豆、甜菜根、泡菜和酸奶油（当地叫smetana）一起吃。类似的菜肴，东欧也有许多种，但都没有芬兰这道菜听起来那么有意思，也没有它看起来那么倒胃口——芬兰的朋友们请见谅。想在芬兰品尝最好的开胃菜，一定要到赫尔辛基的天空餐厅Ravintola Savoy订个位置，因为那里正是这道菜的成名之地。20世纪初，“芬兰之父”曼纳海姆元帅（Marshal Mannerheim）来到这家餐厅，点名要吃这道菜单上没有的菜，厨师于是特意为他烹制，做法相当独特，令元帅大加称赞，结果被加到了菜单里，传承至今，其味道丝毫未改。

食得其所！ Ravintola Savoy（Eteläesplanadi 14）是赫尔辛基最有代表性的餐厅，其室内设计由备受敬仰的当地建筑师阿尔瓦·阿尔托（Alvar Aalto）操刀，等餐时一定要好好欣赏一番。

© Shutterstock / Scanrail1

387

层层卷卷的美味：匈牙利烟囱卷

匈牙利// 英国烘焙大赛（Great British Bake Off）上常会出现那种烘焙爱好者闻所未闻的欧洲奇葩蛋糕，别的不说，匈牙利烟囱卷（kürtőskalács）肯定有资格亮相。它的名字就来自匈牙利语“烟囱”这个词，制作时需要一个烟囱形状的模具，先把发酵面团搓成长条，上面裹上糖衣，然后沿着模具一道一道地盘绕上去，接着又起来放在木炭上转圈烤，同时需要不停地往上面淋黄油。烟囱卷据说源自中世纪时代的特兰西瓦尼亚（Transylvania）地区，因为工序实在太复杂，所以匈牙利和特兰西瓦尼亚过去只有在节庆的时候才会制作。今天，布达佩斯每家蛋糕房都有烟囱蛋糕，种类多样，但想吃到最正宗的炭烤烟囱卷，就要去街头小贩那里找。

食得其所！ 圣诞市场里就能吃到。其他时间来，可以去布达佩斯布达城堡（Buda Castle）外的路边摊Körösfői Kürtőskalács。

© Shutterstock / Ksenia Perminova

388

老板，来一盘凉拌茶叶

缅甸// 来到“饮食大熔炉”缅甸，不管是在仰光街头，还是在茵莱湖（Inle Lake）湖畔，你都应该尝尝凉拌茶叶（lahpet thoke），因为离开之后可就吃不到了。这道菜在英语世界也叫“茶叶沙拉”，属于缅甸国民美食，主料是腌泡过的茶叶，里面还会混入豌豆、香料、蔬菜和花生，和白米饭一同上来，常常用来给一顿饭“收尾”。茶叶里的咖啡因肯定会让你精神焕发。

☛ 食得其所！ 仰光大多数餐厅都有卖，但在茶叶店里吃感觉更热闹。

389

来自维多利亚时代的甜蜜：咸水太妃糖

美国// 从19世纪80年代开始，美国爱吃甜食的大人小孩一直都在用咸水太妃糖饱口福。这种很有嚼劲的糖果最初只有糖蜜和巧克力两种味道，但口味很快就增至几十种。做这种糖，的确要用到盐和水，但并不是通常那种盐水。传说当年一个毛手毛脚的糖果师，在熬糖浆的时候误把咸水当作自来水倒了进去，所以才让它有了这样一个怪名——这实际上只是商家营销的噱头。

☛ 食得其所！ 糖果店Fralinger's Original Salt Water Taffy开在大西洋城的海滨木栈道上，是咸水太妃糖的诞生地。

390

去比斯开湾，吃火焰贻贝

法国// 在法国西海岸比斯开湾沿线的沙滩上，你就能吃到火焰贻贝（éclade de moules）。贻贝不去壳，密密麻麻地码放在一块松木木板上，仿佛一幅精致的镶嵌画；木板提前用海水浸泡过，烹饪时在贻贝上覆盖松针，然后一把火点燃。松针冒出的烟会带给贻贝一种刺激的熏香，搭配一块抹上黄油的脆面包和一杯白葡萄酒，滋味更胜一筹。

☛ 食得其所！ 在比斯开湾沿线海滩上的海鲜餐馆里都能吃到。

© Thornton Cohen / Alamy Stock Photo

© Getty Images / littleny

Rowley Leigh

罗雷·莱伊

罗雷·莱伊是伦敦的大厨兼餐厅老板，也是获过大奖的美食作家。

01

在英国沃金，吃朋友马利歌德做的鹬肉布丁：用牛排和鹬肉加板油做成冻，然后蒸制7个小时。这道菜在餐厅里是无法想象的，但却代表了英伦料理的精髓。

02

在法国阿尔卡雄湾吃牡蛎、烤龙虾和贝亚恩酱：在这里吃饭最讲感觉，要找一家可以俯瞰牡蛎田的啤酒餐厅（brasserie），坐在露天就餐区吃这些东西。卡尔邦女庄园（Château Carbonnieux）距离这里很近，佐餐就选那里出产的波尔多白葡萄酒。

03

在巴基斯坦白沙瓦吃羊肉香饭：这是我19岁时的经历。当时我们几个吃着火辣的辣椒，旁边没有一个白人，我们似乎以这种方式完成了成人礼。

04

在香港吃小笼包：不管是在中国会，还是在北角某个小馆儿，小笼包我都爱吃，蘸上醋咬一口，浓汁便会引爆味蕾。

05

在马德里吃鬼爪螺：鬼爪螺（percebes；如下图）是伊比利亚北部出产的一种藤壶类海螺，肉质香甜醇厚，鲜到极致。

© Shutterstock/JM Travel Photography

391

魁北克解饿良方，肉汁奶酪薯条

加拿大// 如果你觉得只有美国人最擅长发明那种解饿的食物，那说明你肯定没吃过魁北克的肉汁奶酪薯条（poutine）。这东西能把人撑到直翻白眼，专治各种吃不饱，人们普遍认为它是由一位饥肠辘辘的卡车司机发明的。盛上一盘子炸薯条，上面加上凝乳奶酪（cheese curd），再浇一层肉汁，即可收工。别看它出身低微，人气却是不断暴涨，蒙特利尔甚至还为其设立了一个专属的节日。这座城市常年积雪，当地人爱吃这口不难理解，但其油腻的魅力却不仅限于魁北克，还传遍了加拿大。如果你从没尝过，最好先去蒙特利尔的La Banquise餐厅，那里的肉汁奶酪薯条口味超过30种。当然，并不是只有他家敢于创新，这种食物现在已经千变万化，有加烧烤猪肉的，有加炸虾和龙虾的，有加蘑菇的，有些地方甚至会加入油封鸭这种高大上的花样。嗯，把奶酪先炸一炸再放到薯条上怎么样？怎么样都行——说到用碳水化合物做试验，魁北克人的创造力可是无穷无尽的。

食得其所！推荐 La Banquise（994 Rue Rachel E, Montréal, Québec）。

© Getty Images / artran

392

去大阪和广岛吃御好烧，见识日本料理中的邋遢美食

日本// 这东西是煎饼？是馅饼？是比萨？这东西三个都是，三个都不是，名叫御好烧（okonomiyaki），日语叫“お好み焼き”，意思是“烧你所爱”，而且是说到做到，菜如其名。日本料理向来看重食材的新鲜与口感，而且品相十分精美，御好烧却反其道行之，看起来脏兮兮、乱糟糟的，没想到竟成了许多人心中的最佳日本小吃。御好烧在日本各地都能吃到，但大阪是其诞生地，当地的做法也最流行：用面粉、鸡蛋、出汁（だし）、山药（日本称“長芋”）、卷心菜、葱、猪五花、海鲜和软心奶酪搅拌成面糊，摊到铁板上煎烤，最后在上面放上某种甜酱、木鱼花、美乃滋酱和泡姜。广岛的做法略有不同，卷心菜、猪肉和海鲜会分层码放，最上面还会放些乌冬面、一个煎蛋和御好烧专用酱，给这种久经考验的人气美食带来了新意，同样值得一试。

☛ 食得其所！ 推荐大阪的お好み焼きじ（Okonomiyaki Kiji；大阪市北区大淀中1-1-90）以及广岛的长田屋（Nagata-ya；广岛市中区大手町1-7-19）。

© Getty Images / BirgerNiss

© Getty Images / rudisill

393

去洛城吃素食塔可，致敬美味与健康

美国// 世上最能代表美国—墨西哥文化的食物，大概就是塔可（taco）了。你在街头美食车那里买到的那种普通塔可，虽然很少被视为“健康食品”，事实上却非常健康，要是再把里面的东西替换成素食或者严格素食馅料，健康值更是暴涨，与精品市场卖的蔬菜沙拉相比，也不遑多让。要找这种东西，当然要去洛杉矶。素食塔可里面的蛋白质，通常来自黑豆、花豆或者豆腐。蔬菜一般会用到脆嫩的生菜，里面的酱也是用番茄、洋葱、辣椒和大蒜做的萨尔萨酱，有时也会加上奶油、有酸味的牛油果。饼皮有玉米面的，比较酥脆，也有面粉做的，比较柔软。

食得其所！ 推荐洛杉矶的Trejo's Tacos（1048 South La Brea Ave）。餐厅老板是好莱坞著名影星、墨西哥硬汉丹尼·特雷霍（Danny Trejo），推出的严格素食极具创意。

394

吃下整只豚鼠，挑战秘鲁古早味

秘鲁// 豚鼠在秘鲁叫“cuy”，是正儿八经的食物，安第斯山脉沿线的先民早在5000多年前便以此为食。豚鼠肉号称又健康又美味，为了保证肉质鲜嫩，高端肉用豚鼠只使用紫苜蓿喂养。常见的烹调方法是用石头将豚鼠压平，然后进行油炸、炭烤或是叉烧。不管怎么做，用的都是整只豚鼠，不但头和小爪俱全，眼珠和牙齿也都在，下嘴的时候很有些挑战，受不了最好闭上眼睛。豚鼠肉的口感介于鸡肉与兔肉之间，味道相当不赖。

食得其所！ 推荐Kusikuy（Kusikuy, Calle Amargura 140, Cusco）。豚鼠皮脆肉嫩，不可以貌取“菜”。

395

铁路便当，高铁上的日本美食

↓

日本// 许多国家的火车站都卖吃的，一般不过是软塌塌的三明治，但日本却不一样。为了招待新干线列车上的乘客，日本推出了一种“铁路便当”（駅弁；读作“ekiben”），在便当盒里码满了可以一口一个的点心，还被拼成了巧妙的图案。在乡村都市间飞驰之时，你一定惊叹于这种袖珍餐饮艺术品。所用食材还会随地域而变，随季节而变，每种点心都反映了日本人的工匠精神。

☛ 食得其所！在东京车站乘车前，记得去駅弁屋祭（Ekibenya Matsuri）买份铁路便当。

© Norman Eggert / Alamy Stock Photo

396

去奥洛特，品尝升级版的加泰经典

西班牙// 在西班牙加泰罗尼亚地区，当地人早、午、晚三餐都离不开热淘酱（xato）。这种酱以番茄为主，里面加了杏仁和烤榛子，做西班牙三明治（bocadillo）、做沙拉、做鱼都会用到。在赫罗纳省（Girona）县城奥洛特，当地厨师菲娜·普格德瓦尔（Fina Puigdevall）为热淘酱创造出了一款完美的高端搭配：用新鲜海鲜沙拉做馅的自制荞麦面包。点“Xato con Panecillo de Alforfón”就可以。

☛ **食得其所！** Les Cols Restaurant（Mas les Cols, Ctra De la Canya, Olot, Girona）就开在菲娜家里，致力于将当地土特产点化成道道珍馐。

397

数着日子盼美味：新英格兰的冰激凌

美国// 在新英格兰地区，一些冰激凌店只在夏季才开，那时候，当地的小朋友和一些爱吃甜食的大朋友根本没心思去想其他事情。从佛蒙特州的草原，到缅因州的海岸，新英格兰到处都有家族经营的小型农场，夏天主人会开设“奶吧”（dairy bar），用当地奶牛产的牛奶自制冰激凌对外销售。口味方面花样很多，比如枫糖核桃味（maple walnut）、黑树莓味、印度布丁味（indian pudding），甚至还有“grape-nuts味”——也就是在冰激凌上面放许多Grape-Nuts牌的麦片。

☛ **食得其所！** Kimball Farm从1939年就开始制作冰激凌，在马萨诸塞州和新罕布什尔州共有4家店面。

398

比利时冲锋枪三明治，三明治中的冲锋枪

比利时// 比利时的冲锋枪三明治（mitraillette），类似美国的猫王三明治（elvis sandwich），在全国各地的快餐亭（friterie）里都能吃到，但要注意，在初次约会这种应该注意吃相的场合，一定不要点。各家做法不尽相同，但有两个特点从不会变：面包胚一定是切开的白法棍，里面一定有堆积如山的炸薯条。至于夹哪种炸肉，挤哪种酱，那就悉听尊便了。要是这东西让你对自己的身材充满愧疚，当然也可以加点沙拉意思一下。吃过之后，该对这道美食说些什么呢？不妨就用猫王的经典名言，“谢谢你，非常感谢”。

☛ **食得其所！** 深夜可以去Fritland（Rue Henri Maus 49, Brussels）打牙祭。

© Iain Masterton / Alamy Stock Photo

399

去粤港，吃烧腊！只吃素，太可惜！

中国// 烧腊可谓是粤菜的一张金漆招牌。在广州和香港，评价一家粤菜馆的首要标准，就是看烧腊做得好不好。传统的烧腊店辨识度特别高：琥珀色的深井烧鸭、金黄的清平白切鸡、又厚又长的叉烧肉全都挂在窗前滴着油，眼神不好的人也总能靠飘出门外的香味，意识到肉食天堂近在咫尺。这三种烧味各有拥趸，如果你酷爱烧味，那就学当地人点上一份三拼，让鸭鸡猪齐聚一“盘”，盖在米饭上享用，盘子里只会装模作样地放一点点蔬菜。香港烧鸭与北京烤鸭在烹饪方法上存在区别，脂肪含量更高，鸭皮酥脆，从不卷饼吃。白切鸡口味清淡，肉质鲜嫩；叉烧肉肥美，呈现大理石的纹理，看着就好吃。

☛ **食得其所！** 香港传统烧味，首选龙记饭店（香港中环域多利皇后街12号）；广州的文记壹心鸡（广州市荔湾区宝华路旋源桥10号）是吃白切鸡的老店。

© Lonely Planet / Adrienne Pitts

© Lonely Planet / Adrienne Pitts

400—500

400

逛美国汽车城，吃美国顶级热狗

美国// 底特律也有“康尼岛”，可惜那里没有水上木栈桥，也看不到大西洋海景，因为这个词指的是城中那些售卖康尼岛热狗的餐馆。这种热狗已成经典，味道全国称最，绝不是在面包上加些洋葱、奶酪，挤些芥黄酱、番茄酱就可以的，而是要抹上一种辣椒牛肉碎，除了芥黄酱，还要放洋葱丁。这种热狗的发明者应该是希腊移民，想必是当年在路过康尼岛（当年很多入境美国的移民，第一眼看到的就是康尼岛，而非自由女神像）时想出了这个点子，定居底特律后又将其发扬光大。

食得其所！ 推荐老字号Lafayette Coney Island（118 W Lafayette Blvd, Detroit, Michigan），小心吃的时候弄脏衣服。

401

苦瓜什锦小炒，美国范儿的日本菜

日本// 冲绳有一种特色菜肴叫“チャンプルー”（champuru），意为“什锦小炒”，豆腐、蔬菜、蛋、肉和鱼都要用到。其中一款苦瓜什锦小炒（goya champuru），还用到了两种独特的原料，一是苦瓜，二是斯帕姆午餐肉（spam）。“二战”时期，斯帕姆午餐肉曾是驻冲绳美军的“粮饷”，美军撤离后，当地人却对这种肉罐头上了瘾，将其融入了当地饮食。这道菜与冲绳渊源极深，别处就算能吃到，味道也肯定比不了这里。

食得其所！ 推荐ゆうなんぎい（Yunangi; 冲绳县那霸市900-0015, Kumoji 3-3-3）。

402

在布里斯班狂吃东方扁虾

澳大利亚// 布里斯班附近的莫瑞顿湾出产东方扁虾（flathead lobster），当地也称其为“莫瑞顿湾甲虫”（moreton bay bug）。这种平头龙虾长相奇怪，刚捞出来的时候很难激起食欲，但只要一刀对半切开，壳朝下，肚朝上，放在烤架上烤个几分钟，上面刷上黄油，挤上半个柠檬的汁，单挑肉多味甜的尾部吃，顺便再开一瓶冰啤酒，澳洲人就能吃个死去活来。吃东方扁虾，最好去海滩上或是当地人自家后院里，和哥们姐们边烤边吃。

食得其所！ 餐厅Gambaro Seafood Restaurant（33 Caxton St, Brisbane）就有东方扁虾烧烤，每盘60美金。

401

403

去墨西哥餐馆，吃墨西哥粽子

墨西哥// 这道慢烹美食诞生之时，“慢烹”这个词还没发明呢。墨西哥粽子（tamale）要用玉米叶来包，为了易于折卷，叶子必须浸泡一夜，早上才能用。里面用玉米面团和肉做馅，放在细细薄薄的玉米叶里两端扎好，上锅蒸制。撕开刚做好的粽子，看到里面软烂可口的猪肉或者鸡肉，那一瞬间的感觉是无法比拟的。

☛ 食得其所！ 墨西哥粽子是北美洲各地墨西哥餐馆里的主食，也是中美洲路边摊上的小吃。

404

印度煎饼：槟城的美味早餐

马来西亚// 马来西亚的一天，是以一张印度煎饼（roti canai）开始的。这种煎饼用酥油和面，吃起来直掉渣，一般要搭配一碗咖喱或者小扁豆。要吃这种东西，应该去当地的熟食中心和路边摊，摊主在饼铛上摊饼时手法超快，根本看不清楚。要是你不想在早上吃咖喱，可以点一份甜味煎饼，搭配的是香蕉、榴莲或者黏黏的炼乳。记住，哪家麻麻档（mamak，即印度穆斯林开的摊位）排队的人最多，就选哪家。

☛ 食得其所！ 想吃最好的印度煎饼，就去槟城的小印度（Little India）找找。

405

西安biang biang面，美味gang gang的

中国// biang biang面正如“陕西八大怪”中说的“面条像腰带”，它比一般的面条更宽更厚，为了能把面条抻拉到合适的长度，拉面师傅需要不断地在案板上摔弹面条，发出“biang biang”的声音，所以才叫“biang biang面”。在西安不拘一格的回民街上，你就可以欣赏到师傅们令人着迷的身手。面条抻好煮好后，放到碗里整根不断，一般用酱油调汁，撒上辣子，浇上热油，就可以吃了。

☛ 食得其所！ 在西安回民街的餐馆和摊位上都能吃到。

406

让纽约老字号熟食店，为你详解烟熏三文鱼贝果

美国// 纽约的贝果（bagel），味道为什么会与众不同呢？答案很简单：一靠时间，二靠水。面粉先要揉捏成面团，经过漫长的发面过程，然后要放到调料水里沸煮，最后才能进行烘焙，整个过程非常耗时。至于水，爱吃纽约正宗贝果和比萨的人都知道，这里的水质与别处不同，富含矿物质，用这种水和面做成的贝果，烤出来才会外皮微酥，内里软嫩。如果你想吃烟熏三文鱼贝果（lox bagel），三文鱼的选择也很关键，非得使用切成薄片的诺瓦盐渍冷熏三文鱼（nova lox）不可。上面再加上些奶油、奶酪、番茄、洋葱和刺山柑，咸甜酸兼而有之，方显出纽约城千姿百态的文化多样性。想吃个极品，一定要去下东区的Russ & Daughters 。他家是纽约的招牌熟食店，从1920年至今一直在卖烟熏三文鱼贝果，服务员态度不太好，但请你不要在意这些细节，赶快买上一个，一边吃，一边去逛逛下里巴人的纽约街巷。

食得其所！推荐老字号Russ & Daughters（179 E Houston, New York）。

407

墨尔本跨文化名菜，沙袋鼠尾汤

澳大利亚// 夜晚的墨尔本唐人街，小巷上积水滩滩，水中霓虹闪闪。其中一条巷子叫市场巷，里面有一家花鼓餐厅（The Flower Drum），已经开了40多个年头。餐厅有一款经典菜肴叫沙袋鼠尾汤（wallaby tail soup），主料是弗林德斯岛（Flinders Island）沙袋鼠的尾巴，经两次炖煮后堆在盘子中间，四周浇上浓汁，搭配枸杞、姜和山药一起吃。这道菜以本土食材为体，以粤式烹饪为魂，体现了现代澳洲博采众长的饮食文化。

☛ **食得其所！** 花鼓餐厅（17 Market Lane, Melbourne）。

408

只知腰果不知梨：几内亚比绍腰果梨

几内亚比绍// 腰果有一个很奇特的地方：我们常吃的坚果部分，实际上生长在一个体积更大的假果外面。那个假果叫腰果梨（cashew apple），可以吃，但一天就会变质，所以你很可能都没听过，更别说在超市里见过了。在地处热带的西非国家几内亚比绍，腰果梨却随处可见，有幸至此，一定不要错过这种特产。当地人喜欢喝里面的汁解渴，但这种东西仿佛"干燥剂"，可能会越喝越渴。

☛ **食得其所！** 可以让当地村民给你尝尝腰果梨，顺便喝点腰果啤酒。

409

去洛杉矶的Spago，和好莱坞明星一起吃比萨

美国// 灯光！摄像！开拍！在洛杉矶，米其林二星的餐厅有一大把，其中的Spago能受到好莱坞大腕们的追捧，做菜自然有两把刷子。餐厅于1982年在日落大道（Sunset Strip）上开业，由大厨沃尔夫冈·帕克（Wolfgang Puck）掌门，讲求创新，"天使之城"里的影星歌星大人物，无不趋之若鹜。正餐菜单的内容奢而不华，其中就有餐厅的招牌菜——烟熏三文鱼比萨。

☛ **食得其所！** 能订到位的话，一定不要错过Spago Beverly Hills（176 N Canon Drive, Beverly Hills, CA；这是Spago的另一家分店，不是老店）。

408

410

探索法罗群岛“就地取材”的饮食文化

法罗群岛// 法罗群岛地处偏远，气候恶劣，当地人对于饮食一道，早已学会了就地取材，随机应变，原料非常独特。他们对于当地农业也表现出了由衷的支持。2017年，Kok’s餐厅成了法罗群岛上第一家米其林星级餐厅，得星的理由就是那17道用当地食材打造出的创意花式套餐。2018年4月，餐厅搬到了雷纳尔湖（Leynavatn）湖畔，所在建筑是一栋建于18世纪的农房，挨着一条荒凉的山谷。餐厅雇佣了一众采集员、潜水员、渔民和农民，个个经验丰富，能在食物匮乏的季节里为餐厅提供套餐所需的独特食材。去那里就餐，你不但能了解当地人的口味，更能吃出当地人的那种坚韧与自豪。

☛ **食得其所！** 餐厅Kok’s（Frammi Vio Gjónna, Leynavatn, Faroe Islands）距离首府托尔斯港（Tórshavn）20分钟车程。

411

学做韩国饮食“万金油”——泡菜

韩国// 韩国泡菜是一种让韩国人魂牵梦绕的美味，种类数以百计，私家配方数以千计，家家吃饭的时候都会拿出一坛子，配什么吃都成。腌制泡菜，传统上非常耗力，一般都由家中的女人们负责，你要是有幸加入，肯定能学到许多东西。泡菜所用原料，比如大白菜和萝卜，先要洗净抹盐。菜叶需要单独挑出，抹上辣椒、大蒜、酱和韩式鱼露（当地也叫银鱼汁）调成的浓汁。抹匀之后，把这些菜码进一个坛子里进行发酵。过去，泡菜坛子需要先埋到地下过冬，等到夏天再取出解冻，现在有了冰箱，就不用那么麻烦了。腌泡过程短则三日，长则一年，时候一到，即可上桌。

☛**食得其所！**只要在韩国，不管是家中吃饭，还是在外就餐，不管吃的是什么，总有泡菜帮衬。

412

品格陵兰美味，赏自然冰雪秀

丹麦// 伊卢利萨特（Ilulissat）的冰封峡湾，景象之震撼世间少有。坐在Hotel Arctic的餐厅Restaurant Ulo里，你就可以望见峡湾鬼斧神工般的巨大浮冰。如果仍然有心贪恋美食，你会发现这里的菜肴与环境同样绝妙。餐厅秉承传统，主打难得一见的格陵兰饮食文化，不管是驯鹿腊肉、北极拉布拉多茶（用极地地区的一种仙女木树叶制成），还是遵守可持续捕捞方法而收获的大西洋狼鱼，都用极简的方式烹饪，只为凸显食材的原味。

☛ **食得其所！** Restaurant Ulo（Hotel Arctic, Ilulissat），眼福口福双饱。

413

早起的鸟儿有“鸡”吃：巴士底市场里的转炉烤鸡

法国// 把整鸡开背摊平，串起来放到烤炉里慢慢烘烤，直至鸡皮酥脆，色近焦糖，肉质鲜嫩，直至空气中可以闻到一丝柠檬味和姜汁腌料的味道——这是巴黎巴士底露天市场（Marché Bastille）某些摊贩的惯用伎俩，一旦不明所以的人寻着香味找到了地方，想不吃，肚子里的馋虫也不答应。鸡不会飞，转炉烤鸡（poulet roti）的销售速度却是飞快，10:00前基本就被抢光了。

☛ **食得其所！** 推荐Catherine The Chicken Lady（Marché Bastille, 8 Boulevard Richard Lenoir, Paris）。

414

逛塔林，吃创意包子，“包”你满意

爱沙尼亚// 所谓“融合菜”，不是总能带给人惊喜，但“爱沙尼亚最佳大厨”称号的获得者米凯尔·兰德（Mihkel Rand），却有非凡的点化手段。他在塔林的市场里开了一个小摊，招牌叫“Baojaam”，将新近走红的北欧料理与中国包子融合到一起，结果大获成功。他卖的包子面皮蓬松，有香菜炸鸡包、猪肉叉烧包、墨鱼黄瓜包与牛腹胁肉辣椒核桃包，口味不算多，但样样热卖。你大可以过来买上一个，边吃边逛市场。

☛ **食得其所！** Baojaam在爱沙尼亚首都塔林的Balti Jaam Turg市场大厅内。

© Lonely Planet / Lottie Davies

© Shutterstock / lembi

415

去威尼斯，寻奇凯蒂

↓

意大利// 威尼斯人肯与数百万游客分享自己的家乡，却不肯与他们分享家乡的一些特色美食。想吃“奇凯蒂”（cicchetti）这种可以一口一个的小点心，必须到只有当地人光顾的酒吧（当地称bacaro）里寻找。推荐Ai Divini：酒吧地段隐蔽，庭院正对运河，位于少有游人问津的卡纳雷吉欧区（Cannagio），需要乘坐水上巴士（vaporetto）前往。那里的“奇凯蒂”花样不少，放盐鳕鱼的小面包片以及各种奶酪点心都值得一试。

食得其所！ 威尼斯的Ai Divini酒吧（Cannaregio 5905）。

416

去墨西哥城接受“玉米鱼雷”的彩色轰炸

墨西哥// “特拉克约”（tlacoyo）是一种鱼雷形状的玉米卷饼，为了保持温度和口感，墨西哥城市场里的小贩会把这东西装在篮子里盖起来。卷饼一般用反复炸过的黑豆、奶酪和炸猪皮（chicharron）等材料做馅，味道很香。因为和面用的玉米粒颜色不同，这种“玉米鱼雷”有黄色、橙色和蓝色三种颜色可选。

食得其所！ 在墨西哥城希博德罗摩地区（Hipódromo）Chilpancingo地铁站外面的街道上，就有许多摊位能让你美梦成真。

417

前往阿根廷，吃饺子过节

阿根廷// 阿根廷的平民小吃脆饺子，当地叫“安帕纳达”，意思是“面里包馅”，名字朗朗上口，引人浮想联翩，至于里面到底应该包什么，这个问题在国内争得是不可开交。阿根廷北方省城萨尔塔将每年4月4日定为脆饺子纪念日，能在那座热闹的城市里，在安第斯山峰、红岩山谷与葡萄园的环绕下品尝脆饺子，感觉不要太爽！

食得其所！ 七月九日广场（Plaza 9 De Julio）是萨尔塔的主广场，也是当地最热闹的地方，周边的酒吧和咖啡馆里都能吃到脆饺子。

418

波兰甜菜汤，夏日冰冰凉

波兰// 波兰冬季寒冷，一年中有半年气温都在零下，国人赶上温暖的季节，自然要大加利用。这道甜菜汤（chlodnik）就是他们欢度盛夏的一种方法。甜菜汤酸酸甜甜，清凉提神，里面常会放上黄瓜、萝卜、叶甜菜、小茴香和半个煮鸡蛋这些实在的东西，堪称夏季午餐佳品。

食得其所！ 在克拉科夫那些主打传统波兰料理的餐厅都能吃到。

419

去神户，吃牛肉，一口入魂

日本// 神户牛肉（神戸ビーフ，kobe beef）具有大理石细纹，软嫩无比，烹调后入口即化，因而享誉世界，但2012年之前从不对外出口，至今仍然牢牢贴着“高大上”的标签。想吃神户牛肉，日本神户肯定是首选地之一。烹调方面，神户牛肉最适合在炭火上烤制（焼き肉，yakiniku）或做成铁板烧（鉄板焼き，teppanyaki）。为了肉质的鲜嫩，烧烤时间不能长，烤到肥肉熔化即可，但也有些厨师喜欢延长烹调时间，增加肉质的嚼劲。在神户的一小部分餐厅能制作神户牛肉牛排，所选部位不尽相同，也提供各种酱汁和配菜。

☛ **食得其所！神户牛肉一般都很贵，但神户的肉匠一屋（Nikusho Ichiya；兵库县神户市滩区岩屋中町4-2-7，Shimabun大厦BB Plaza别馆）餐厅价位相对较低。**

© Shutterstock / Digital Painting

© Loupe Images

420

吃完春卷，再玩越南

越南// 在胡志明市想吃顿差的，几乎不可能。街道两旁似乎全是吃饭的地方，想凉爽，就找家带空调的餐厅，和成群食客一起大快朵颐；不怕热，就找个推车摊，坐在塑料凳子上开吃。当然，“内外通吃”也可以。那么，选哪家，吃什么呢？听我们的，哪家食客一副心满意足的样子就选哪家，上来先吃春卷（goi cuon）。越南春卷谁都爱，外面凉凉的米皮不过油，里面的馅包括粉丝、猪肉、虾肉、生菜以及罗勒与薄荷这种草本香料，吃的时候要蘸一种加了花生碎和辣椒碎的海鲜酱。一个字，香！

☛ **食得其所！春卷是越南标志性早餐，胡志明市任何一家人气餐厅都有。**

421

纽约吃比萨，不分日与夜

美国// 在纽约城也许吃不到最地道的比萨味儿，但却能吃到最地道的纽约味儿。那种木火烤制的意大利传统比萨，纽约不是没有（纽约什么没有？），但却缺少“大苹果”该有的风范。纽约人吃比萨，讲究片儿大，边儿脆，芯儿软，好能折起来边走边吃。不用刀叉吗？用哪门子刀叉啊！比萨在纽约的历史可以追溯到1905年，当时一位叫吉纳洛·隆巴蒂（Gennaro Lombardi）的意大利移民率先在自家熟食店里论片卖起了玛格丽特比萨（magarita pizza）。比萨本就是世界一流美食，再加上吃起来方便，很快就在精明的纽约人中间风靡起来。在曼哈顿诺利塔（Nolita）的小意大利（Little Italy）里，你仍然可以找到隆巴蒂当年的老店Lombardi' s，去那里买张比萨（店家也卖馅饼），满嘴都是历史的味道。但也有许多人说，格林威治村（Greenwich Village）Joe' s家的东西才是纽约比萨的老味道。

☛ 食得其所！推荐纽约的Lombardi' s（32 Spring St）或者Joe' s（7 Carmine St），记得用手吃。

© Jamie Mason / Alamy Stock Photo

© Ted Pink / Alamy Stock Photo

© peeterv / Getty Images

422

在拥挤混乱的拉各斯，耐心寻找路边小吃阿卡拉

尼日利亚// 尼日利亚是非洲人口最多的国家，旧都拉各斯（Lagos）则是一个人山人海的大都市，车辆行人一锅粥，承受力差的人不敢来，就是敢来的旅行者，大多也只去专门的观光景点，吃饭只选酒店的餐厅。但在我们看来，你真的应该壮起胆子，冲进人流，找个街头小贩，尝尝国民人气小吃阿卡拉（akara）。这是当地一种素丸子，用碾碎的黑眼豆掺上辣椒、洋葱和盐做馅，在棕榈油中炸熟，外形不甚浑圆，味道在各摊位间存在些许差异。因为竞争激烈，摊主可能会在里面加入小龙虾、番薯等秘方，用以提升人气。

☛ **食得其所！卖这种东西的小贩都会用约鲁巴语吆喝“àkàrà-je!”，意思基本上就是“快来我这儿吃阿卡拉！”**

Andrew Zimmern

安德鲁·齐默恩

安德鲁·齐默恩是长盛不衰的电视节目《饮食奇趣录》（*Bizarre Foods*）的缔造者兼主持人。

01

在古巴哈瓦那El Aljibe餐厅吃烤鸡：这里本是私营餐厅，被卡斯特罗政府收归国有之后，生意急转直下，政府不得已又把原来的老板请了回来。这的烤鸡（pollo al carbon）浇着一种柠檬味浓汁，要搭配米饭、豆子和焦糖味的芭蕉一起吃。

02

在菲律宾巴拉望的Badjao Seafood House餐厅吃……什么都行：一家水上餐厅，现场可以看到一艘艘渔船到此送货，无数蛤蜊、大虾和龙虾都快把船压沉了。

03

在拉斯维加斯Bazaar Meat餐厅吃烤牛排：我原以为自己对于地球上的极品牛排了如指掌，但拉斯维加斯这家餐厅的大厨约瑟·安德烈斯（José Andrés）却彻底颠覆了我的认知。

04

在中国上海的大壶春吃生煎：这里的生煎，鲜肉、虾肉、蛤蜊皆可入馅，调味恰到好处，品相无可指摘，师傅们又是包又是捏，一个上午都不得闲。

05

在亚利桑那州菲尼克斯的Pizzeria Bianco餐厅吃玛丽亚娜比萨：从那不勒斯到纽约，我哪家的比萨没吃过？要是有人用枪指着我的脑袋，非让我挑一家最好的，我肯定会选这家。

423

423

©Shutterstock / Maksim Toome

423

猪肘酸菜加啤酒，巴伐利亚横着走

德国// 头一次吃德式猪肘（schweinshaxe），你也许会有点不敢下嘴。一大块蹄膀足有酒桶粗细，厚厚的猪皮红彤彤的，支出来的骨头活像一个把手，看起来像是给维京海盗甚至是兽族战士吃的。但巴伐利亚人吃肉就是这个范儿。猪肘需要小火慢烤，直至猪皮酥脆，肉将脱骨，"咣"一声砸到盘子上，再往上面加满满一堆德国酸菜和烤土豆就行了。在巴伐利亚州那些中世纪风情的酒馆和啤酒餐厅里都能吃到这道菜，佐餐的啤酒更是要一杯接一杯喝不停。一顿饭下来，你不管是力气还是酒量，都能与16世纪的德国农民相抗衡。

☛ 食得其所！慕尼黑的Hofbräuhaus啤酒餐厅声名显赫，装饰俗丽，主顾盈门，一夜海饮之前，一定要用这道德式猪肘加酸菜垫一垫。

© Shutterstock / Kzenon

© Getty Images / Richard Ernest Yap

424

日本寿司-生鱼片=韩国紫菜包饭

韩国// 爱吃日本寿司，但对生鱼片不放心？那就试试韩国的紫菜包饭（gimbap）。这种小吃是当地人野餐的大爱，"gim"指的是紫菜，"bap"指的是米饭，饭团里不用鱼肉，而是以韩式烤牛肉（当地叫"bulgogi"，里面有酱油、洋葱、蒜和芝麻油）、蛋皮和新鲜蔬菜做馅，外面再用紫菜一包就做好了。近年来，紫菜包饭的做法越来越有新意，用黑米饭团包泡菜也行，用土党参（deodeok root）加一种叫"chwinamul"的山野菜也行——基本上，加什么都行。

食得其所！ 不妨先去首尔汝矣岛汉江公园（Yeouido Hangang Park）骑骑车，开一开胃，再拿紫菜包饭当野餐。

© Getty Images / AmaliaEka

425

赶在游客起床之前，用一袋黑米羹当早餐

印度尼西亚// 如果说巴厘岛的海滩风光属阳，乌布（Ubud）凉爽的气候则属阴，让人可以暂时逃离海滨派对的火辣。乌布位于岛上的山区，不但比海边更凉快，路上也没有那种横着冲浪板的摩托车让人需要留神躲避。人们来这里，是为了买艺术品和工艺品、访古迹、探雨林、赏稻田……当然，也是为了吃。乌布的一日之计，在于去市场里吃顿早餐。那些卖黑米羹的小摊尤其值得留意。黑米羹外表泛光，甜中带咸，上面还会加上香蕉片和椰奶，有的盛在碗里让你坐下享用，有的盛在袋子里供你边走边吃，保管你午餐之前都不会饿。

食得其所！ 去乌布的早市吃早饭，最好选择9:00之前，再晚，市场里就全是卖游客纪念品的小摊了。

426

去布达佩斯的犹太区寻找弗洛尼

匈牙利// 弗洛尼(flódni)是一种匈牙利犹太风味甜点，五层蛋糕皮夹着四层馅，里面包括炖苹果、核桃糊、御米和梅子酱，一咬就掉酥。其做法源自中世纪，之所以近年来闻名匈牙利，却是当地大厨拉婕·瑞秋(Raj Ráchel)的功劳。她做的弗洛尼在国内备受追捧，但也绝不是非她不可——在任何一家“烤”谱的传统犹太面包房，你都能吃到可口的弗洛尼。

食得其所！ 推荐Café Noe(Wesselényi utca 13, Budapest)。

427

米饭塔可：美国大兵在日本的家乡美味

日本// “二战”刚刚结束之时，美军在冲绳建立了军事基地，自那时起，这座城市就一直设法满足美国人的味蕾。这款简单的“米饭塔可”(タコライス，即英语“taco rice”)就是当地人想出的办法：用冲绳岛出产的大米做成米饭打底，上面盖上牛肉碎、奶酪碎、沙拉和萨尔萨酱，以此模拟得克萨斯-墨西哥风味，安慰美国大兵的思乡之情。“米饭塔可”自20世纪50年代问世，至今仍然大受欢迎，已从冲绳传到了日本本土，背后原因不难理解。

食得其所！ 食得其所！推荐发扬冲绳传统风味的Olive Batake(4-12-5 Awase)。

428

凤梨数台湾，台湾凤梨酥

中国// 适宜水果生长的台湾拥有很好吃的凤梨，由其为主材料做成的凤梨酥成为台湾第一伴手礼也就没什么可奇怪的了，一般外地游客去台湾都会买些凤梨酥带回家馈赠亲朋。饼酥掉渣，果香黏软，不加糖自有甜味，甜味中又能品出咸香。现在还有一种土凤梨酥，甜度更低，口感更天然。我们推荐更加传统的风味：在台北历史悠久的大稻埕，有一家李亭香饼店，肯定不会让你失望。

食得其所！ 李亭香饼店(台北市迪化街1段309号)。

© Shutterstock / janosmarton

© NatashaBreen / 500px

© Lonely Planet / Pete Seaward

429

趁着主人家争辩起源之际，再吃他一大块帕芙洛娃蛋糕

澳大利亚和新西兰// 帕芙洛娃蛋糕（pavlova）是澳大利亚和新西兰两国一种用打发奶油、水果和蛋奶霜制作的甜点，说到起源，两国人争得不可开交，可一旦开吃，就谁都不管不顾了。根据传统，这种蛋糕属于节庆甜品，通常是在圣诞节时，全家围坐在一起享用的。上面的水果一般包括草莓、奇异果和百香果，色彩就透着喜庆，打发奶油上还铺了薄薄一层蛋奶霜，有甜香有果香，又酥脆又筋道，又好吃又好看。蛋糕得名自俄罗斯著名芭蕾舞舞蹈家安娜·帕芙洛娃（Anna Pavlova），据说是在她游历澳大利亚和新西兰期间发现的，但发明者到底是澳是新，双方互不相让。帕芙洛娃的传记作家曾在书中提过，1926年，新西兰惠灵顿的一位厨师曾向帕芙洛娃献过这款蛋糕，而澳大利亚方面最早的可靠记录却只能追溯到1929年（但有些澳大利亚人也说是1926年）。要我们说，三年的差别何必小题大做，闷头享用才是正事。

☛ **食得其所！**去南半球过一场盛夏圣诞节，用帕芙洛娃蛋糕画龙点睛。

© Hemis / Alamy Stock Photo

430

布雷斯鸡：公路服务区里的美食奇遇

法国// 布雷斯鸡（Poulets de Bresse）生长在布雷斯地区的草原上，头红羽白，脚爪蓝色，简直像一面小号的法国国旗。其饲养标准十分严苛，必须保证每只鸡平均拥有10平方米以上的活动空间，饲料蛋白质含量低，用以“鼓励”它们自己找虫子吃，肉质因而具有野生的鲜香，与多数时候我们吃的那些被叫作“鸡肉”的工业产品相比，一个天上，一个地下。布雷斯鸡受到法国原产地命名保护，品质世界第一，想吃这一口，总得去高端豪华的米其林星级餐厅里去找……好在有一个例外：A39公路上有一个服务区（法语叫“aire de service”），位置在第戎与布雷斯地区布尔格（Bourg-en-Bresse）之间，那里外皮棕黄的转炉烤鸡，竟然就是用布雷斯鸡做的，价格只是别处的一个零头。半只鸡的鸡肉，夹在新鲜的法棍里做成三明治，这样的绝味别处怎会有？虽说法国的高速公路服务区都会推广当地的特产，但这个“布雷斯鸡服务区”明显处于另一个级别：不再是途中的无奈选择，而是自驾的终极目标！

食得其所！ 该服务区（A39, 71480 Dommartin-lès-Cuiseaux）立有一个20米高的金属公鸡雕塑，非常好认。

430

432

© robertharding / Alamy Stock Photo

432

© Shutterstock / wong yu liang

431

去西安，感受羊肉泡馍的“馍”力

中国// 一碗热腾腾的羊肉泡馍，吃的时候不光要动嘴，还要动手。服务员先会递给你一个碗和一张飞盘那么大的馍饼，你得自己掰碎了放到碗里（掰得尽可能精细些，指甲盖大小为佳，更方便入味），随后店家才会往里面倒上香浓的羊肉汤和羊肉，吃的时候要配糖蒜。这种美食蕴藏着丝绸之路的历史，不但能让你在冬季暖身饱腹，还能借着掰馍的空闲和身边人聊聊天，放松一下。这一点，和织毛衣有点像。

☛ 食得其所！ 西安老孙家饭庄（东关正街78号3层）的羊肉泡馍，从1898年一直做到了现在。

432

去马来西亚槟城，寻找最好的炒粿条

马来西亚// 炒粿条（char kway teow）也被粉丝们简称为“ckt”，品相并不好看——粿条焦煳，与虾、泥蚶、豆芽、腊肠、鸡蛋、葱加酱油一顿乱炒，倒在盘子里一片狼藉——哪曾想味道竟会那么好。炒粿条当初本是劳工的餐饭，现在在马来西亚和新加坡各地的小吃摊上都能吃到，但在许多人看来，槟城的炒粿条虾肉最鲜嫩，粿条软中带酥，火候最佳，堪称个中王者。

☛ 食得其所！ 槟城New Lane Hawker Centre里面的美食摊每天18:00前后就会热闹起来，值得推荐。

433

去萨尔茨堡用莫扎特巧克力球谱写美食乐章

奥地利// 我们今天这个时代，连芝士蛋糕都可以网购，似乎口腹之欲很容易在瞬间得到满足，但莫扎特巧克力球（mozartkugel）却是例外。这种糖果以开心果和杏仁膏做芯，用牛轧糖和巧克力做皮，由萨尔茨堡糖果师保罗·福斯特于1890年发明，以萨尔茨堡第一名人莫扎特命名。今天，福斯特家族的第五代传人仍然在手工制作莫扎特巧克力球，在他家经营的咖啡馆里，巧克力球包着银纸，装在袋里，满屋都是，买多少都行。

☛ 食得其所！ 萨尔茨堡的Cafe Konditorei Fürst（Brodgasse 13）是唯一能买到正宗莫扎特巧克力球的地方。

© imageBROKER / Alamy Stock Photo

435

© LOOK Die Bildagentur der Fotografen GmbH / Alamy Stock Photo

435

434

“小馋嘴”，瓦哈卡的惊艳小吃

墨西哥// 吃过特拉玉达（tlayuda）的人都会将其视为街头至尊小吃。这种东西的名字意为“小馋嘴”，一听就知道入口会有怎样的感觉。主料是一大张玉米饼，上面抹上猪油（当地叫“asiento”），放上炸过两次的豆子和瓦哈卡奶酪丝（quesillo），再在炭火上烤制。瓦哈卡（Oaxaca）是墨西哥美食中心，在当地的美食摊上很容易吃到这种东西，其中也有差别，里面也可能会有猪肉或牛肉。

☛ 食得其所！ 推荐Comedor María Alejandra’s。餐馆位于瓦哈卡历史悠久的十一月二十日市场（Mercado 20 de Noviembre）里，肯定能满足你的“小馋嘴”。

435

印度塔里，六味杂陈

印度// 在印度各地，“塔里”（thali）这个词指的既是这种传统套餐，也是盛放套餐的盘子。塔里的做法，各地区之间存在很大差别，但美味的标准却都一样，那就是必须呈现咸、甜、苦、酸、烈、辣六种味道。一大堆食物一般会盛在金属餐盘上——印度南部则改用蕉叶——吃的时候搭配米饭，不用餐具，用手把米饭捏成饭团，喜欢用什么下饭就用什么。

☛ 食得其所！ 推荐RRR Hotel（Gandhi Square, Mysore），那里每道菜肴都用蕉叶盛放，塔里也不例外。

436

巴拉圭完美早餐，奶酪煎饼配马黛茶

巴拉圭// 如果白天打算在巴拉圭首都亚松森（Asunción）逛景点，买东西，早上最好找家露天咖啡馆，用奶酪煎饼（mbeju）储备能量。这种煎饼口感又韧又脆，看似矛盾，偏能结合。最好的搭配就是巴拉圭传统马黛茶（当地叫“tereré”，里面不用温水，而用冷水加冰块），喝的时候最好在里面加上鲜榨的青柠汁、橘汁或柠檬汁，再放上新鲜的薄荷。

☛ 食得其所！ 推荐El Café de Acá。咖啡馆位于亚松森时尚的维拉莫拉区（Villa Morra）。

437

班尼迪克蛋：曼哈顿醒酒神药

美国// 说到缓解宿醉，大多数人都有自己的妙方，华尔街股票经纪人勒缪尔·班尼迪克（Lemuel Benedict）也不例外。据说在1894年，宿醉难熬的他踉踉跄跄地走进纽约华尔道夫酒店（Waldorf Hotel），嘟嘟囔囔地告诉店家赶快准备吐司、培根、荷包蛋和荷兰酱，班尼迪克蛋就此诞生。华尔道夫酒店现已改换了字号（叫Waldorf Astoria），目前正在进行大规模翻修改造，2021年才会重新营业，但想治治那颗跳着疼的脑袋，不用非等到那时候，因为在"大苹果"纽约，有许多好地方都能吃到班尼迪克蛋。西村（West Village）的tartine秉承经典做法，而阿斯托利亚（Astoria）的Queens Comfort则锐意求新，推出了许多种新派班尼迪克蛋，两家都可一试。

食得其所！ 想吃不落窠臼的班尼迪克蛋，可以去Queen's Comfort（40-09 30th Ave, Astoria, New York）试试。

© Getty Images / GMVozd

James Syhabout

詹姆斯·赛哈珀

詹姆斯·赛哈珀是米其林星级餐厅Commis and Hawker Fare的老板兼大厨，长期生活在旧金山湾区，著有《Hawker Fare：听难民大厨讲故事，学做泰国Isan、老挝风味美食》。

© Nader Khouri

01

在西班牙巴斯克地区的苹果酒屋里吃牛排：巴斯克地区的牛体型壮硕，做牛排肯定要在苹果木或者葡萄藤上烧烤，结果总是油光晶莹，颜色泛黄。

02

在曼谷吃拉杂面：泰国拉杂面（Kuay Jap）的面条是用大米做的，里面除了炸猪皮和猪血，通常还会放些鹌鹑蛋，街头随处可见。

03

在加利福尼亚伯克利Great China餐厅吃凉拌双皮：凉拌双皮（Double Skin Salad）是这家餐厅的独创，我此前从未见过，里面放了一种透明的豆子，和粿条、切过的鸡蛋、黄瓜、蘑菇放在一起，用一种芥末味的醋汁搅拌而成。

04

在墨西哥蒂华纳吃塔可：店家把刚刚烤好的肉放到案板上切成块，用玉米饼一卷就齐活了，吃起来让人魂不守舍。

05

在纽约Katz's Deli熟食店吃五香熏牛肉三明治：我只要去纽约，肯定会去他家，而且是第一个去他家。他家做五香熏牛肉（pastrami）可有年头了，每道工序都已烂熟于心，难怪味道那么好。

438

去新西兰解开麦卢卡蜂蜜的美味奥秘

新西兰// 凯利凯利（Kerikeri）有一家蜂蜜商店叫Bay Of Islands，你在那里有机会了解当地麦卢卡蜂蜜（Manuka Honey）的生产过程。麦卢卡蜂蜜可谓“蜜中之王”，花蜜采自当地一种叫“麦卢卡”的灌木，出了“长白云之乡”根本没有，据说具有抗菌功效，能够治病，颜色深，味道足，而且不算太甜，是最适合成年人食用的蜂蜜。

食得其所！ Bay Of Islands蜂蜜商店（414 Kerikeri Rd, Kerikeri）。

439

巴黎法棍：世间舍我其谁

法国// 巴黎的面包师都是炼金术士，他们每天黎明就会起床，任务是将面粉、酵母、水和盐这四种“基本元素”点化成“美食黄金”法棍。清晨，趁着这座“光之城”尚未苏醒，买上一根热乎乎的法棍享用，那种滋味无可匹敌。巴黎每年都会举行一次法棍大赛，获胜者的奖品是一个“大单”：为爱丽舍宫供应一整年的法棍。在评委看来，上乘的法棍必须外皮脆薄，内里软韧，长度介于55到65厘米之间。如此看来，做法棍绝非易事，但再难也总得有人来做，对吧？

食得其所！ 巴黎13区的面包房Brun（193 Rue De Tolbiac）最近刚刚在巴黎法棍大赛中获胜。

440

复活节去克里特岛，吃克里特奶酪点心

希腊// 复活节的时候去克里特岛（Crete），可谓占尽天时地利。这不仅仅是因为此时岛上野花烂漫（数百座原本朴实的教堂也都披上了“花衣”），更是因为占领了当地面包房的克里特奶酪点心（kalitsounia）。这种甜点上面一般会浇一些野生百里香蜂蜜，里面用软软的绵羊奶酪（当地叫malaka）做馅，烘焙之后奶酪融化，一口下去不但味道美妙，还能拔出长长的丝来，是复活节人气美食。

食得其所！ 当地宗教节日和庆典活动期间，所有面包房都卖奶酪点心。

438

© Getty Images / LazingBee

439

© Lonely Planet / Matt Munro

© Shutterstock / Lucy Brown - loca4motion

441

在危地马拉安提瓜，品尝惊天动地的蔬菜炖肉

危地马拉// 安提瓜市（Antigua）拥有一种不可思议的美——之所以说不可思议，是因为城市四周围着一圈火山，能幸存至今，实属奇迹。数百年的地震活动令城中许多地方沦为废墟，但在废墟的烘托下，那些经过修复、色调柔和的巴洛克建筑却显得尤为迷人，其中最迷人的一座当属仁慈圣母会教堂（Iglesias De La Merced）。周末，教堂周边会出现卖蔬菜炖肉（pepián）的小贩，当地人都会聚集到那里，边吃边八卦。蔬菜炖肉的原料包括烤肉、各种辣椒以及许多种烤过的食材，里面还有南瓜子（西语称“pepitoria”，也是菜名的由来），外表油腻，味道微苦，但口感很有层次，一般搭配米饭和现烤玉米饼食用。能吃上这种菜肴，夕死可矣！

☛ **食得其所！** 除了路边摊，也可去Origimi餐厅隔壁的El Porton，尝尝“升级版”的蔬菜炖肉。

442

坐在佛罗里达海滩边，解锁礁岛青柠派的美味

美国// 礁岛青柠（key lime）是佛罗里达群岛（Florida Keys）的特产，礁岛青柠派（key lime pie）则是当地招牌美食，无情的飓风可以重创前者的产量，却无法摧毁人们对后者的热爱。从基拉格（Key Largo）到基韦斯特（Key West），各岛屿上的各家咖啡馆都说自家的青柠派最好吃。事实上，只要馅饼里用的是真正的礁岛青柠，味道肯定错不了。礁岛青柠成熟后是黄色的，与超市里常见的青柠相比，酸味更霸道。用青柠汁和鸡蛋打成蛋糊，放到一张脆脆的饼坯上，上面再加上许多蛋白霜，烤出来就是礁岛青柠派。蛋糊的酸爽与蛋白霜的软柔加到一起，能带给味蕾非同一般的感觉。坐在海滩边，再点上一杯椰林飘香（pina colada），这才是佛罗里达群岛该有的味道。

☛ **食得其所！** 推荐Key West Key Lime Pie Company（511 Greene St, Key West, Florida）。那里允许自带饮料，不妨带上一杯椰林飘香，边喝边等青柠派出炉。

© Lonely Planet / Justin Foulkes

© Getty Images / Schollmeyer, Sebastian

443

在巴厘岛吃印尼炒饭，在舌尖上掀起朵朵浪花

印度尼西亚// 巴厘岛南端的布吉半岛（Bukit Peninsula）上有一片冰晶海滩（Bingin Beach），是全岛数一数二的冲浪胜地，尽管距离人头攒动的库塔海滩（Kuta Beach）只有不到30分钟车程，氛围却相当宁静。通往海滩的步行路挨着峭壁，旁边分布着不少迷你咖啡馆和餐厅，里面能吃到简单的印尼美食和巴厘岛风味。如果嫌我们的描述不够有代入感，不妨想象一下住在海滩边的感觉：早上在某个家庭客栈里醒来，微风拂面，海浪入耳，鼻子突然闻到了炸出来的蒜香、酸角的酸香和印尼甜酱油（kecap manis）的酱香；迈步走到露天用餐区查看，原来是厨师正在手法熟练地制作印尼炒饭（nasi goreng），米饭、虾酱、鸡肉和鲜虾在锅中翻来倒去；他问你要不要来一份，但没等你回答就给你盛了一盘子，又在上面放了一个煎蛋，在盘边加了些生菜叶和番茄，最后还对你说一句“menik-mati”。这句话的意思是“用餐愉快”，我们也向你担保，这顿餐，你肯定愉快。

☛ 食得其所！ 完美的一天，应该以一份印尼炒饭开始，随后拿起冲浪板，直奔海滩——除非你没吃够，那就得再来一份！

© Getty Images / Peter Ptschelinzew

© Getty Images / David Buffington

444

在路边摊吃泰式炒米粉，任曼谷民间大厨展绝技

泰国// 泰国料理拥趸遍天下，花样千千万，但其中最有名的，应该算是泰式炒米粉（pad thai）。泰式炒米粉的精髓就在于味道与口感的完美平衡。外国的泰式炒米粉，一般香料反倒会放得更多，但在曼谷街头推车做生意的炒米粉师傅，因为经过长年专注的历练，所以技艺炉火纯青，做出来的炒米粉口味自然最好。米粉是大米做的，上面挂着汁，里面用到了酸角酱、汤、青柠汁、辣椒、大蒜、鱼露和白胡椒，香得让人直舔嘴唇，连同虾、青蒜、葱花和一个鸡蛋一起下锅大火爆炒，出锅后再加些豆芽和花生碎作点缀即可。那种味道上的丰富精妙，展现了泰国饮食深厚的历史以及曼谷小吃师傅们深厚的功力——即便与科班出身的米其林星级大厨相比，也是难分伯仲。

☛ **食得其所！** 只能推荐一家？办不到！曼谷卖炒米粉的路边摊随处可见，都值得一试。

445

闻臭味，寻美味：马来西亚榴莲

马来西亚// 东南亚各地的酒店客栈都挂着标牌，禁止住客将榴莲带进门。你只要闻过那种腐臭的味道，一定能理解店家的无奈。说得好听点，榴莲属于那种需要一段时间适应才会爱吃的东西。不过，在路边吃榴莲的话，味道就不会那么冲，而且在臭气之下一定能品出这种水果高人气背后的原因。榴莲外形很像菠萝蜜，只是尖刺更大，如果想在上午找个水果摊尝尝，别说睁着眼睛，就是闭上眼睛靠鼻子闻也不难找。吃起来到底什么味儿呢？榴莲果肉质感类似瓜瓤，奶油味、蒜味和焦糖味兼而有之。怎么样？动心了吧？

☛ **食得其所！**马来西亚各地的路边水果摊都有榴莲。

© Getty Images / PACIFICA

446

加州的情怀美食，海陆双拼

美国// 海陆双拼（surf' n turf）即牛排加贝类，乃是美国经典菜肴，诞生于南加州20世纪50年代冲浪文化的鼎盛时期，英文菜名直译为"冲浪和草皮"，起得非常巧妙，你在点菜时不应把"and"一词读全，而要淡淡带过，这才符合当年冲浪客那种玩世不恭的态度。海陆双拼的发明，似乎只是为了求新求变，只是为了传达Rat Pack、Beach Boys乃至20世纪50年代洛杉矶的一种特质，至于用哪部分牛肉做牛排，选哪种海贝，反倒是次要的小事。吃这道菜的时候，最重要的是环境：餐厅最好有那种俗气的仿皮卡座，墙上最好贴着俗气的好莱坞明星大头照，酒水最好搭配一杯俗气花哨的鸡尾酒。

☛ **食得其所！**与大多数海鲜餐厅不同，Tony' s on the Pier（Redondo Beach, LA）对于海陆双拼中牛排的品质非常较真，值得推荐。

© robertharding / Alamy Stock Photo

© Getty Images / Peter Stuckings

447

炸狼蛛的正确吃法：眼睛一闭嘴一张

柬埔寨// 很多国家的特色小吃，在其他地方也能吃到，可柬埔寨有一样东西，除了在素昆（skuon），国内其他地方都很难遇见，更别说国外了。这东西就是大名鼎鼎、口感酥脆的……炸狼蛛。听起来挺恶心是吗？别担心，看起来……更恶心！但作为世间奇味，绝对值得一试。炸狼蛛据说是当地人在食物匮乏的红色高棉时代借以果腹的无奈选择，现在却被推为美味，当地人和游客都会尝试。逛街的时候，小贩会主动端一盘过来让你吃。炸狼蛛腹部汁水很多，腿比较苦，建议先吃前者——当然，如果你连前者都能下咽，后者可能也不算什么问题。

☛ 食得其所！ 炸狼蛛外皮酥脆，里面流汁，头部口感类似鸡肉，胆小者勿食——但你只活一次，管他呢！

448

吃阿富汗馒头，庆阿富汗春节

阿富汗// 馒头不是只有中国才有吗？不一定！阿富汗就有一种叫“馒头”（mantu）的美味，里面是辣辣的肉馅，是全国各地节日的“硬菜”，据说当初是从中国经蒙古传过来的。阿富汗大部分地区现在仍是旅行禁地，如果你胆子够大，不妨在春分前后，前往巴米扬山谷（Bamiyan Valley）或者赫拉特（Herat），参加阿富汗新年（Nauroz）庆祝活动，送冬迎春。在节日盛宴上，你肯定会看到一盘盘馒头摆在户外，大家分而食之，像是在进行某种一年一度的全国野餐。有些馒头上面会加上一种用番茄做成的古玛酱（kurma sauce），一定要尝尝。

☛ 食得其所！ 市场里，路边小摊上，都能吃到阿富汗馒头。

© Getty Images / HADI ZAHER

© The Picture Pantry / Alamy Stock Photo

449

吃果肉馅饼，过英国圣诞

英国// “史蒂夫盛宴上暖洋洋，好国王温塞拉斯向外望，只见雪又深来雪又广，一地白茫茫……”伴着这首颂歌，英国迎来了圣诞节，寒冷夜空中星星闪烁，冬青树枝头挂满红果，想吃果肉馅饼（mince pie），就该选择此时此地才对。可惜这只是你的圣诞幻想，大多数人都是躲在屋里、守在电视机前面吃的。气氛虽然有些不搭，果肉馅饼的味道却绝不该错过。传统的果肉馅饼，用的是掺入香料的果馅，现在吃不到了，而是代之以果干（包括葡萄干、黑加仑干和苹果干）、橘皮糖、红糖、香料和果汁。饼皮用黄油或板油和面，烤好之后会撒上糖霜。

☛ **食得其所！**最好的果肉馅饼都是自家制作的，应该和亲友一起分享，恭候圣诞的来临。

450

吃咖喱鸡，追本溯源

英国// 任何一家印度餐厅的菜单上都能找到“咖喱鸡”（chicken tikka masala），所以你认为这道菜传自印度也是无可厚非的。可惜猜错了：尽管有人持不同意见，但咖喱鸡很可能是南亚的厨师在苏格兰发明的。鸡块用酸奶腌制，其中能品出奶香，配上柔和的番茄酱、米饭和一张馕饼，在格拉斯哥的夜晚吃起来，最能化解饥寒。美食好比英雄，何必问出处？

☛ **食得其所！**推荐Shish Mahal（60-68 Park Rd），格拉斯哥资历最老的印度餐厅之一。

451

深入挪威森林，品尝驼鹿肉

挪威// 在冰天雪地里熬了一整天，晚餐你肯定想吃点实在的。那就学学挪威人，来一顿当地驼鹿肉，搭配些土豆和越莓，再喝上几杯暖暖的北欧烧酒阿夸维特（aquavit）。驼鹿在斯堪的纳维亚寒冷的森林中过着无拘无束的生活，所以肉瘦味香，驼鹿肉原本是当地人在狩猎小屋中的晚餐，现在却也出现在了奥斯陆的餐厅里。

☛ **食得其所！**想吃驼鹿肉，可以去挪威北方小城耶罗（Geilo）里的餐厅Hallingstuene（Geilovegen 56）。

452

走遍日本，吃尽糯米团

日本// 日本的糯米团（日文称“餅；mochi”）由粳米捶打而成，口感筋道，口味多样，坚果（花生就很受欢迎）、水果（草莓和樱桃很常见）、可可（谁人不爱巧克力？）等都有，是日本老少咸宜的人气甜品。这种东西热量高，味道好，但吃的时候要小心，因为有人真的被噎过！

☛ **食得其所！**好的糯米团必须要新鲜。专卖这种甜品的店铺在日本随处可见。

453

北卡州烧烤猪肉，东西两派难取舍

美国// 只要你在北卡罗莱纳州待上一段时间，在吃东西的问题上必须要做出一个选择：到底是爱吃“东”，还是爱吃“西”？这是因为北卡罗莱纳州人最爱吃烤猪肉，但在烹调方法上却分为东西两派，彼此互不相让，水火不容。北卡罗莱纳州东部临海，拥有海岸平原和独特的沙洲地貌，当地人口中的“barbecue”，指的永远都是“烤全猪”。一整头猪会被放进一个酷似汽油桶的烤炉里，烟熏火燎，直到肉烂脱骨，随后撕成猪柳，拌上一种稀稀的醋汁即可食用。这种做法是当地早期定居者发明的，用醋汁大概是为了延缓猪肉变质。北卡罗莱纳州西部多山，所谓“barbecue”专指猪肩肉，烧烤讲究小火慢熟，吃的时候要抹上某种番茄酱，甜重酸轻。东也好，西也好，用木火烤出的猪肉最好，要是哪家烧烤店用的是煤气，那可是犯大忌了！北卡罗莱纳州的烧烤店很接地气，里面的富美家餐桌十分破旧，几位工作人员头戴发网，紧紧地挤在柜台后面忙活。你可以单点一盘烤肉，店家会附送一两种配菜，一般是卷心菜沙拉（coleslaw）和炸玉米丸子（当地叫“hush puppies”）。也可以点烤肉三明治，店家会附送一小块软软的白面包，上面放上一些卷心菜沙拉做配菜。饮料首选美国南方人最喜欢喝的冰茶——小心甜掉牙！走运的话，你也许还能吃到花生酱派这款甜点。走大运的话，你甚至可以一睹烤肉师傅的风采。不管是在厨房里忙碌，在一旁劈柴，还是在烤炉边抽烟守候，那种“烤猪霸主”的派头都是足足的。说到烧烤，师傅一开口就停不下来，信息量大到你难以消受。问问题可以，但千万别问东西两派谁好谁坏！

☛ **食得其所！** 硬要让我们选一家，可以试试东派烧烤名店Skylight Inn（4618 S Lee St，Ayden）。

© Getty Images / SeanPavonePhoto

454

炸鸡加啤酒，首尔不想走

韩国// 首尔的上班族下班后喜欢涌进啤酒屋、酒吧或餐厅，用炸鸡啤酒（chimaek）化解一日辛劳。这个词实际上是一个混血儿，“chi”指的是英语的“chicken”（鸡），“maek”指的是韩语中的“maekju”（啤酒）。这种混搭吃法出现于20世纪60年代，流行于20世纪90年代，火爆的人气至今未显衰减之势。究其原因，一个就是两次过油的烹饪技法：鸡肉身上裹上面粉、土豆糊，先在菜籽油里快速炸制一次，凉置一会儿再次下锅。这样可以逼出鸡皮中的油脂，使炸鸡外表酥脆。另一个秘诀就是辣：韩国炸鸡根据所用酱料不同分为好几种口味，但最受欢迎的无疑是辣中带甜的“辣味炸鸡”（yangnyeom chicken；另外两种是原味炸鸡和酱香炸鸡）。黏黏的辣酱附着在鸡肉表面，和脆脆的萝卜泡菜一起吃，在口感上实现了完美的平衡。第三个原因就是啤酒。搭配炸鸡的啤酒一般用的是爽冽的拉格啤酒，巨大的酒杯容量足有3升。吃炸鸡啤酒的地方，总让人感觉热热闹闹，无拘无束。

☛ 食得其所！首尔到处都有炸鸡啤酒的连锁餐厅，想体验更浓的当地氛围，可以试试Chicken in the Kitchen（4-42, Wausan 29, Mapo）。

455

去四川吸溜担担面

中国// 据说昔日卖面的小贩常把家伙什儿装在篮子里，挑着扁担沿街售卖，所以这种面才叫“担担面”，现在已经成了四川各大城市里的人气小吃。用辣椒油、酱油和醋调成油亮的汁，淋在软滑的面条上，里面再加咸菜和花椒提味，最后浇上肉末，撒上葱花，一碗担担面就做成了，可以在成都寒凉的夜晚暖身，也可以在重庆闷热的午后提神。

☛ **食得其所！** 即便在游客云集的宽窄巷子、太古里、春熙路等地附近，也都能吃到美味的担担面。

456

去土地肥沃的乌克兰，品尝味道肥美的萨罗

乌克兰// 萨罗（salo）也叫冷餐猪肥膘，普遍被视为乌克兰第一国民美食，体现了乌克兰人“味道尚纯，烹制从简”的饮食哲学，被国人设节庆祝，立碑纪念，著书歌颂。将肥肉切成厚片，或腊或腌或熏，冷冻起来，吃的时候根据传统，将其切成薄片，撒上花椒和盐即可。

☛ **食得其所！** 推荐传统餐厅Tsarske Selo（22 Lavrske St，Kiev），那里的萨罗入口即溶，一小杯伏特加是最好的搭配。

457

在蒙古草原上，用烫烫的合子“拔草”

蒙古// 蒙古菜的确既不复杂，也不花哨，但要是你在草原上辛苦奔波了一天，大概也会将复杂花哨置之度外，只想吃些管饱解饿的东西，而蒙古合子恰好可以让你如愿。蒙古合子有三角形的，也有半圆形的，里面大多包的是羊肉馅（偶尔也有牛肉或是白菜），下油炸至表皮酥脆即可食用。除了吃，蒙古人甚至还喜欢把烫烫的合子握在手里，活血御寒。

☛ **食得其所！** 最新鲜、最好吃的合子，要去蒙古乡野地区寻找，那里的当地人常会在自家的房子或蒙古包外面售卖合子，或者论个儿，或者论对儿。

© Shutterstock / ESB Professional

© Kyoko Uchida / Alamy Stock Photo

© Lou Manna

Florence Fabricant

佛罗伦斯·法布里康

佛罗伦斯·法布里康长期为《纽约时报》撰写美食类文章，著有12部畅销烹饪书。

01

在日本京都草喰なかひがし餐厅吃怀石料理：大厨走进门来，拿着鹅肠菜、野洋葱、艾叶和荨麻等随手采摘的野菜，一番料理之后，样样入菜，道道精妙。

02

在纽约Brushstroke餐厅吃日式茶碗蒸：这道稀松平常的日本料理被大厨大卫·博雷（Daivd Bouley）提升到了一个新的境界，口感如丝般顺滑。

03

在法国吃皇家兔肉（Lièvre à La Royale）：这道菜以野生兔肉与鹅肝为主料，上面浇汁，汁水用血和巧克力提味，源自希农（Chinon），传遍法国，堪称经典，我吃过一次之后就上瘾了。

04

在纽约Boulud Sud餐厅吃野生条纹狼鲈：我第一次吃这道菜是在Bar Boulud的一次私人晚餐上，面前的鲈鱼一条足有10磅重，里面塞着新鲜的黑无花果，外面包着无花果叶。现在，餐厅Boulud Sud也推出了这道菜的“简化版”。

05

在挪威奥斯陆Arakataka餐厅吃欧白鱼鱼子意面：意面拌上黄油，在盘子里打成结，上面堆上红色的鱼子。鱼子质地脆劲，咸中带甜，口口惊艳。

© Lonely Planet / Sivan Askayo

458

黑布丁+土豆=爱尔兰早餐

爱尔兰// 幸运的话，你在爱尔兰民宿里享用传统早餐的时候，就会吃到一两片黑布丁。这东西实际上是一种血肠，一般会搭配一个煎蛋和一勺白菜土豆泥（colcannon）一起吃。爱尔兰黑布丁出身低微，当年的农妇不肯浪费猪身上任何一部分，于是才想出在杀猪之后把猪血灌制成血肠。但黑布丁的历史实际上更为久远，在荷马史诗《奥德赛》中就有提及。黑布丁经过腌制，味道香醇，切开之后，能看到点点猪肥膘，里面掺有燕麦，口感顺滑，备受美食家的推崇。想吃的话，爱尔兰当地的那些肉铺是首选去处，但一些当地人也会在家中自制黑布丁招待客人，比如艾根（Egan）一家在蒂珀雷里（Tipperary）开的民宿Inch House B&B。

☛ **食得其所！**购买黑布丁，可以选择McCarthy's Kanturk。这家肉铺的黑布丁获过大奖，伊丽莎白二世都爱吃，你还犹豫什么？

459

姜还是老的辣：纽约老店品尝鲁宾三明治

美国// 纽约的Katz's Deli熟食店自1888年营业至今，发明了著名的鲁宾三明治（Reuben sandwich），其味道经过多年打磨，世界称最，若能在老店里现场品尝，当然再妙不过。店内装潢古风古貌，被翘首以盼的食客挤了个水泄不通，墙上挂满了明星主顾的相片，但真正的明星却是三明治本身。面包胚用的是现烤的黑麦面包，馅中主料盐腌牛肉经过小火慢烹，堆得老高，里面还有瑞士奶酪、德国酸菜和酸爽的俄式蛋黄酱（russian dressing）。有幸吃到这口儿，需要排队很久，但有形形色色的纽约人供你打望，等起来并不无聊。

☛ **食得其所！**在著名的Katz's Delicatessen（205 E Houston St, New York）吃鲁宾三明治，保证不会失望，因为你吃的不只是美味，更是历史。

460

去开普敦的The Test Kitchen餐厅，展开一场美食大冒险

南非// 多数旅行者来南非都是为了寻找最美自然，餐厅The Test Kitchen做不到这点，却能带给你一种创意满满的美食惊喜，让你见识到一个正在重新定义自我的新南非，而惊喜恰恰是旅行最美妙的元素之一。餐厅备受赞誉，共分“黑暗之室”（dark room；墙面漆黑，灯光魔幻）和“光明之室”（light room；装潢走工业时尚风格）两个区域，顾客可以一一体验，在似乎与现实脱节的环境中，心无旁骛地欣赏面前的菜肴，比如羔羊杂碎（sweetbread）、干草蘸汁肝、青柠冻、柠檬果脯和松果格莱莫拉塔酱（gremolata）。甜品同样不凡，推荐芒果酸角冻、大料凤梨和泰国绿咖喱风味蛋白糖霜。

☛ 食得其所！ The Test Kitchen餐厅（The Old Biscuit Mill, 375 Albert Rd, Woodstock）提前三个月开始接受预订，具体日期精确到天。一定把那天的安排提前敲定，把餐厅电话设置成快捷拨号，能不能如愿就看运气了！

461

在新加坡吃正宗黑胡椒蟹，双手齐上不怕脏

新加坡// 长堤海鲜楼（Longbeach Restaurant）在新加坡共有4家店面，黑胡椒蟹这道菜据说就是他家在1959年首创的。这道菜需要将螃蟹两次下锅炒制，里面用黑胡椒、白胡椒、蚝油、大蒜、姜、香菜和辣椒提味。长堤海鲜楼的黑胡椒蟹虽然好吃，但价格让人想哭。相比之下，老字号永成餐室（Eng Seng Restaurant）的这道菜同样地道，而且更为便宜。那里在17:00左右就有人排队等位，要来就趁早，否则就要饿着肚子等上好久。上桌的时候，眼前的螃蟹好像刚在油瓶里打了个滚儿，看起来腻得不行，可味道却比品相鲜美许多。记得用两只手抓着吃，别害臊，放开吃。

☛ 食得其所！ 新加坡长堤海鲜楼Udmc店（1202 East Coast Parkway, East Coast Seafood Centre）以及永成餐室（247 Joo Chiat Place）。

462

马拉喀什每晚都是美食狂欢节

摩洛哥// 每个城市，每年总有一两周的时间会进入全城狂欢模式，但马拉喀什却不同：城中的主广场德吉玛广场（Djemaa El Fna）是夜夜狂欢，晚晚喧闹，美食、音乐、戏曲与人气时时不绝。德吉玛广场面积很大，白天一般不算热闹，柏油地面上商贩零星，有卖鲜榨橘汁的，有卖草药的，有画海娜文身（Henna）的，有卖水的游商把水从皮囊中倒到铜杯里供路人饮用，有年老的说书人给一群群当地人讲故事，还有耍蛇人摆开架势让游客拍照。广场外围有许多咖啡馆，人们会到里面躲太阳，喝点甜甜的薄荷茶，吃些甜甜的点心。接近傍晚的时候，一队队人开始在广场上支起金属架，准备摆摊卖吃的。天黑以后，广场上又会出现许多卖艺人——除了说书先生，还包括杂耍班和柏柏尔族民乐乐队。探照灯亮起，烧烤摊、大排档冒出的白烟在夜空中飘摇上升。塔吉锅西梅羊肉，码满了软烂蔬菜的古斯古斯面（couscous），堆积如山、等待上炉的烤串，辣辣的蜗牛汤，成碗的哈利拉汤（harira），这些摩洛哥传统美食几乎在广场上都能吃到。如果能在规模较大的摊位上抢到座位，不换地方就能领略八九。规模较小的摊位一般专攻某些“黑暗料理”——比如烤羊头。午夜前后，游人渐散，喧闹渐息，老板撤摊，德吉玛广场又成了一大片空地，等待几小时后再次复苏。

☛ **食得其所！**广场上有些摊位能让你在烹制前检查食材的新鲜程度，这种摊位比较靠谱，不要哪家吆喝得凶就选哪家。

463

前往塔林世界级餐厅NOA，在海湾旁享用花式套餐

爱沙尼亚// 爱沙尼亚的塔林有一家餐厅叫Noa，上下三层，俯瞰塔林湾，正对古城，面积偌大，风格现代，装潢张扬，设计巧妙，利用镜面使得每张餐桌都能赏到海景。餐厅于2014年开业，堪称爱沙尼亚餐饮界的御宝。餐厅一分为二，其中的主餐厅Noa Restaurant功力不凡，本身就可以满足大多数食客的要求，但真正的美食家应该到Noa Chef' s Hall里抢订位置，在更加私密的氛围中享受精品晚餐。那里设有开放式厨房，一盘盘美食轮番轰炸，厨师则在一旁看着你流口水。餐单经常变化，道道都是爱沙尼亚风味的顶级料理，比如鱿鱼配“古法”蛋黄与蘸汁贻贝（mussel au jus）。

☛ 食得其所！ NOA（Ranna Tee 3，Tallinn）是爱沙尼亚非去不可的餐厅，所在建筑非常有名，设计精妙，有城景，有水景。

464

在吉隆坡街头，欣赏妙手速炒福建面

马来西亚// 师傅在锅里摆弄几下，一盘福建面（hokkien mee）就炒好了，你可能会觉得这种“速成”的东西，味道肯定稀松平常，但别忘了，这里可是马来西亚，平淡无趣的食物是不存在的。福建面是华人送给马来西亚料理界的一份礼物，用粗粗的面条加猪肉片、虾、白菜和老抽炒制而成，挂汁浓稠，味道丰富，出锅后还会加几块炸五花肉。在吉隆坡，做福建面的街头美食摊生意最好，少数摊主依照传统，仍然使用炭火炒面，成品因而充满镬气，是福建面中的极品，一定要细细搜索。嫌找起来麻烦，不妨选择自20世纪20年代营业至今的金莲记（Kim Lian Kee）。

☛ 食得其所！ 除了吉隆坡的街头美食摊，也可以选择金莲记（92 Jalan Hang Lekir，City Centre，Kuala Lumpur）。

465

格陵兰麝牛肉，野味在口，野性在心

丹麦// 麝牛（muskox）实际上是绵羊的近亲，但外形更像野牛，头大大的，角弯弯的，在格陵兰岛的苔原上游荡了好几百万年，19世纪时曾一度因为捕猎濒临灭绝。目前，岛上的麝牛大约有8万头，大多数都属于受保护动物，但少量猎捕是合法的，所以在某些餐厅里你也能吃到麝牛肉。麝牛肉类似牛肉，因为纯天然，无污染，无化学添加，味道肯定差不了。

☛ **食得其所！** 去A Hereford Beefstouw（Hotel Hans Egede酒店5层，Aqqusinersuaq 1，Nuuk），点一份麝牛肉牛排，顺便欣赏峡湾美景。

466

一个人吃南瓜派，过一个清静感恩节

美国// 在感恩节家宴上享用南瓜派，这可是最正宗的美利坚体验，但如果在感恩节那天找不到美国的亲戚朋友肯让你蹭吃蹭喝，那不妨去纽约的Yura面包房里尝尝这种甜甜的馅饼。那里的南瓜派，能品出丁香与姜这种属于秋天的味道，能吃出温馨热闹的感恩节氛围，还免去了与家人拌嘴的不快以及橄榄球转播的无聊。如此南瓜派，真真值得感恩！

☛ **食得其所！** 推荐Yura On Madison Bakery（1292 Madison Ave，New York），店内明亮温馨，面点美味可口。

467

像心又用心的蝴蝶酥

法国// 这种轻薄的法国饼干外形独特，像心，也像蝴蝶，还常常被叫作“象耳饼”。其发明很可能是出于节俭：面点师不肯浪费边角料，将油油的面团反复折压，这才有了这种“层层蝉翼”的点心。新鲜出炉的蝴蝶酥，外表撒满糖，泛着光，口口酥脆，搭配一杯欧蕾咖啡，堪称完美的法式下午茶（goûter）。不过吃的时候要留神，别让酥皮掉到漂亮的围巾上。

☛ **食得其所！** 法国的面包房（Boulangerie）里不卖蝴蝶酥，但在点心店（pâtisserie）里一定能找到。推荐巴黎的Hure（18 Rue Rambuteau）。

© Getty Images / Cheryl Chan

468

暖肉暖骨的马来西亚肉骨茶

马来西亚// 马来炒面、巴东牛肉和叻沙的确好吃，但马来西亚的美食绝不仅于此，肉骨茶（bak kut teh）同样不可不提。这道菜源自中国，以猪肋排为主料，用酱油、大料、桂皮、丁香、茴香籽、大蒜和当归下汤，需要经过两小时以上的慢炖才行。里面常常还会放上油条（当地叫char kueh）、下水、菌菇、菜心、豆泡来丰富味道和口感。马来西亚的华人将肉骨茶视为暖心美食，一般都在酷热散去的深夜食用。马来西亚西海岸的小城巴生（Klang），号称是肉骨茶的起源地，料理之妙，实在无可置疑。因为各种原料的配比有所区别，肉骨茶也存在不小的差异，有的汤浓色深，有的清汤寡水，有的下料重，有的口味轻。该吃哪种，问问当地人就行。

食得其所！ 一定不要错过巴生肉骨茶风潮的引领者Teck The（Jalan Stesen 1, Kawasan 1, 41000 Klang, Selangor）。

469

去极北之地，体验油渣鳕鱼舌

加拿大// 纽芬兰是加拿大东海岸外的一座岛屿，岛民几乎与世隔绝，饮食方面自然不乏奇特另类之处。当地许多食材之所以能够被做成食物，本是人们为应对恶劣气候、供给稀缺的无奈之举，只是近年来才被一些媒体添油加醋地誉为“珍馐”。“卡普林”（caplin）就是一个例子。这道菜的名字古怪，字面意为“鳕鱼舌”，听起来似乎让人不敢下嘴，但请放心，原料并非真是鳕鱼的舌头，而是用鳕鱼喉咙内壁上的肉切成的肉丝，口感也没有那么有嚼劲。这东西搭配上一些酥脆的猪油渣装盘，味道相当好。

☛ **食得其所！** 推荐当地那家融入西班牙元素的餐厅Bacalao Nouvelle Newfoundland Cuisine（65 Lemarchant Rd, St John's, Newfoundland）。

© Shutterstock / Elena Elisseeva

© Getty Images / maksime

470

不吃螺旋饼，白来布拉格

捷克// 布拉格（Prague）的巴洛克建筑十分养眼，但所有想来这儿饱眼福的人，最终肯定也会饱到一个口福——螺旋饼（trdelník）。那是一种麻花一样的烤饼，外面裹着糖衣，或者挂在商店的橱窗里招摇卖弄，或者躺在街边的烤饼摊上等待出炉，吃上一口，很可能会上瘾，别怪我们没提醒你。其实这也难怪，在寒冷的冬日，脆脆的焦化糖衣加上肉桂的暖香，此等诱惑，何以抗拒？一嘴下去，里面竟然是融化的巧克力，此等惊喜，无以复加！夏天来就吃不到了吗？吃得到！当地有几家糕点店独具慧眼，利用螺旋饼独特的外形，将其当作甜筒，里面加上冰激凌，做成了消暑佳品。回家后赶紧节食。

☛ **食得其所！** 布拉格各处的糕点店和街头美食车都有售。

471

去酒馆冠天下的英国，喝啤酒，吃牛排腰子馅饼

英国// 说到酒馆，我们不是针对谁，但世界上所有国家都得排到英国后面。英国的酒馆中，敢说自己从15世纪一直营业到今天的就有一大堆，吧台前坐过的顾客，不乏举世闻名的作家、政要、哲人和王族，历史感铺天盖地。许多老字号的自酿啤酒数百年来源源不断，去那里喝上一杯艾尔啤酒，已经算是完美体验了，若想锦上添花，那就搭配一份草根气质的英式馅饼。伦敦梅菲尔（Mayfair）有一家酒馆叫Windmill，店家的牛排腰子馅饼（steak and kidney pie）曾经三次拿下全国美食冠军，饼坯加板油烤制而成，上面会放上一些土豆泥，馅料包括绵软的牛排、牛腰子、洋葱和蘑菇，用芥黄、伍斯特沙司和百里香提味儿。酒馆拥有自己的“馅饼俱乐部”，晚上会定期举办馅饼品鉴活动，爱吃这口儿就报名入会，这叫“独饼乐，不如众饼乐”。

☛ 食得其所！ 推荐Windmill（6-8 Mill St, Mayfair, London），水平在伦敦数一数二。

© StockFood / Hendey, Magdalena

© Daniel Di Paolo

© Daniel Di Paolo

472

做客尼加拉瓜，共享蕉叶什锦

尼加拉瓜// 初次体验尼加拉瓜料理，首选健康又美味的蕉叶什锦（baho）。蕉叶什锦是把提前腌好的牛胸肉、芭蕉和木薯放在一张蕉叶里，然后上锅蒸制，属于一道正餐大菜，吃的时候应该与亲友共享。腌肉用的酱汁里加了橘子汁、青柠汁、番茄、洋葱、大蒜和盐。蒸之前，要依次将芭蕉、腌肉和木薯在蕉叶上面层层码放好，蒸好之后再淋上调味汁，最后把蕉叶包合严实上桌。桌上每个人面前都有一片新鲜蕉叶作餐盘，主人会一一布菜，场面其乐融融。

☛ **食得其所！** 要是没人请你到家吃饭，可以试试餐厅La Nueva Casa Del Baho（SE 24th St，Managua）。

473

逛巴罗市场，吃肉馅法棍

英国// 从巴尔干小吃到黎凡特风味，从阿尔卑斯珍馐到阿根廷佳肴，巴罗市场（Borough Market）的美食包罗万象，拿定主意可不容易，但如果你要的是那种最正宗的英伦味道——和烤牛肉、午前茶和伦敦腔一样正宗——那就去市场中间区域，寻找迈克与朱莉·霍布斯（Michael and Julie Hobbs）两口子开的摊位。不用担心，跟着鼻子的感觉走，一定能找到。两人在此做生意不下25年，午餐时间供应热腾腾的肉馅法棍，如今已成传奇。馅料有烤猪肉馅、苹果酱肉馅和蔓越莓火鸡肉馅三款可选，让人感觉天天都是星期天，天天都是圣诞节。排队的人很多，也许要等到花儿都谢了。

☛ **食得其所！** 巴罗市场（8 Southwark St，London）历史数千载，鲜活至今，不可不游。

475

© Dexter Choong, Courtesy of Flour and Stone

476

© Shutterstock / Sofiaworld

474

在毛里求斯吃饺子

毛里求斯// 毛里求斯的饮食文化受到了非洲、法国、印度和中国的影响，当地的特色饺子（boulettes）就非常值得一试。这种饺子每个都不大，可以干吃，也可以做成汤饺，我们认为汤饺味道更好。这种东西的一个妙处就是口味“任君挑选”：一碗汤里面的饺子，全都一种馅儿也行，每种馅儿都有也行，旁边还有酱料调味。

☛ **食得其所！推荐Ti Kouloir（Grand Bai, Riviere Du Rempart, Mauritius），酱料包括酱油、鱼露、大蒜和辣椒。**

475

悉尼拉明顿蛋糕，老情怀，新味道

澳大利亚// 拉明顿蛋糕（lamington）是澳大利亚的经典美食，本已渐渐消失在澳洲人的童年记忆之中，现在却又迎来了第二春。悉尼有家面包房叫Flour And Stone，老板娘娜丁·英莱姆对传统拉明顿蛋糕进行了改良，在外面裹了一层意式奶冻，看起来四四方方，吃上去软软乎乎。悉尼歌剧院里有一家叫Bennelong的餐厅，这里的拉明顿蛋糕经过大厨的解构，成为一道奢华的甜点。

☛ **食得其所！悉尼Flour And Stone面包房（53 Riley St, Woolloomooloo）。**

476

庆中秋，吃月饼

中国// 每到中秋时节，全中国各地区几乎都会被卷入“我为月饼狂”的潮流中。花好月圆夜，怎能少了这种精美的点心？广式月饼皮薄松软，传统馅料多为莲蓉、豆沙、咸蛋黄，苏式月饼外皮酥松，多以鲜肉做馅，还有宫廷风格的京式月饼和包裹着云腿的滇式月饼也颇受欢迎。近年来各地不断推陈出新，冰激凌、奶酪、海鲜和果蔬也皆可入馅儿。

☛ **食得其所！中秋时节，各大豪华酒店的自制月饼卖得都非常好，比如香港文华东方酒店。**

477

哥伦比亚，饼干超大

哥伦比亚// 你此刻正在波哥大（Bogotá）街头，时间是下午4点，肚子有点饿，又因为波哥大海拔较高，那些殖民时期的景点一天逛下来，早已让你筋疲力尽。怎么办！好办：哥伦比亚的城市里总能找到无数美食车，那里能吃到世界上最让人飘飘欲仙的小吃——欧布蕾（oblea）。这种东西就是夹在一起的两大片圆形威化饼干，饼干上面抹着厚厚的哥伦比亚焦糖（当地叫“arequipe”）。最好的欧布蕾应该是暗金色的，体积比你的脑袋还大。吃的时候一般会加上果酱、椰子和奶酪碎——后者听起来很违和，但味道超赞。肚子里装了这么多糖，估计你直到睡觉前都不会“电量不足”。

☛ 食得其所！在哥伦比亚大多数城市的步行商业街区里，都能找到卖欧布蕾的摊位。

477

© Marc Boettcher / Alamy Stock Photo

478

© Shutterstock / KiltedArab

478

生于彼，长于斯的佛罗伦萨牛排

意大利// 为了品尝佛罗伦萨牛排（bistecca alla fiorentina），你来到了佛罗伦萨，置身于文艺复兴时期的建筑之中，餐厅大厨开始为你腌制牛肉，他在里面加了盐，加了胡椒，加了些橄榄油，又加了……别加了，你来对了地方，却猜错了源头，因为最正宗的佛罗伦萨牛排，诞生地不在佛罗伦萨，而在托斯卡纳的基亚纳河谷（Chiana Valley）。那是一片富饶的冲积平原，当地生活着一种基亚纳肉牛，历史悠久，体形巨大，以青草为食，只有其公牛幼崽的肉才有资格做成佛罗伦萨牛排。烹制前，牛肉需要经历一段时间的熟成，使其肉色焦亮，味道更香，传统的吃法是搭配一些带有柠檬香的意大利白豆。想品尝这种稀罕的牛排，最好在佛罗伦萨找一家闹哄哄的意式餐厅，再来一份盛在大肚瓶里的基安蒂酒（chianti）。

☛ 食得其所！佛罗伦萨的Trattoria Mario（Via Rosina 2）餐厅，午餐时间就有这种牛排，经过半个世纪的磨炼，味道堪称完美。

479

去英国南部，用蕉妃派犒劳徒步的辛苦

英国// 英国南部丘陵国家公园东端原先有家餐厅叫The Hungry Monk，自称在1972年发明了史上首款“蕉妃派”（banoffee）——以饼干打底，上面加上香蕉和太妃糖。不久后，其他商户纷纷效仿，这种黏糊糊、盖满焦糖的甜品迅速走红。那家餐厅现在已经不在了，但你仍然可以沿着南部丘陵步道（South Downs Way）先活动活动，打开胃口，然后到小城阿灵顿（Arlington），用这种当地美味补充卡路里。

☛ 食得其所！ Yew Tree Inn（Arlington, Polegate, East Sussex）就有又奶又糯的蕉妃派。

480

塞内加尔鱼饭，原来“辣”么简单

塞内加尔// 生活中最美好的事物常常非常简单——至少理论上是这样。塞内加尔的国菜“鱼饭”就很简单，不过是米饭和鱼，拌上辣番茄酱就好了，上桌时一大盆端过来，大家分别盛着吃。可事实上，鱼饭的具体做法千差万别，多得就像盆里的米饭粒。一般来说，鱼饭用的鱼是烟熏鱼，味道温和，之所以吃起来那么辣，主要是因为辣酱很霸道。不同地区的做法也不一样，有些地方会用牛肉代替鱼肉，用肉汁代替番茄酱，味道也很好。

☛ 食得其所！ 达喀尔热闹的科梅尔市场（Marché Kermel）前有不少面向当地人的美食摊，里面就能买到鱼饭。

481

吃伊森香肠，一窥泰国香肠的奥秘

泰国// 不太熟悉泰国菜的人，一般不敢尝试伊森香肠（sai krok isan），但如果你到了曼谷的宫后市场（Wang Lang Market，一定要去！）还不肯吃这种绝味，那说明你该吃药了。只需鼓起勇气咬上一口，你就能收获泰国至尊小吃体验。做馅儿的猪肉肥多瘦少，里面掺入了大米，塞入肠衣进行发酵，因此具有酸香，熏烤后即可食用。吃的时候，为了平衡香肠的酸味与烟熏味，一般要搭配脆脆、辣辣的配菜。

☛ 食得其所！ 只有街头游商才会卖伊森香肠，正规餐厅里绝对吃不到。

482

吃夹心炸面团，庆光明节

以色列// 光明节（Hanukkah）是纪念犹太人战胜暴政的节日，它的象征就是曾经“一盏灯油，八天不灭”的九灯台。今天的犹太人在庆祝光明节时也会用油，但不是“油灯”的“油”，而是“油炸”的“油”。夹心炸面团（sufganiyot）是光明节传统食品之一，蓬松浑圆，延续至今馅料已经十分多样，从能多益巧克力酱到姜汁酱都能吃到。你不妨到特拉维夫迷人的正义区（Neve Tsedek），坐在棕榈树下，一边吃夹心炸面团，一边玩以色列陀螺（dreidel）。

☛ 食得其所！ Dallal Bakery（7 Kol Israel Haverim St, Tel Aviv）。

© Lonely Planet / River Thompson

© Shutterstock / Elena Pominova

483

去里昂土菜馆，感受独特氛围

法国// 里昂有一类餐厅叫“土菜馆”（bouchon），在那里体验的不只是美食，更是17世纪的法国社会及餐饮传统。当时的里昂，丝绸产业蓬勃发展，外国商贩云集，为了招待他们，城中出现了许多餐馆，装潢朴实，饭菜实惠，颇受欢迎。店家常会提供一种干草供商贩清洁马匹，这种干草当时就叫“bouchon”，后来也就成了此类餐馆的代称。今天的土菜馆，菜肴仍是老味道，装潢仍然比较低调，不炫耀，不做作，氛围依旧惬意自在。里昂土菜以肉为主，鸡肝蛋糕和羊肚菌嫩牛肉都属于常见的主菜。记得来一杯当地产的博若莱葡萄酒（beaujolais）佐餐。

☛ **食得其所！** 推荐Café Comptoir Abel。餐厅距离索恩河（Saône）一步之遥，自1928年营业至今，外墙如画，氛围满满，味道惊艳。

484

去新加坡，寻访世界最便宜的米其林星级美味

新加坡// 陈翰铭肯定想不到，自己做的油鸡饭竟会在2016年获得如此关注。其实没什么好奇怪的：新加坡熟食中心（当地叫“Hawker Center”）里的一个大排档，能从米其林评审员那里赚来一颗星，这种事可不是每天都有的，怎能不让人关注？而且，他的经典油鸡饭每份只要2新元，是世界上最便宜的米其林星级正餐。如今，想在他那里吃上油鸡饭，排队要排几小时，如果等不及也不怕，因为周边共有260多个摊位，黑胡椒蟹、炒粿条、沙嗲、肉骨茶等美味，应有尽有。

☛ **食得其所！** 了凡香港油鸡饭面（新加坡史密斯街335号牛车水大厦熟食中心内）。

© Lonely Planet / Matt Munro

© Lonely Planet / Matt Munro

485

槟榔叶烤牛肉，越南的小吃“遗珠”

越南// 越南还有一些好吃的并未被全球美食地图收录，槟榔叶烤牛肉（bò lá lot）就是其中之一。牛肉切碎腌好，包在蒌叶里用炭火烤熟，吃的时候摊开一张柔软的米皮，里面垫上一片生菜叶，加些泡菜（胡萝卜和萝卜），撒些香菜和罗勒，再把槟榔叶烤牛肉和鲜辣椒放上去一卷，最后蘸着甜甜的鱼露吃。

食得其所！ 胡志明市Ton Duc Thang Rd沿路的街头小吃摊。

486

去普埃布拉，赌一把青椒塞奶酪

墨西哥// 品尝墨西哥的青椒塞奶酪（chile relleno），就像在玩“俄罗斯轮盘赌”：盘子里那些炸过的青椒，大多数都不辣，但没准哪个就会让你口中喷火。制作时，先在青椒里塞上潘尼拉奶酪（panela cheese），然后裹上薄糊炸熟。这是墨西哥的终极下酒菜，源自普埃布拉（puebla）。

食得其所！ Restaurante Sacristia（Calle 6 Sur 304，Puebla）。在普埃布拉的辣椒节（Chile Festival）上也能吃到。

487

去加拉加斯，见证玉米馍的“馍”力

委内瑞拉// 早在哥伦布发现美洲之前的几个世纪里，委内瑞拉和哥伦比亚各地的原住民一直都在吃玉米馍（arepa）。玉米馍如今是一种早餐，切个口做成夹馍，里面什么东西都可以放。馍饼外皮酥脆，里面松软，能吃出玉米的甜味。黑豆、奶酪、鱼肉和猪肉都是比较受欢迎的夹馅。

食得其所！ 推荐Arepa Factory（Cristal Palace Transversal 2，Caracas），馅料新鲜独特。

488

斯拉夫人吃不腻的土豆煎饼

斯洛伐克// 土豆煎饼（placky）堪称“饥饿杀手”，凝聚着东欧人对土豆的痴迷。每个斯拉夫国家一般都有自己的特色土豆煎饼，但没有一个像捷克与斯洛伐克“中毒”那么深。只要你在这两个国家的当地人家中做客，餐桌上肯定少不了土豆煎饼（有时也叫lokše）。制作时，先要把生土豆刨成丝，然后与鸡蛋、面粉、胡椒面和马郁兰（marjoram）一起和成面团，最后进行煎制。因为实在太香，不少当地人一吃就停不下来，活活把这种零食吃成了正餐。

食得其所！ 一定要到当地人家里吃，最好是山区人家，而且不管谁下厨，你都该朝他摆出一副两眼放光的吃货相。

489

拉霍蘸酱汁，咸甜两相宜

也门// 简单来说，也门的“拉霍”（lahoh）就像最常见的那种煎饼，饼胚传统上是用面粉、酵母和水和成的，做好之后是圆形的，口感松软，什么时候都可以作为零食吃，人气很高。早餐的时候，也门人会在拉霍上抹上蜂蜜和酥油，以此开启“甜蜜”的一天。用拉霍蘸咖喱和浓汤吃再妙不过了。有人甚至还会把拉霍浸在酸奶里，放入新鲜薄荷和石榴，制成一种叫“shafout”的甜品。

食得其所！ 萨那老城里有一个苏克（即市场），里面就有吱啦作响的拉霍摊，但你还是等也门冲突平息后再去体验吧。

490

黄金角，波多黎各路边经典

波多黎各// 黄金角（alcapurria）的饼皮用香蕉和面，里面是香辣味的肉馅，属于油炸界的一朵奇葩，好吃但有些油腻。波多黎各各地都有卖黄金角的路边摊，但当地人最爱的那口儿却不在首都圣胡安，你得沿着那条打着补丁的公路往东，去平尼斯（Piñones）寻找。那里有原生态的红树林，能冲浪，能晒太阳，非裔波多黎各人借助舞蹈、plena音乐和令人叫绝的黄金角，把自身传统文化延续至今。

食得其所！ Kiosko El Boricua是平尼斯海滩旁的一个饼摊，东西最新鲜，排队人数就是证明。

491

© Lonely Planet / Mark Read

491

© Lonely Planet / Mark Read

491

用“午夜”美食给哈瓦那的午夜狂欢助力

古巴// 在老司机古巴三明治面前，麦迪诺（medianoche）三明治只是一个调皮捣蛋的小妹妹。你晚上在哈瓦那疯狂派对的时候最有可能吃到这种东西，因为“麦迪诺”的字面意思就是“午夜”。馅料包括烤猪肉、火腿、瑞士奶酪和泡菜，面包胚带有甜味，口感像鸡蛋般松软，不像古巴三明治那样酥脆——这倒是件好事，因为喝了那么多莫吉托，软的东西才更顺口。

☛ 食得其所！ 哈瓦那那些夜店附近的咖啡馆和外卖点都有，比如La Chucheria（1era entre C y D Vedado, La Habana; El Malecon上也有分店）。

492

鲜虾玉米粥，美国南方的“灵魂美食”

美国// 那种让人舔手指、松皮带、心神激荡的食物，是美国南方文化的精髓之一，比如这道鲜虾玉米粥——一种用虾和玉米片熬制而成、口感如膏似脂的浓粥。现在，查尔斯顿的餐饮界在这种家常美味身上做起了文章，各家餐厅的做法大有不同。想吃得简单朴实，就选HanniBal'S Kitchen，想吃得高端精致，就去Hominy Grill。要我们说，这两家都该去尝尝。

☛ 食得其所！ 南加州查尔斯顿的Hannibal's Kitchen（16 Blake St）和Hominy Grill（207 Rutledge Ave）。

493

品尝苹果薄酥卷饼，感受维也纳待客之道

奥地利// 别看薄酥卷饼（strudel）普普通通，数百年间却一直都是维也纳的标志符号——维也纳图书馆里就收藏有一张1695年的薄酥卷饼手写食谱，非常有名。“strudel”在德语中指的是“旋涡”，指的是面点师在给面团包馅的时候所使用的一种手法。苹果馅最常见，这可能是因为过去物资匮乏，只有苹果最容易弄到。苹果切块，加糖、香料混匀，再卷进层层的面皮进行烤制，做出来的卷饼似有千层，层层薄如纸。

☛ 食得其所！ 咖啡馆Gerstner（Kärntner Str 51, Vienna）正对维也纳歌剧院，装潢富丽，薄酥卷饼品相之美，冠绝全城。

493

© Stockfood / Twellmann, Birgit

494

巴西烤串儿，哪儿热闹去哪儿

巴西// 不管是露天演唱会、大型体育赛事还是当地节日，只要巴西人开派对，烤串摊（espetinho；葡萄牙语意为“小串”）总会在街头安营扎寨。巴西众多美食享誉全球，唯独巴西烤串未受吹捧，又因为所用肉类“身份可疑”，反倒常被国人拿来打趣。围满食客的烤串摊，味道肯定最好。

☛ 食得其所！ 只要赶上大型音乐演出，烤串摊肯定随处可见。

495

用芝麻圈蘸酸奶，迎接伊斯坦布尔新的一天

土耳其// 芝麻圈（simit）在伊斯坦布尔的历史超过500年。当地人喜欢用这种撒着芝麻的面包圈，蘸着一种叫“haydari”的酸奶当早餐吃。脆脆的外皮与筋道的内里对比鲜明，顺便再配上黄油、菲达奶酪（feta cheese）和土耳其咖啡，简简单单却又妙不可言，难怪人气经久不衰。伊斯坦布尔正是因为有这道早餐助力，才有了白天那种迷魂夺魄的活力。

食得其所！ 伊斯坦布尔街头有许多卖芝麻圈的推车，有些商贩还会把一摞芝麻圈顶在头顶边走边卖。

496

鬼神也要动心的爱尔兰斑点包

爱尔兰// 爱尔兰的“斑点包”（barmbrack）类似威尔士的斑点面包（bara brith），也属于发酵面包，里面加入了浓烈的红茶与果干，吃的时候一般也会切成片，抹上黄油，搭配一杯茶。但斑点包的背后却有一个独特的传统：在万圣节前夜，爱尔兰人会把斑点包放在家门外，用以安抚还阳的鬼魂，让他们不要为非作歹。在家中烤制斑点包时，还会提前包进一些小玩意，吃到的人必交好运。

食得其所！ 推荐Hansel And Gretel Bakery & Patisserie（Clare St, Dublin），吃的时候记得搭配一杯美味咖啡。

497

和法国名厨学做舒芙蕾

法国// 法国人发明的舒芙蕾（soufflé）轻盈蓬松，可甜可咸，出了名地吹弹可破，出了名地复杂难做，想要自己动手，自然得向法国人拜师求教。昂热有一家气派的餐厅叫La Soufflerie，能组织舒芙蕾烹饪课，由厨艺大师任教，从圣雅克舒芙蕾（St Jacques；内有扇贝、比目鱼和小龙虾）这种明星级咸香舒芙蕾，到带有酥皮和焦糖心的致命甜品，全部都可以学习做法，回家之后，还能继续自给自足。

食得其所！ 推荐专攻舒芙蕾的餐厅La Soufflerie（8 Place du Pilori, Angers）。

© Lonely Planet / River Thompson

498

烫嘴烫心的摩洛哥煎饼

摩洛哥// 摩洛哥煎饼（meloui）是摩洛哥最受欢迎的早餐，又厚实又酥松，在平底锅或铁盘上煎烤而成，吃的时候要搭配糖浆。煎饼本身都差不多，区别主要来自里面的馅料，比如肉馅、奶酪馅、羊油馅和特色腊肉馅（当地叫“khlii”）。在摩洛哥传统的庭院客栈（riad）和餐厅里都能吃到这种东西，但最好还是选择街头的煎饼摊：刚刚做好的煎饼外酥里嫩，咬上一口热腾腾，层层分明，体验可谓完美。

食得其所！ 全国各地都有煎饼摊。

499

前往下东区百年老店，体验烤包子的“古早味”

美国// 据说19世纪末20世纪初，东欧的犹太移民在纽约下东区的街头推着车，提着篮子，卖起了一种叫“knish”的烤包子。其中一个叫约拿·施梅尔（Yonah Schimmel）的罗马尼亚犹太人，借此攒到了一小笔钱，于是在1890年丢掉推车，开了一家面包房。这家店今天仍在，生意不减，成了全美历史最久的黄金包面包房，而且肥水不流外人田，现由约拿的重孙侄经营。他家的烤包子不敢轻改古法，和100多年前一样仍然使用土豆和荞麦做馅，但也有菠菜、西兰花、蘑菇和甜薯等新馅可选。烤出来的包子外皮起酥，内里温软，拿在手里，热在心中。当年的犹太移民在下东区安家落户，蓬勃发展，日后对纽约城的文化与性格都造成了不可磨灭的影响，想到这一点，品尝烤包子更能引发你的无尽感慨。

食得其所！ 创立于1910年的老店Yonah Schimmel’s Knish Bakery（137 E Houston St, New York）。

© xPACIFICA / Alamy Stock Photo

© xPACIFICA / Alamy Stock Photo

© Shutterstock / Shi Yali

© Lonely Planet / Matt Munro

500

臭豆腐：闻着臭、吃着香的街头小吃

中国// 广见于中国各地的著名街头小吃臭豆腐，名字就很能说明问题。这东西属于“未见其形，先闻其味”的美食，无须刻意搜寻，狭窄的过道里总会突然飘来一丝臭气，这说明你离臭豆腐摊已经不远了。臭豆腐的臭味主要来自卤水，只有用豆类、菌类发酵制成的素卤才最干净最健康，用水产肉类酱卤制成的荤卤和硫酸亚铁等化学物制成的卤汁均不可取。湖南人简称为“臭干子”的油炸臭豆腐，既有本地特色又为游客所爱，长沙市中心随便转一圈，就能看见满街号称“正宗”“经典”的臭豆腐招牌。而台湾夜市的臭豆腐又有了改良和创新，除了油炸臭豆腐，还有鸭血臭豆腐。记得选择辣椒和腌白菜做搭配，臭豆腐口感柔软精妙，味道咸香，更有辣椒与腌菜带来的酸辣劲爽相佐，很可能让你欲罢不能。

☛ **食得其所！**台湾各大夜市基本都能吃到臭豆腐，喜欢传统口味的，推荐湖南长沙的五娭毑臭豆腐（长沙市黄兴南路59、61号之间）。

INDEX / 索引

A

B

C

V

Y

Z

老饕评五佳

幕后

关于本书

这是Lonely Planet《世界美食清单》的第1版。

项目负责 关媛媛

项目执行 丁立松

翻　　译 李冠廷

内容策划 董驰迪　李　昕（本土化）

视觉设计 刘乐怡

协调调度 沈竹颖

责任编辑 林紫秋

执行编辑 戴　舒

编　　辑 孙经纬

终　　审 朱　萌

流　　程 孙经纬

排　　版 北京梧桐影电脑科技有限公司

声明

“老饕评五佳”采访：威尔·科克雷尔（Will Cockrell）

本书作者

安德鲁·贝恩（Andrew Bain）、塞勒斯特·布拉什（Celeste Brash）、约书亚·塞缪尔·布朗（Joshua Samuel Brown）、奥斯汀·布什（Austin Bush）、威尔·科克雷尔（Will Cockrell）、詹·费罗兹（Jen Feroze）、艾米莉·麦查尔（Emily Matchar）、凯亚·赖安（Kalya Ryan）、马克·斯克鲁比（Mark Scruby）、克雷格·斯卡特（Craig Scutt）、卢克·沃特森（Luke Waterson）、尤兰达·萨帕泰拉（Yolanda Zappatera）

说出你的想法

我们很重视旅行者的反馈——你的评价将鼓励我们前行，把书做得更好。我们同样热爱旅行的团队会认真阅读你的来信，无论表扬还是批评都很欢迎。虽然很难一一回复，但我们保证将你的反馈信息及时交到相关作者手中，使下一版更完美。我们也会在下一版特别鸣谢来信读者。

请把你的想法发送到china@lonelyplanet.com.au，谢谢！

请注意：我们可能会将你的意见编辑、复制并整合到Lonely Planet的系列产品中，例如旅行指南、网站和数字产品。如果不希望书中出现自己的意见或不希望提及你的名字，请提前告知。请访问lonelyplanet.com/privacy了解我们的隐私政策。

世界美食清单

中文第一版

书名原文：*Ultimate Eatlist*（1st Edition，August 2018）

本中文版由中国地图出版社出版

图书在版编目（CIP）数据

世界美食清单 / 澳大利亚 Lonely Planet 公司编；李冠廷译 . -- 北京：中国地图出版社，2019.10
书名原文：Lonely Planet's Ultimate Eatlist
ISBN 978-7-5204-1298-8

Ⅰ . ①世… Ⅱ . ①澳… ②李… Ⅲ . ①饮食－文化－世界 Ⅳ . ① TS971.201

中国版本图书馆 CIP 数据核字（2019）第 202556 号

出版发行 中国地图出版社
社　　址 北京市白纸坊西街 3 号
邮政编码 100054
网　　址 www.sinomaps.com
印　　刷 北京华联印刷有限公司
经　　销 新华书店
成品规格 230mm×270mm
印　　张 27
字　　数 762 千字
版　　次 2019 年 10 月第 1 版
印　　次 2019 年 10 月北京第 1 次印刷
定　　价 268.00 元
书　　号 ISBN 978-7-5204-1298-8
图　　字 01-2019-5699

如有印装质量问题，请与我社发行部（010–83543956）联系